毛梾栽培技术与应用

吴雪燕　高安慧　王孝立　主编

黄河水利出版社

·郑州·

内 容 提 要

毛梾是集生态、观赏、木本油料、生物质能源、医药等于一体的多功能性乡土树种，在荒山造林、生态防护和园林绿化等方面广泛应用，具有很高的开发价值和市场前景。

本书结合生产实践和研究，并参考相关技术资料，系统介绍了毛梾繁育、栽培等相关技术及资源的综合应用。本书共九章，分别为概述、毛梾生物和生态学特性、毛梾选育良种、毛梾繁育技术、毛梾造林技术、毛梾林地抚育及低产林改造、毛梾园林绿化苗木培育、毛梾病虫害发生及防治、毛梾资源的综合开发应用及相关研究。

本书可供从事林业、园林绿化、生态环保等相关工作和研究的技术人员，从事苗木培育、生产和经营的企业及林农等参考使用。

图书在版编目(CIP)数据

毛梾栽培技术与应用/吴雪燕，高安慧，王孝立主编. —郑州：黄河水利出版社，2020.9

ISBN 978-7-5509-2819-0

Ⅰ.①毛… Ⅱ.①吴… ②高… ③王… Ⅲ.①毛梾-栽培-技术 Ⅳ.①S792.99

中国版本图书馆 CIP 数据核字(2020)第 180713 号

出 版 社：黄河水利出版社　　网址：www.yrcp.com

地址：河南省郑州市顺河路黄委会综合楼 14 层　邮政编码：450003

发行单位：黄河水利出版社

发行部电话：0371-66026940、66020550、66028024、66022620(传真)

E-mail：hhslcbs@126.com

承印单位：河南新华印刷集团有限公司

开本：787 mm×1 092 mm　1/16

印张：13.5

字数：235 千字　　印数：1—1 000

版次：2020 年 9 月第 1 版　　印次：2020 年 9 月第 1 次印刷

定价：52.00 元

《毛梾栽培技术与应用》编写委员会

主　编　吴雪燕　高安慧　王孝立

副主编　牛瑞刚　陈　琳　宋志芳　李焕明

李晓庆　王合现

编　委　（按姓氏笔画排序）

马志杰　王永周　王丽霞　王艳利

刘芳辉　刘　苹　刘建波　刘　洁

刘晓文　张子河　张红梅　李福英

段银凤　胡世彬　侯生林　郜秀艳

郝国青　赵晓峰　郭中华　秦玉文

秦国利　桑伟巍　姬银雪　梁国栋

常丽平

序

毛梾(*Cornus walteri* Wanger.)又名“油树”,在我国分布较广,是我国传统的油料树种,它既是木本能源植物,也是重要的用材和园林观赏树种,同时在荒山造林、水土保持、“四旁”绿化、通道绿化等方面广泛应用。毛梾是集生态、观赏、木本油料、生物质能源、医药等于一体的多功能性乡土树种,具有很高的开发价值和市场前景。

近年来,毛梾作为重要的木本生物柴油树种,在荒山、荒地、通道绿化等能源林建设、生态重建、森林旅游等方面受到重视,发展规模不断扩大。为适应我国当前毛梾发展的需要,更好地推广这一树种及其育苗和栽培技术,服务于生物能源林建设和能源林产业发展,我们组织编写了《毛梾栽培技术与应用》一书。本书结合研究实践,参考了诸多技术资料,系统介绍了毛梾育苗、栽培等相关技术,通俗易懂,易于掌握和操作。

由于技术水平所限,书中错误和疏漏之处在所难免,敬请同行和广大读者批评指正。

编　者

2020 年 7 月

目　录

第一章　概　述 …………………………………………………………（1）
第二章　毛梾生物和生态学特性 ……………………………………（7）
　第一节　生物学特性 …………………………………………………（7）
　第二节　生态学特性 …………………………………………………（8）
第三章　毛梾选育良种 ………………………………………………（17）
　第一节　选育良种 ……………………………………………………（17）
　第二节　优树选择 ……………………………………………………（25）
　第三节　母树林营建 …………………………………………………（37）
第四章　毛梾繁育技术 ………………………………………………（42）
　第一节　毛梾采种 ……………………………………………………（42）
　第二节　种子处理、储藏及催芽 ……………………………………（43）
　第三节　大田播种苗培育 ……………………………………………（47）
　第四节　容器播种苗培育 ……………………………………………（52）
　第五节　无性繁殖技术 ………………………………………………（56）
　第六节　苗木出圃 ……………………………………………………（72）
第五章　毛梾造林技术 ………………………………………………（76）
　第一节　造林时期 ……………………………………………………（76）
　第二节　造林方法 ……………………………………………………（77）
第六章　毛梾林地抚育及低产林改造 ………………………………（84）
　第一节　幼林抚育管理 ………………………………………………（84）
　第二节　成林抚育管理 ………………………………………………（87）
　第三节　低产林改造 …………………………………………………（90）
　第四节　丰产树形及整形修剪 ………………………………………（99）
第七章　毛梾园林绿化苗木培育 ……………………………………（102）
　第一节　园林苗木培育 ………………………………………………（102）
　第二节　大苗（树）移植 ……………………………………………（105）
　第三节　大树古树资源保护 …………………………………………（111）

第八章 毛株病虫害发生及防治 …………………………………………………… (119)
第一节 病害发生与防治 ……………………………………………………… (119)
第二节 鼠虫害发生与防治 …………………………………………………… (124)
第九章 毛株资源的综合开发应用及相关研究 …………………………… (142)
第一节 资源栽培区划 ………………………………………………………… (142)
第二节 毛株资源的综合开发应用 …………………………………………… (154)
参考文献 ……………………………………………………………………………… (203)

第一章　概　述

毛梾(学名:*Cornus walteri*)为山茱萸科(Cornaceae)梾木属落叶乔木或小乔木。河南叫毛梾,山东、河北叫车梁木,陕西叫黑椋子、油树,四川峨嵋叫小六谷等。原产中国,在我国各地分布广泛,是集生态、观赏、木本油料、生物质能源等于一体的珍贵乡土树种。毛梾从根到茎,从果实到叶子,其全身都是宝,用途广泛;具有树形优美,耐寒、耐旱、耐瘠薄,深根性、寿命长,一次栽植多年受益等优点,近年来在荒山造林、城市生态防护林和园林绿化中逐渐被重视,为综合价值很高的木本植物,备受人们青睐。

一、经济价值

(一)园林价值

树形优美、浑圆,仲夏枝叶茂盛,满树银花,冠大荫浓,遮阴效果良好;当年生枝梢红色或黄色,霜降后叶片变红色,叶、枝、皮、果、花季相色彩丰富、多姿,可观枝皮、观花、观果,也可观叶;寿命长,适应性强,抗病虫害能力强,易管理,能在城市环境下正常生长,可以净化空气、调节噪声,可作生态防护林、城市行道树、景观林和庭院绿化美化树种,孤植、片植、组团种植均可。

(二)油料价值

毛梾果实(果仁、果肉)含油量高,出油率高,果实含油量 29%~41.3%,出油率 25%~33%,油脂富含糖和蛋白质,精炼油广泛用于工农业和生活。可作工业用油,是机械、钟表机件等高级润滑油和油漆原料;油的酸价偏低,并富含人体必需的脂肪酸,明显高于花生油和豆油,可作生活食用油;榨油后的油饼可做饲料。毛梾单株产量高,盛产期能有 100 kg,所以群众有:“一株毛梾木,一亩油料田”的说法。

(三)药用价值

枝、叶、果、皮等均可药用,入肺经,外用漆疮;花为蜜源;果实油属半干性油,含有人体所需脂肪酸,可治疗高血脂、高血压、瘘症、肺结核,疗效显著。

(四)饲料价值

毛梾是一种良好的木本饲料植物。种子产量高,营养丰富,可作精饲料;榨油后的油饼,亦是很好的蛋白饲料。其叶,质地柔软,富含营养,含叶鞣质约

16.2%,无毒、无怪味,牛、羊、猪、兔、鸡、鸭、鹅均喜食;晒制的干叶,牛、羊喜食。制成叶粉,各种畜禽均可利用。毛梾的树冠大,叶产量高,一株10年生的植株可产鲜叶50~100 kg,折算干叶15~30 kg。目前,在我国西北地区,群众已有开发利用,效果很好。毛梾的粗蛋白质、粗脂肪、无氮浸出物、钙和磷的含量均较高,可与紫花苜蓿、刺槐的叶相媲美。

(五)木材价值

木材红褐色,纹理均匀细致,木质坚硬、抗压耐磨,易干燥,不翘不裂,日久不腐,车旋性能好,钉着力强,胶结性好,为珍贵的优良用材树种。木材可供建筑、车辆、高档家具、装饰、雕刻、农具及胶合板、木模等用。

二、应用价值

(一)园林绿化的优美树种

毛梾寿命长,枝叶茂密、树姿优美、树冠圆整、叶形美观,花期长、花白色或淡黄色、花香浓郁;适应性强,抗病虫害能力强,是优良的园林树种,可用作景观林、庭荫树、行道树,且孤植、丛植或组团种植均可自然成景。

(二)荒山造林的先锋树种

毛梾树种适应性强,根系发达、固土力强,耐干旱瘠薄,对土壤的要求不高,适应在石灰性褐土、酸性棕壤、中性潮土、黄土和南方酸性红壤等多种类型土壤上生长,是干旱瘠薄荒山绿化、工矿区废弃地治理的先锋造林树种。

(三)改善生态环境的新型树种

毛梾叶片呈椭圆形至长椭圆形,顶端渐尖,基部楔形,正反两面具有贴伏的柔毛,对空气中有毒气体具有极强的吸附能力,且能滞留空气中包含PM 2.5在内的悬浮颗粒,释放大量氧气,改善生态环境;树冠浑圆,枝叶繁茂,对SO_2和煤烟有较强抗性,可作为预防大气污染的环境树种和环境监测树种。

(四)木本油料的优选树种

毛梾外种皮和种仁富含脂肪,综合含油率31.8%~41.3%,其中去外种皮后的种子含油率10%~15%,外种皮不饱和脂肪酸含量40%~50%。富含人体所必需的不饱和脂肪酸,可医用、食用、化妆品用。

(五)珍贵的用材树种

毛梾木质坚硬,纹理细密,花纹美观,材色独特有光泽,抗压耐磨,是作为高档家具、室内装饰、工艺美术制品等首选树种,有望被国家列为红木。

(六)生物质能源的重要树种

毛梾的果皮和种仁均含有丰富的油脂,其中毛梾果实含油率31.8%~

41.3%,果皮含油率24.9%~25.7%。毛梾种子油属半干性油,碘值为104.2,皂化值198.1,硬脂酸1.6%,十六碳烯酸3.2%,油酸33.6%,亚油酸38%,其碘值、不饱和脂肪酸、脂肪酸甲酯等均符合生物柴油的原料标准,可提炼生物柴油。因此,毛梾果实可以作为较好的生物柴油原料,被国家列入生物质能源重点发展树种,在生物质能源领域应用前景广阔。

三、历史利用

毛梾在我国栽培历史悠久。据史料记载,毛梾木质坚硬如铁,斧难砍,锯难断。以石块击之,石碎而树无损,在形成于1 800万年前的山旺化石标本中,就有许多山茱萸科的留存。

历史上,毛梾可追溯到春秋末期孔子时代。孔子,乃儒家"大成至圣先师",被誉为"世界十大文化名人"之首。周游列国,是孔子的主要历史功绩之一。毛梾树,因成就孔子周游列国推行仁道的文化苦旅,留下了"车梁木"的千古美名。据民间传说,在先秦春秋时期,"天下无道,礼乐征伐自诸侯出"。曾经做过鲁国司寇主管法律高官的孔子,决意辞官,率门生弟子周游列国。门下有一位出身陈国富贵家族的弟子叫公良儒,捐助了五辆用柏木、楷木或枣木做的马车并随之周游。孔子出游的第一站是卫国,他们师徒一行从鲁国都城曲阜(今山东曲阜)出发前往卫国都城帝丘(今河南濮阳),出发行走不久,因路途坑洼颠簸,车梁磨损严重,经常断毁,更换艰难,费力劳心,耽误时日,师徒们因此被折腾得心力憔悴、精神疲惫。当他们行至泰山下平阳邑(今山东泰安天宝镇)梁父山附近时,车梁又断了,他们只好在一片大树林中休息,想法更换车梁,孔子则登上梁父山,借景抒情,大发感慨,作《邱陵歌》,喻推行仁道的艰难。《史记·孔子世家》载:"孔子遂适卫,主于子路妻兄颜浊邹家。"孔子有一位著名的弟子,姓仲名由,字子路,性格率直暴躁,力大勇猛,因恼恨车梁木质不坚以致行路艰难,见眼前有棵大树,突然怒气迸发,拔刀用力砍去,然而竟被坚硬的树干反弹回来,树无损却震得手臂发麻,用刀刮掉树皮,竟发现此树木质坚硬犹如青铜,于是便设法伐此树换作车梁。没成想,此后孔子一行不仅顺利到达卫国,还周游魏国、楚国、陈国、蔡国等地,虽历尽坎坷,路遥马瘦,而车梁竟毫无损伤。孔子大喜,遂把这种树称之为"车梁木"。从此之后,民间就俗称毛梾为"车梁木"。

毛梾果实可榨油,毛梾籽油民间食用历史悠久,自古以来至中华人民共和国成立初期,乃至现在河南、山东、山西、陕西等偏远山区的人们一直用毛梾果实榨油并食用。据《木本粮油植物》记载,毛梾果实含油率高达31.8%~

41.3%,其中果皮含油率为24.9%~25.7%,富含人体所必需的不饱和脂肪酸,油可食用、医用、化妆品用等。另据《中华本草》和《中药大典》记载,毛梾的果实及枝叶均可入药。毛梾枝叶入药,味苦,性平,入肺经,解毒敛疮。春、夏季采收枝叶,鲜用或晒干。外用时取适量,鲜品捣涂,或煎汤洗,或研末撒。主治漆疮。

近些年,随着人们对毛梾树价值的新发现,毛梾树越来越受到重视。毛梾被国家列为生物质能源重要树种和重点植物调研对象。2016年,中国林学会在山东新泰召开了毛梾学术研讨会。2017年,中国林学会百年纪念林特别选种了毛梾树,国家林业局、中国林学会主要负责同志都参与了植树活动。更令人高兴的是,雄安新区,千年大计,绿化先行,特别选择了种植毛梾树,已经栽下了1万多棵。2018年3月底,习近平主席等党和国家领导人参加首都义务植树活动,其中就有北京市绿化委员会选备的毛梾树大苗,由中央领导种植在北京张家湾镇。现在已新枝出芽,生机盎然。毛梾树这个古老的树种正在新时代走向生态建设、民生建设、美丽中国建设的前台,走进千家万户的生活之中。

四、自然分布

在我国,毛梾野生自然分布范围较广,北起辽宁,南至湖南,西到甘肃、青海,东自江浙地区,西南到云贵高原一带,以河南、山西、山东、陕西分布较为集中,而其他地区则相对分散,另外在日本、朝鲜亦有分布记载。毛梾的地理跨越较大,横跨黄河流域及华东大部分地区,广泛分布于西南部山地温暖带落叶阔叶混交林区、北亚热带低山落叶常绿阔叶混交林区和中亚热带山地常绿落叶阔叶林区,垂直分布明显,一般在海拔600~800 m,最高海拔可达3 000 m。

毛梾分布区内地貌复杂多变,多散生于人迹罕至的缓坡山地或丘陵间的田埂地坎,从北向南分布在太行山、伏牛山、大别山、桐柏山等四大山系,以林区边缘分布较为集中,低山灌丛也有少量分布,而平原地区的毛梾则多为人工栽植。

山东省自然分布较为普遍,以淄博市及济南市长清区、青州市、费县、邹平县等为主产区。

山西省主要分布在吕梁山区的南部及中条山东侧的阳城、垣曲、普城、沁水等县。

陕西省主要分布在黄龙、乔山、秦岭、关山四个林区和巴山山区,以兰田、周至、户县、柞水、华县、陇县、黄龙、铜川等县市较多。

河南省主要集中分布在济源、灵宝、卢氏、栾川、新安、洛宁、嵩县、西峡、南召、内乡等地，多呈散生或岛状分布。

河北省的秦皇岛、青龙、蔚县、易县、灵寿、井陉、赞皇等市、县（区）分布较多。

天津分布较多的则是其唯一半山区县蓟县。

毛梾为中性偏阳树种，幼树耐阴，根系发达，耐干旱瘠薄，土壤适应性较强，在中性、酸性和微碱性土壤中均能健康生长和开花结果。

五、分布特点

（一）分布区域广而集中

毛梾自然分布区域广，我国多省均有分布，但数量较多的集中在分布区的1~2个乡镇。

（二）多呈散生或孤岛状分布

在深山区，毛梾一般散生于其他林木或杂灌之中，尚未发现成片纯林；在人类活动频繁的浅山区，可见到散生于灌木林中的毛梾自然群落，但群落之间相互独立，每个群落都呈孤岛状态，且周边界限分明，如济源市只有3个自然群落，每个群落面积不超过150 hm^2，群落间距在5 km以上，群落之间未见毛梾分布。

（三）垂直分布范围较广

毛梾自然分布于海拔600~800 m范围内，稀达2 600~3 000 m。

（四）野生毛梾对生境适应性强

据观察，毛梾为深根性树种，在深厚土壤上生长旺盛，但在石质山地、沟坡、河滩、石缝上也能正常生长，耐瘠薄、干旱和轻度盐碱；毛梾属较喜光植物，多生长在阳坡或半阳坡，但在光照条件好的北坡中下部，也生长良好；在光照条件差的沟坡中也能生长且结果正常；毛梾多分布在有一定海拔的山地地区，但在低海拔地区的引种栽培显示，该树种对于不同海拔有较好的适应性；自然状态下毛梾多生于杂木林中，主要伴生乔木树种有柿树、刺槐等，伴生灌木有酸枣、黄荆、花椒、黄栌、山杏、胡枝子等。

（五）受人为干预严重

毛梾产区群众早已将毛梾作为一种食用油料树经营（目前仍有群众采果制油），加之其木材材性较好，可制作家具，因此现有毛梾资源受人为影响很大。一方面，一些结果量较大的大树被保存下来（其中有不少百年以上的大树）；另一方面，被随意砍伐的现象十分严重，导致很难找到以毛梾为主导树种的林分,现有毛梾树多散生于其他杂灌木林中,或散生于山区已开垦的边角地头。

六、资源现状与发展前景

自然状态下,毛梾多散生于土层较为深厚的次生林内,虽地理位置跨度较大,但却很少成林分布,其中以山东、河南、陕西、山西分布较为集中,大多以野生形式散生于人迹罕至的缓坡山地或丘陵间的田埂地坎。20 世纪 60~70 年代的困难时期,毛梾果实油曾作为山区人民的主要食用油,个别地方进行了大规模造林,如山东、山西等省份对其进行育苗种植,营造了部分人工林。改革开放以来,随着生活水平的提高,人们改食花生油、大豆油等,而忽略了对毛梾的管护,加上国家在造林政策上倾斜力度不够,造成毛梾发展缓慢,生长类型数量及规模与其他造林树种相比发展水平较低。

近年来,因国家战略发展需要,毛梾作为重要的木本生物柴油树种,在荒山、荒地、通道绿化,古河道河滩等土地能源林建设,生态重建、森林旅游等方面受到重视,发展规模不断扩大。但其遗传育种、种苗的快繁扩繁、果实品质的分析与鉴定、综合开发应用等的研究尚属空白,是今后重点研究方向之一。所以,目前应进一步加强对毛梾现有资源的保护,加强综合利用开发,扩大人工造林栽植面积,将有助于拓展我国生物质能源研究开发的新领域,在油料植物的研究与开发中独树一帜,有利于促进节能减排,推进经济结构调整,转变增长方式,促进环境友好型社会和谐发展。

毛梾产业发展是一个较为漫长的过程,其用途广泛,具有极高的研究和开发价值。首先,作为园林绿化造林树种,毛梾实生苗结果前(5 年内),在良好的环境中长势较快,胸径可达 10~12 cm,在此阶段发展见效更快,企业及农户可获较大效益;其次,作为油料树种,毛梾一般 4~5 年结果,可实现"一株毛梾树一亩油料田"的经济价值;再次,作为木材树种,毛梾将来有望列为国家红木大径材储备林。2014 年 12 月,我国花卉报已把毛梾列为北京将深度开发的 82 种乡土植物之一,这也充分说明,作为多功能性乡土树种,毛梾发展前景极其广阔。

第二章　毛梾生物和生态学特性

第一节　生物学特性

毛梾(*Cornus walteri*)为山茱萸科(cornaceae)梾木属落叶乔木,高6~15 m,最高达20 m,树冠向外扩展,呈广圆形;幼苗皮紫红色或灰绿色,大树皮厚,黑褐色,粗糙、深纵裂,而又横裂成方块状、长方块状或纵裂成条;幼枝绿色对生,1年生小枝呈绿色或紫红色,皮孔明显,略有棱角,密被贴生灰白色短柔毛,微具棱,后渐脱落,老后黄绿色,无毛。冬芽腋生,扁圆锥形,紫褐色,有多数鳞片,长约1.5 mm,外面密被灰白色短柔毛;叶对生,椭圆状卵形,全缘,羽状侧脉4~5对;伞房状聚伞花序顶生或腋生;花白色或淡黄色,萼齿三角形,花瓣披针形;核果圆球形,幼时绿色,熟后黑色。4~5月开花,8~9月果熟。

一、叶

单叶对生或近对生,纸质,椭圆形、长椭圆形或阔卵形,全缘,长4~12(~15.5) cm,宽1.7~5.3(~8) cm,边缘波状,先端渐尖,基部楔形,有时稍不对称,上面深绿色,稀被贴生短柔毛,下面淡绿色,密被灰白色贴生短柔毛,中脉在上面明显,下面凸出,侧脉4~5对,弓形内弯,在上面稍明显,下面凸起;叶柄长0.8~3.5 cm,幼时被有短柔毛,后渐无毛,上面平坦,下面圆形。

二、花

毛梾雌雄同花,顶生伞房状聚伞花序,花密集,宽7~9 cm,被灰白色短柔毛;总花梗长1.2~2 cm;花白色或淡黄色,有香味,直径9.5 mm;花萼裂片2~5裂,常4裂,绿色,齿状三角形,长约0.4 mm,与花盘近于等长,外侧被有黄白色短柔毛;花瓣白色,常4数,偶2~5数,长圆披针形,长4.5~5 mm,宽1.2~1.5 mm,上面无毛,下面有贴生短柔毛,内侧有黄色密腺;雄蕊4,无毛,长4.8~5 mm,常与花瓣等长或退化成花瓣状,与花瓣互生,花丝线形,微扁,长4 mm,花药淡黄色,长圆卵形,2室,长1.5~2 mm,丁字形着生,中间开裂,花粉黏着成块状;花盘明显,垫状或腺体状,无毛;花柱棍棒形,长3.5 mm,被有稀疏的贴生短柔毛,柱头小,头状,柱头开花时分泌黏液;子房下位,2 室,密生灰色短柔毛;花托倒卵形,长 1.2~1.5 mm,直径 1~1.1 mm,密被灰白色贴生短柔毛;花梗细圆柱形,长 0.8~2.7 mm,有稀疏短柔毛。花期 4~5 月。

三、果实

核果球形,直径 5.8~10.3 mm,幼时绿色,成熟时黑色,近于无毛,质地由硬变软;果皮质地坚硬,分为外果皮、中果皮和内果皮三部分;核骨质,圆形、扁圆球形或椭圆形,淡黄色,直径 4.5~5.5 mm,高 4 mm,有 7~11 条较浅不明显、不完整的纵沟肋纹,内含有 1~2 个果仁,由隔膜隔开。果轴着生处凹陷,褐色。果期 8~10 月。

四、材质

原木断面近圆形,表面细沙纹,髓心小,圆形,质略软。横截面上,外皮黄褐色至暗灰褐色,层状结构,厚约 5 mm;内皮灰栗褐色,厚约 2 mm,石细胞明显,肉眼可见。韧皮纤维发育不良,不易剥离;心边材略有区别,边材为泛红的黄白色、浅红褐色或红褐色;年轮略明晰,宽度无均匀,平均宽约 3.5 mm;散孔材,管孔单生,分布均匀,稀为复管孔,小而多。轴向薄壁组织傍管型,略可见,环绕早材导管;木射线细,肉眼略可见,7~9 根/mm,径切面上射线斑纹明显可见,红褐色;木材纹理均匀细致,有光泽,无特殊气味和滋味,材质较重、硬;潮湿木材易生灰白色霉变。

第二节 生态学特性

一、适生条件

毛梾多生长于海拔 600~800 m,高可达 1 800 m。适应性强,耐瘠薄,在中性、酸性、微酸性、石灰质土壤上均可生长,pH 值 6.3~7.5 最为适宜。喜深厚、肥沃、湿润的沙壤土,但在干燥而贫瘠的山坡上也能正常生长。抗逆性强,偏阳性,喜光,喜生于阳坡、半阳坡山地,否则花少、果稀或只开花不结果。

二、气候条件

毛梾适应的生态幅比较宽,适应的年均温为 8~16.5 ℃,能耐冬季-27 ℃的低温和夏季 43 ℃的高温,在年降水量 400~1 500 mm、无霜期 160~210 天的条件下生长良好，常见于山谷、沟坡、石砾间、山脚等处。

三、水分条件

毛梾生长发育过程中对水分要求较敏感，但在不同物候期，对水分的要求也各有差异。如果早春干旱或 7～8 月伏旱，会出现花少、落花及大量落果。所以当幼果生长旺盛期，要有比较充分的水分和养分，才能保证果实的正常发育；否则，就会早期落叶、落果，造成减产。

四、毛梾物候特征

（一）物候期观察

毛梾各个物候期以出现明显的物候相为标志，盛期以达到物候相的 1/2 为标志，各物候期会有重叠。

萌芽期：全树 25%的芽露出绿色叶尖。（3 月初至 3 月下旬）

展叶期：树上有个别枝上的芽出现第一批平展的叶片开始，至树上有半数枝条上的小叶完全平展。（3 月下旬至 5 月上旬）

现蕾期：全数 25%枝条上的顶花序可用眼看到。（4 月中上旬至 5 月中上旬）

开花期：分始期、盛期和末期，始期为树上 5%开花，盛期为 25%的花蕾展开花瓣，末期为 95%的花已开放。（5 月上旬至 5 月下旬）

坐果期：树上 5%～95%的花托上长出小果。（5 月至 6 月）

果实成熟期：全树 5%的果实成熟至 95%的果实成熟。（8 月中下旬至 10 月上旬）

叶变色期：全树 5%至 95%叶变色。

（二）物候特征

毛梾在每年 3 月初至 3 月下旬叶芽萌动，随即进入现蕾期，时间为 4 月中上旬至 5 月上旬；在萌芽期间的 3 月下旬枝条开始展叶，叶片返青，4 月初到 5 月上旬全株绿叶展齐；5 月上旬到 5 月下旬植株进入开花期，花期 3～4 周，具体花期与当地气候条件关系密切；5 月下旬至 6 月结实，形成幼果，8 月下旬至 10 月上旬果实成熟；8 月中下旬成熟果实开始脱落，9 月底至 10 月初全部落完。10 月底叶片开始脱落，至 11 月底全部落地。随后冬季枝干进入休眠期，直到翌年春天。不同地区的萌芽期、现蕾期、展叶期、开花期虽然由于环境的差异有所滞后或提前，但各期持续时间基本一致，持续 20～30 天，果实成熟期和脱落期持续 7～14 天，核果生长期长达 75～110 天。

康永祥等对陕西杨凌、山西阳城、山东淄博和河南卢氏毛梾的叶芽萌动、展叶始期、展叶成期、现蕾期、初花期、盛花期、开花末期、果实成熟期、落果期、叶变色期、落叶期等物候期观察。4个地区的毛梾物候期差异明显，其生长期的物候先后顺序依种源地为陕西 > 山东 > 山西 > 河南。但总体来讲，毛梾属于先叶后花植物，各地在4月底前后完成展叶，5月为现蕾和开花期，果实成熟期为8月中旬至9月中旬，之后进入采前落果期，10月初至11月中旬为集中落叶期。各物候期的持续时间与当地的小气候条件关系密切，前后相差7~15天，有些可能更长。

毛梾在整个生命活动过程中，随着气候变化，有规律地交替发生着萌芽、展叶、开花、结果、落叶等物候现象。毛梾生命周期的长度与其所处的环境温度、光照、降水等条件相关。

毛梾在海拔低、年均温高的平原、地势开阔、土壤肥沃、通风条件和光照条件较好的地区物候期较早；海拔高、昼夜温差大、生长于阴坡、光照条件较差，加之土壤贫瘠，其物候期较晚。通风条件和光照条件较好的阳坡对毛梾生长较为有利，通风透光的温暖小环境可改变植物的生长节律。掌握毛梾的物候学特性，对于各项造林、营林措施，开展选种育种及病虫害预测预报都十分必要。

五、毛梾生长特性

毛梾适应性强，对立地条件要求不严，耐瘠薄，在酸性、中性和微酸碱性土壤上均能生长；抗逆性强，喜光，强阳性，深根性树种，在我国大部分地区的荒山荒坡上都能生长。但立地条件不同，其林木的生长量和结实量相差很大。

（一）生长特性

毛梾生长迅速，实生苗长势较快，分枝能力较强，130天出苗，孤立生长的毛梾实生苗高62 cm，主根长34 cm，最下部侧枝长达40 cm。当年播种苗高可达1 m左右，2年生高1.5~2 m。一般定植后4~6年便可开花结果，10年生后每株果实产量可达10~15 kg，30年可进入果实丰产期，每株产果50~100 kg，有的甚至可达150~200 kg，丰产时间长，丰产期可达60~70年，自然寿命长达300年以上。

（二）根系特性

深根性，根系扩展快，须根发达，根幅广，固土力好，一般在30~50 cm为根系密集区。同时，萌生性强，当年萌条可达2 m以上，所以防护、水土保持效果好。

（三）花粉特性

花粉形状为卵圆形，萌发孔类型为单孔钩状，外壁表面光滑并具有清晰的颗粒刺状纹饰。虫媒花，花粉块状黏着。

（四）开花结果特性

毛梾的结果枝有两种，一种是长枝，生长旺盛，长 20~30 cm，颜色偏绿，节间长；另一种是短枝，为主要开花结果枝，颜色深红或褐红，长 6~7 cm，节间短。由于毛梾结果枝年年外移，花多集中分布于树冠外围。花期从 4 月下旬开始，5 月上旬至下旬进入盛花期后，花期持续 15~19 天，毛梾雌雄同花，每枝结果枝上着生 16~54 个伞房状聚伞花序，每个花序有 73~133 个白色小花。结果在 8 月中旬至 9 月上旬，各地区差异明显，部分植株存在二次开花现象。毛梾结果枝多数单生花序，少有多个花序，开花较多但坐果率极低，花期、果期受极端天气影响较大，导致落花落果严重。果实直径 6. 0~7. 53 cm，种子直径 4. 52~5. 54 mm，果皮厚度 0. 46~1. 3 mm，种壳厚度 0. 74~0. 96 mm，千粒重 220~260 g。向阳方位伸展出来的侧枝和顶端没有遮蔽的枝条结实最好，原因为开花时阳光充足，且这两种枝没有树枝遮蔽，昆虫活动自由，所以活动量大，传粉受精效果最好，结实量最高。

（五）二次开花结实特性

观察发现，毛梾部分植株有二次开花现象，一般于 6 月底二次开花，开花株数所占比例较小，每株开花数量仅为 4~15 个花序不等。二次开花的花朵亦属于正常开花，可坐果结实。一次开花和二次开花果实的直径变化趋势基本相同，但一次开花果实生长周期长，达 98 天，二次开花果实生长周期短，只有 50~58 天。另外，极少数单株在 8 月底有三次开花现象，但雄蕊一般均退化成花瓣状，为不育花，基本不能形成果实。

（六）果实的生长发育特性

果实鲜重 6 月下旬至 7 月底呈持续增长的趋势，之后增长速度趋于平稳，其中 6 月下旬和 7 月中下旬为 2 个生长高峰；果皮鲜重则稳定上升，说明当毛梾进入果期后，果皮生长速率均匀；果壳鲜重 6 月底前后出现生长高峰，之后基本趋于平稳；种仁 6 月下旬至 7 月上旬是种仁水分积累时期，鲜重增加明显，7 月上旬以后趋于平稳，没有明显变化。据观察，果壳鲜重趋于平稳，含水率在 7 月底最低，随后又小幅度上升，即果皮内的干物质在 6 月下旬至 7 月底迅速增加，随后在 7 月底至 8 月中旬果壳鲜重不变的情况下含水率增大，干物质的积累速度减慢。6 月下旬至 7 月上旬是种仁水分积累时期，之后鲜重基本保持不变，而含水率却大大降低，7 月上旬至 8 月上旬是毛梾种仁内干物质的大量积累时期。

(七)结果习性

播种育苗,当年苗高可达 100 cm 以上,第 2 年可用于出圃造林。一般 5 年生时,即有少数植株开花结果,6 年生时结实率可达 14.85%~33.33%,7 年生时结实率可达 70%~100%。6~7 年生果实产量可达 10 kg/株,10 年之后果实产量可达 10~15 kg/株,30 年可进入果实丰产期,产果 50~100 kg/株,有的甚至可达 150~200 kg /株,盛果期时间较长,可达 60~70 年。果实产量不稳,同一棵树相邻两年结实量有明显差异,即有大小年现象。

六、毛梾实生苗生长规律

毛梾实生苗的生长进程划分为出苗期、蹲苗期、速生期和缓慢生长期 4 个时期。

(一)出苗期

从种子播种到子叶出土而未出现真叶,地下部分只有原生根而无次生根。这个时期地上部分生长缓慢,根生长较快。时间为 3 月上旬至 4 月上旬。

出苗期的长短主要受气温的影响。

(二)蹲苗期

从地上部分长出真叶、地下部分长出侧根开始,到幼苗高生长大幅度上升时止。时间为 4 月上旬至 6 月下旬。

蹲苗期的特点是:苗木根系生长较快。苗高 15 cm 时根深达 40 cm,一级侧根平均 20 条,均长 20 cm。这个时期旬高生长量为 1~2 cm。

(三)速生期

从苗木地上部分生长大幅度上升时起,到大幅度下降时止。时间为 7 月上旬至 8 月上旬,历时 30 天左右。

速生期的特点是:苗高地径的生长速度加快,旬高生长量 3~6 cm。此期苗高生长量占全年高生长量的 40%以上。速生期时间短,因此要加强前期水肥管理,促进苗木生长,达到出圃标准。

(四)缓慢生长期

时间为 8 月下旬至 9 月下旬。

缓慢生长期的特点是:苗高生长停止后地径、根系还要继续生长 10 天左右,最后停止生长,进入休眠。

其中,速生期苗高、地径生长量较高,生长初期较低,出苗期和苗木硬化期生长量最低。专业苗圃内培育毛梾大田裸根实生苗,一年生苗高 80~120 cm,

最高可达 180 cm 以上。

七、大周期生长规律

(一)树高的生长

30~50 年生毛梾,一般树高在 8 m 左右,高可达 12 m 以上,低的 6 m。据观察,毛梾当年播种苗高 0.8~1.2 m,高达 1.6 m;2 年生苗高 1.5~2 m,最高可达 2.5 m;3~5 年树高 3 m 左右,6~7 年树高 3.5~4 m,10 年树高可达 5 m 以上。树高生长特点是前期速生,高生长速生阶段是 1~5 年生,以后逐渐减慢,连年生长量稳定,50 年生以后的树高生长速度缓慢。

(二)地径、胸径的生长

实生苗前 5 年生长较快,1 年生地径 0.7~1.1 cm,第 2 年地径 2.5 cm,在水肥条件较好的田地,胸径每年可生长 1~1.5 cm,6~7 年就可长到 10 cm 左右, 30~40 年生毛梾胸径达 20~27 cm,50 年生毛梾胸径可达 50 cm 以上。毛梾胸径速生阶段出在 15 年生前,连年生长量的最大值出现在 5 年生,以后速度下降,40 年生后生长缓慢下降,并维持相当一段时间。

八、毛梾生长规律

(一)种子发芽萌动规律

种子冬季播种,翌年 3 月上旬开始萌动,中旬开始露白,下旬露白率达 30%,以后陆续发芽出土。当种子吸水膨胀突破种皮时,首先胚中的胚根开始向下生长,呈白色肥胖状态。在胚根迅速向下长的同时,胚中的胚芽突破种核向上生长。

(二)幼苗生长规律

幼苗的标准为出土萌发。子叶 2 片,对生,弧形脉,叶椭圆形至长椭圆形,顶端渐尖,基部楔形。幼苗出土后第 3 天长出新叶,20 天长出 4~6 片,侧根旺盛生长;30 天开始抽梢,新梢逐渐木质化,90 天开始分枝,侧枝多者 6~10 枝;苗高达 50~60 cm,侧根系发达。1 年生苗初期生长较小,从 6 月中旬开始苗高生长加快,7 月、8 月苗高生长出现高峰,此后生长量又逐渐减小,直至幼苗 11 月底停止生长进入休眠。当年苗高为 0.8~1.2 m,最高达 1.8 m,根茎粗 0.8~1.6 cm,根系最长为 65 cm。

(三)幼树生长规律

幼树生长期一般为 180 天左右,在生长过程中高生长出现 3 次高峰,4 月下旬出现生长高峰,尤以 5 月下旬至 6 月上旬、7 月中旬至 8 月上旬持续时间长、生长量大。6 月下旬苗高生长速度降低,可能由于气候较干燥、温度较高造成苗木生长减慢,9 月中旬生长高峰期基本结束,10 月下旬苗高基本停止生长。

(四)结实期新梢生长规律

毛梾结实期新梢每年只有一次生长高峰,从 4 月上旬至 5 月上旬,一年生萌发枝可长 2~3 m。进入盛果期以后枝条生长缓慢,直至 9 月上旬。大多数结果枝当年只长 2~3 对叶片后开花结果,枝生长 1~3 cm。结果枝生长高峰与新梢生长高峰出现的时间相差不大。

(五)开花规律

3 月上中旬花芽萌动,4 月中上旬进入现蕾期,5 月上旬至 5 月下旬为盛花期。花期 3~4 周(具体花期与当地气候条件关系密切)。开花盛期,每个结果枝可生长 16~54 个花序,花序长度为 3.44~5.59 cm,横径为 4.8~12.0 cm,每个花序可生长 73~133 个白色小花。

(六)传粉规律

毛梾为两性花植物,雌雄同花,花粉为粘在一起的块状,具有自花和异花传粉两种形式,花粉传播主要依靠昆虫。毛梾为虫媒花植物,昆虫的活动直接影响其坐果率的高低。花期昆虫量少或花期低温阴雨影响昆虫活动,都会影响传粉授粉过程。

(七)落花落果规律

毛梾生理周期中有两次落果高峰。第一次落果比例较高,平均达 80.41%,主要发生在开花后的 1~2 周内,其中一部分为未受精的花(子房未膨大);第二次落果是在成熟前 1~2 周,此时果实已经停止膨大,果实生理水平已经向成熟果实转变,离层产生,果实内激素水平发生变化,引起采前落果。

(八)果实发育规律

5 月下旬至 6 月结实,形成幼果, 8 月中下旬至 10 月上旬果实成熟,8 月中下旬成熟果实开始脱落,9 月底至 10 月初全部落完。5 月下旬至 6 月上旬为种实速生期,以体积增长为主,6 月中旬为硬核期,7 月上中旬进入质量增长和油脂转化期;早熟种实于 8 月上中旬开始变褐,9 月上中旬成熟;晚熟种实于 9 月初开始变褐,10 月上中旬成熟。种实速生期很短,一般只有 15 天左右,之后主要是种仁充实期,增长高峰在 8 月上旬至 9 月下旬。果实成熟期和脱落期持续 7~14 天,核果生长期长达 75~110 天。从毛梾果实成熟期来看,果实成熟很不整齐,不利采收。

(九)根系生长规律

根系在3月中旬开始生长,胚根生长非常迅速,当上部出现1对真叶时,地下胚根(主根)生长的长度达地面生长高度的3~5倍,并开始有分根生长。随着分根逐渐增多,主根向下发芽减慢,地上部分生长加快,当出现2对真叶时,地上地下长度近相等。此时地下根系从土壤中吸收水分、无机盐,地上部叶片进行光合作用,制造有机物质,即幼苗已能自己养活自己,此时胚的养分已基本耗尽,不再供应幼苗。毛梾属于主根不发达的树种,发芽出土时,主根明显,生长迅速,随分根形成,上部叶片增多,光合作用加强,在5~20 cm的土层内盘根错节,形成根网,而地上部迅速生长。1年之内有4月上旬和8月下旬至9月中旬这2个速生期。

(十)个体发育规律

从开始结实到50年树龄,大体为一个发育周期,这一时期,一些性状呈有规律的变化,到50年树龄后,老枝衰退,开始更新复壮,又转向一个新的发育时期。毛梾的寿命长,可达300年以上。

九、毛梾种实特征

8~9月,随着果实的逐步成熟,颜色由绿逐步变黑,质地由硬变软,但大小基本不变。毛梾果实结构有外果皮、中果皮和内果皮,其中外果皮富含油脂,透水性差;内果皮坚硬骨质,含有1~2枚果仁,角质层、栅栏组织发达,致使种壳不透水、不透气,这是造成毛梾当年播种难以出苗的主要原因;毛梾种仁内胚乳富含脂肪,不易分解,吸水性差,代谢慢,这是造成毛梾难以出苗发芽的又一主要原因。生产上将脱去果肉的部分统称为种子,将外果皮和中果皮统称为果皮,内果皮即为种壳。毛梾种子分为种壳、种仁、隔膜三大部分。种壳作为最坚硬的部分,结构较致密,对种仁起到很好的保护作用;而种仁作为种子的核心,也是含油率较高的重要部位;隔膜将种子分为两子室,根据种子两子室存在不同程度的发育情况,可以按种仁数量分为全仁(两个仁)、半仁(一个仁)和无仁三种形式。

毛梾果实直径6.0~7.53 cm,种子直径4.52~5.54 mm,果皮厚度0.46~1.3 mm,种壳厚度0.74~0.96 mm。果皮、果肉和种仁均含有丰富的油脂和少量的糖及蛋白质。其中毛梾果实含油率31.8%~41.3%,果皮含油率可达24.9%~25.7%,含糖2.9%~5.88%,蛋白质1.33%~1.58%。土法出油率25%~30%,初榨出的油呈绿黄色,储放1~2年后呈黄色,透明。单株果实10~15 kg。毛梾种子油的酸价不高(1.5),属半干性油,并富有人体所必需的脂肪酸,可治疗高血压、高血脂、肺结核,疗效显著。毛梾实用价值高于豆油和花生油,除可供食用外,还可做工业用油,如制造肥皂,机械、钟表机件的润滑油和油漆原料等。毛梾种子油碘值为 104.2,皂化值 198.1,硬脂酸 1.6%,十六碳烯酸 3.2%,油酸 33.6%,亚油酸 38%,其碘值、不饱和脂肪酸、脂肪酸甲酯符合生物柴油的原料标准。

第三章　毛梾选育良种

第一节　选育良种

俗话说良种出壮苗。良种是培育壮苗,营造速生、优质、丰产林的物质基础。良种选育是选择现有树种中的优良个体或优良类型,引种栽培外来优良树种和培育创新的优良品种,然后建立良种繁育基地。这是林业生产和科学研究中一项极其重要的任务。

一、良种概念

林木良种是指林木中的优良树种、变种、品种及杂交而言的。目前,在林业生产实践中,一般经过选育,其性状有一定程度提高的繁殖材料,也称良种。良种必须具备优良的播种品质、遗传品质和一定效益,否则不称良种。

(一)优良播种品质

优良播种品质是指种实的纯(净)度、千粒重、发芽势、发芽力、生活力及优良度等指标。总称"种实质量指标"或称"种实品质指标"。各指标的高低,说明种实质量的好坏,一个良种必须具有较高的种实质量指标。

(二)优良遗传品质

优良遗传品质是指生物体亲本能将本身的优良品质,如速生、优质、抗病、丰产等遗传给后代的特性。选育的优良个体能将其树干通直、圆满、生长快、材质好、产量高等优良特性遗传给后代,并通过后代繁殖保留下来,这就是良种所必须具备的条件之一。

(三)一定效益

又称使用价值。良种必须具备较高的经济效益或社会效益。如防风固沙、保持水土、维持生态平衡、观赏美化以及收益大、见效快等,否则遗传品质和播种再优越,也不为良种。

二、良种标准

良种应具备一定的标准。良种因自然条件和经营目的不同而标准也不一致。如用材林良种的标准是要求速生、优质、丰产。其中,阔叶树木材增益要符合 GB/T 14073 的规定;经济林树种的良种标准是结果早、产量高、品质好、抗性强,产量增益应高于当地主栽品种 15%;在未实现品种化的地区,产量增益应高于平均产量的 30%以上;引种成功的良种产量应高于当地主栽品种 15%以上。观赏树种则要求树姿壮观、千姿百态、花大色艳、芳香宜人等。

三、选育良种意义

实践证明,在相同立地条件和经营管理措施下,良种具有生长快、产量高、品质好等优点。

四、选育良种途径

林木良种是通过以下途径获得的。

(一)选择

选择现有树种中的优良树种或树种中优良单株、类型或突变的枝、干等,经过繁殖而来。

(二)引种

经过引种驯化实践,确实证明能在当地良好生长发育、开花结实的优良树种、变种、类型、优良单株及品种、杂种等。

(三)育种

通过人为措施,如杂交育种、辐射育种、化学诱变等方法培育的新品种。

五、选择育种

选择育种,简称选种,也称选择。即在林木种内群体中,挑选符合人们需要的群体和个体,通过比较、鉴定,繁育有益的遗传材料,改良林木遗传结构,提高林木遗传品质的育种技术。自然界存在着“适者生存,不适者淘汰”的生物生长发育的自然可观规律。根据这种规律进行的选择,称“自然选育”。人类根据某些经济特性的要求,按照一定愿望而进行的选择,称“人工选择”。选择是培育新品种的一种重要手段。通过选择可以把自然界现有的优良类型或优良单株选择出来,迅速加以繁殖和推广,是实现林木良种化的重要途径之一。该法具有技术简便、效果迅速、便于推广等优点。因此,在进行林木良种选育工作中,应认真贯彻执行“以选为主,选、育、引相结合”的方针。选择具有创造性的作用,且见效快。

（一）选择理论

生物的变异，不仅表现在外部形态上，而且表现在生理、内部结构和生活习性上。因此说，生物所具有的普遍变异，是自然界的客观规律。产生变异的原因如下。

1. 生活条件的改变

"变异主要是取决于生活条件的改变"。生活条件引起的变异有两种：一是一定变异，是指在一定条件影响下，一切个体均以相同的方式产生相似的变异。二是不定变异，是指在相同的生活条件影响下，不同的个体产生程度不同的变异。产生不定变异的原因主要是个体本身的差异，不定变异在生物进化上具有重要的作用。

2. 杂交引起生物的变异

实践证明，具有差异的双亲进行杂交，是产生变异的另一种主要原因。

3. 突变

突变也是引起自然界生物中产生变异的一个重要因素。随着环境的不断变化，生物不断产生一些新的变异，以适应一些新的环境条件。通过人工选择和自然选择，使适于人们需要的或对生物体本身生存有利的变异得到保存和遗传，使生物的适应能力得到不断完善和提高，并促进了生物不断进化和发展。

（二）选择育种依据

任何树种在长期的系统发育过程中，产生了各种各样的变异，而形态变异是易见的表征，是划分和识别该树种的类型和选择、推广其中优良类型的根据。

1. 树形变异

树形是指树木的外貌形态而言的，即是树冠、干形、分枝习性等性状的总称。一般说来，树形易受外界条件的影响而发生变异。树形变异是多树种形态变异中一个重要性状，是类型划分和选择育种重要依据之一。在树形变异中，尤以分枝习性变异明显，受外界环境条件影响较小，是决定树形变异的主导因子。因此，研究该树种分枝习性的特点和变异规律极为重要。

任何树种分枝习性的变异，主要表现在侧枝的大小、多少、粗细、长短及分枝角度等方面。侧枝的变化取决于树冠形状。根据观察，幼壮龄树形变化比较明显。依分枝特性的不同，一般可分为密枝和疏枝两大类。

2. 树皮变异

树皮变异，依树种不同而异。如树皮变异主要分为粗皮类型、细皮类型和翘皮类型 3 种。依皮孔形状,可分为菱形、扁菱形、圆形等,并有大、中、小和多、中、少的差异;排列方式则有散生、横向连生等。

3. 枝条变异

枝条易受立地条件、栽培技术、树木年龄、发育状况等因素的影响而发生变异。不同类型植株上的枝条具有特别明显的多样性;同一类型不同植株上的枝条,其形态特征基本上是一致的。这些特征,主要表现在成枝力大小、叶芽形态、叶痕形状及皮孔等方面。此外,枝条颜色、茸毛多少、皮孔大小及形状、棱线有无及长短等也有不同。

4. 叶形变异

叶形变异和枝条变异一样受立地条件、着生部位等因素的影响。通过观察发现,同一立地条件下,同一类型不同植株间的同一部位枝条上的叶形具有相似性,尤其表现在长枝中部的叶形或短枝上的叶形;不同类型、同一部位枝条上的叶形具有明显的区别。这种区别,也是进行树种类型划分和选择良种的主要依据之一。叶片颜色、大小、茸毛多少、质地、托叶等方面也有明显区别。

5. 花的变异

主要表现在花芽形态、颜色、花片形状、茸毛长短、着生部位以及花被大小、多少、形状等方面。

6. 果实变异

林木中树种的果实变异很明显,如毛梾果实形状有近圆形、椭圆形、扁圆形,果肉厚薄、果核大小等方面。

7. 种子变异

主要表现在形状、大小和颜色等方面。如毛梾种子主要表现在种子形状、大小,果皮厚度和种仁大小等方面。

8. 物候期变化

根据观察,同一种内不同类型的物候期具有一定的差异。如毛梾根据开花、结实物候期,可分为三类,即早、中和晚类型。三者之间开花结实物候期相差明显。开花结实物候期的早晚,在相同条件下,是较为稳定的形状。

9. 生长速度的不同

不同树种之间的生长速度有快慢之分,即使同一树种,不同个体之间的生长速度也有明显的差异。生长速度不同,是用材林选择良种的重要标志。此外,树木的生态特性和抗性也有明显的变异。

(三)选择方法

1. 种源选择

种源选择是指从同一个树种分布区中不同产地收集的种子或苗木。种源选择是造林树种确定后,从那里调进种子或苗木,将来能长成生产力高、稳定性好的林分。实质是进行林木的群体测定。

种源试验是最早受到重视的树种改良措施之一,已有悠久的历史。种源试验的目的在于了解不同产区种子或苗木的生长状况及其他性状表现,为确定造林地的最适种源,从而为种子调拨范围、引种驯化、发掘和保存林木基因资源以及建造种子园和母树林提供依据。同时收集树木的各种类型,为今后育种工作提供原始资料。

种源试验可以对林业生产直接发挥作用。一是增加木材产量,在多数育种计划中,通过选用最佳种源,能够以最小的代价,在短期内取得最显著的增益。这是优先开展种源试验的原由。二是提高林分稳定性,同一个树种的不同种源,对气温高低、湿度大小,甚至病虫的抵抗能力,都有不同的表现。各种源对低温的反应是极不相同的。

1)种源试验依据

种源试验必须熟悉和掌握群体理论,同时掌握具体试验树种的群体变异轮廓。群体是由许多个体所组成的。群体个体的雌雄配子的结合是随机的,其遗传因子是基因。基因在不发生突变的情况下,永远保持不变,所以基因是连续的,而基因型则不能遗传。因为成对的基因在形成配子时要分解。当雌雄配子授粉后,又成新的基因型,即上一代与下一代基因型完全不一致,所以雌雄配子的随机结合,可以产生新的基因型。这是树木实生繁殖后代分离明显的根源。

2)种源试验方法

种源试验一般可分两类:一是全面种源试验,或称为全分布区试验;二是局部种源试验,或称为局部分布区试验。

全面种源试验由全分布区采种,试验目的是确定分布区内各种群之间的变异模式和大小。根据供试树种的地理分布特点等,一般选用10~30个种源。供试种源应能代表该树种的地理分布特点。通过全面试验,造林小区较小,试验期限短,一般为1/2~1/4轮伐期。

局部种源试验一般是在全面试验的基础上进行的,其目的是为栽培地区寻找最适宜的种源。因事先对该树种的变异模式已有所了解,供试种源可较少,一般为3~5个,试验期限较长,约为1/2轮伐期,试验区较大。

如果对于供试树种的地理变异规律事先已有所了解,两个阶段的工作也可适当变通,将成果及早应用到生产中去。但是,对于多数树种来说,很少在一次试验中搞清楚它们的地理变异规律。因此,对同一树种的种源试验往往要重复多次。

种源试验和其他生物科学试验一样,包括计划设计、运筹核算、调查研究和观测分析等方法。第一,明确进行任何一种种源试验的目的。第二,确定进行种源试验时所采用的种类。试验种类取决于树种的经济价值、生物学特性、种内变异、生境变化等。第三,进行试验树种的分类与类型、分布及生态、生物学特性及生态学习性、经济价值等方面的调查研究。第四,进行规划设计及小型试验。第五,成立协作组织,确定试验地点和方法,组织试验。试验内容有苗期试验、造林试验。试验过程中,进行树高、胸径等方面的测定和观察。第六,试验过程中,进行树高、胸径等各方面的测定和观察。第七,根据观察和测定,通过统计找出规律性的结果,为建立种源种子园和种源基因林,以及为进一步开展育种与研究工作提供可靠的基地和标准的材料。具体步骤如下:

(1)采种点的确定。采种点选择得当与否,是否全面,是否有代表性,对能否达到预期试验目的关系重大。

(2)采种林分和采种树。采种林分的起源要明确,应尽量用天然林,林分组成和结构要比较一致,密度不能太低,以保证异花授粉。采种林分应达结实盛期,生产力较高,周围没有低劣林分或近缘树种。采种林分面积较大,能生产大量种子,以保证今后供应种子。

在确定的林分中,采种树一般应不少于 20 株,以多为好。采种树间距离不得小于树高 5 倍。从理论上考虑,采种树一般应能代表采种林分状况,如从随机抽选的植株上,或平均木上采种。但是实际上不少试验单位喜用优势木种子,因优势木种子能够增加育种效果。在同一个试验中,必须统一规定从哪类树上采种。种子年种子,授粉充分,品质有保证。因此,最好在种子年采种。此外,要规定不能从孤立木上采种。

采种应指定专人,从指定的林分和选定的植株上采集。每批种子都应挂上标签,防止混淆。一旦发现差错,应将该批种子取消。

(3)采种记录。记录的目的是使采种过程保持书面记载,不因人事更替而贻误工作,如山名、地名、经纬度。如能把采种林分位置与永久标志连接绘制成草图,则更好。

为便于今后分析研究结果,要对林分状况和环境条件加以描述,要记载采种林木株数,树木的挑选方法。树高、胸径等指标也应写明。根据最近气象站的气象记录,记载全年 1 月和 7 月平均气温,最低、最高气温,年降水量等;如可能,最好提供降水量的各月分配数据。记载气象站的经纬度和海拔,以及与采种林分的距离和高差。

记载地形(坡向、坡度)和土壤条件(母质、质地、排水状况)。

记载采果、种子数量以及种子调制方法。

(4)苗圃试验。苗圃阶段的任务主要有:一是为造林试验提供所需苗木;二是研究不同种源苗期性状的差异;三是研究苗期和成年性状间的相关关系。种源试验可集中几个苗圃育苗,然后把苗木分别送往各试验点栽种;也可以在各试验点上分别育苗。

苗圃地必须具备能育成健壮苗木的条件,并且在土壤、坡向、光照、前茬作物、排水等方面完全一致。苗圃试验可采用随机完全区组设计,重复 4~6 次。

播前可分清种源,采用催芽、沙藏等处理。处理中应严防混杂。为确定适当的播种量,播前可做发芽试验。圃地如有病虫害,应采取妥善的土壤消毒措施。播种要及时,紧凑。播毕,插立标牌,绘制平面图。原则上圃地不作间苗,如必须间苗,应用随机法,不得留优去劣。

苗期观测项目包括场圃发芽率、高生长、地径生长、病虫害、苗木越冬受害状况等,此外,物候、生长节律、形态和结构方面的差别也应注意。

(5)造林试验。造林试验的目的是了解不同种源对不同气候条件的适应性、稳定性和生产潜力。造林试验点的选定,原则上同采种点,即在立地条件方面应有代表性。同时,选定的多数造林试验点,应当是该树种的主要造林区。这样,试验结果可以直接应用到生产中去。

试验地应在地形、土壤、植被、前茬作物等方面尽可能一致,并应按田间试验设计原则进行安排。

所采用的造林、管理措施应一致,并应保证造林成活,生长正常。对死苗,应在造林后头年内补植。

正如前述,种源试验可分两个阶段。第一个阶段在幼林阶段完成,主要了解适应性和生长的一般表现,找出优良种源,作为种源调拨的初步依据。每个种源总栽植株数应在 50~60 株以上。对适应和生产力高的种源,做第二阶段的试验。试验期一般应不少于 1/2~1/3 轮伐期。主要了解干形、高、直径和材积生长,以确定生产力高的地区。为此,每个小区的面积应较大,最好能有 30~50 株树。

在种源试验中,观测项目大致与引种试验、子代测定相仿。但引种试验初期侧重于适应性状,子代测定则更强调产量、品质以及对病虫害的抗性。种源试验既要了解适应性，也要了解产量和品质。因此，种源试验应该侧重在造林试验。

通过种源试验，可以评选出当地最好的种源。优良种源的供应，可以通过三个途径：一是利用原产地的优良林分改建成母树林；二是在原产地选择优树，建立优树无性系种子园；三是对于有希望的种源在做第二阶段试验的同时，建立种子园或母树林。

2. 种内地理变异的普遍性和特殊性

(1)南-北调运。同一树种的南方种源通常比北方种源生长期长、生长量大，枝叶茂盛，封顶较晚，落叶晚，越冬受害严重。南北种源不仅在地上部分有差异，根系生长也不同。同一树种南北产地生长状况的变异，具有明显的气候特征。实质上，这是对热量和水分共同作用的反应，其中热量往往是主要的因素，而越冬状况，还受日照长短以及低温等因素的影响。

(2)东-西调运。在我国东西种源间调运的影响没有南北调运的大，但也存在。西北种源生长量小，西北种源苗期高和地径生长不如东南种源，但相对于纬度而言是次要的。经度实质上反映了与水分因子，如年降水量、年蒸发量和春季干燥度间的关系。

(3)高-低调运。垂直高度相差 100 m，温度下降约 0.55 ℃，伴随而发生的气候变化往往相当于水平距离相差几十千米所发生的变化。对于多数树种来说，在高海拔地区生长慢、干形好，耐寒性较好。由于不同垂直高度的林木间的基因交换频率比水平分布的不同群体间的交换频率要高得多。基因的频繁交换，会阻止高低海拔种群间发生遗传变异。所以，从地形陡峭地区采样试验，往往看不到高低海拔种源间的差别；在海拔逐渐改变的情况下，可能会产生渐变群。

(4)连续变异和不连续变异。树种的分布如果是连续的，其遗传变异类型多数也是连续地形成渐变群。渐变群通常指遗传变异是渐进的，或连续变异的种群。分布区中断，特别是随之发生气候的显著改变，倾向于产生不连续的遗传变异类型。

在我国，多数情况下林地面积小，很少绵延分布，树种的生长和适应性状基本表现为以纬度为主、经度为次的渐变模式。

(5)随机变异。南-北、东-西、高-低种源调运中表现出来的倾向，一般要在产地相距几百千米以上，且气候条件差别明显的情况下才会发生，在较小的范围内，通常看不到显著的地理差别。但是，有时在不大的范围内由其中一些林分长出的林木可能会比另一些林分长出的要快 10%～15%。

变异中存在的种种异常,可归纳为:一是试验中通常只注意冬季温度、生长季长短、夏季温度、降水量、土壤类型等对遗传变异的影响,而真正产生变异的因素却可能没有被认识而加以研究。二是归因于遗传漂移,即由于群体内个体数目少,不能完全随机交配而造成的性状差异。三是人为的干预。其中第三点在许多情况下是主要的。

3. 类型选择

类型选择实质上是混合选择。它是在混杂的群体中,按几个特征或特性同时进行的选择。例如,在群体中,根据几个形态特征或特性将该群体划分为几个类型,然后进行调查对比,淘汰不良的类型,保留优良的类型,最后形成比较理想的优良类型。该法的优点是:技术简便,效果明显,易于推广。

(1)类型选择方法。一是查文献,掌握该树种模式标本的形态特征;二是全面地研究该树种的形态变异规律,提出划分该种或该种内变异群体中明显的、稳定的形态特征,作为进行新分类等级的主要标准;三是按照某树种模式标本的描述,进行分析对比,提出新分类等级与模式标本的形态特征的主要区别;四是进行新分类等级的形态特征描述。

(2)类型划分。树木形态特征变异非常明显多样,究竟以何种形态特征作为某树种类型划分的标准呢?可根据树木形态变异的研究结果,结合具体情况,提出划分树种类型的条件:一是按照某树种的模式标本的形态描述;二是具有稳定的可遗传的性状;三是在一定的形态变异范围内,能够充分反映出优良的经济性状。为此,树形变异,尤其是分枝习性、花器构造、果实形态等,是划分类型的主要标志。

(3)类型命名。为了减少名称混乱和便于研究、识别类型的特点以及推广其中的优良类型,在确定各类型名称时应考虑如下条件:一是能充分反映和代表该类型最基本、最主要的形态特征和特性;二是尽量采用群众原有习惯的称呼,以便在生产上推广应用。

第二节　优树选择

一、人工选择的特点

人工选择是指根据人们的需求,从混杂群体中挑选符合要求的个体或类型。优树选择、种源选择都属于人工选择。人工选择是人类创新林木品种的重要手段。人工选择的目标往往是满足对产品品质或数量的高需求,通常能在短期内取得重大进展。

二、优树

在生长量、树形、抗性或在其他性状上，显著地优越于周围林木的树木。

三、优树选择

依据规定的标准和方法，在适合的林分中，选择符合要求的优良树木的株选工作。

四、优树选择目的要求

通过对优树的选择，了解树种内的变异情况，掌握树种优树选择的标准、方法及步骤。

五、优树选择原理

选择的实质就是对种内的变异进行选择和利用。因同一林分内，单株间的差异是客观存在的，特别是异花授粉植物、实生繁殖的后代，经过基因的分离和重组，能够形成众多的基因型，并在生态、生理方面表现出来，供人们识别和选择。

六、优树选择材料和用具

(1)材料：优良林分。

(2)工具：测围尺、生长锥、海拔表、游标卡尺、钢卷尺、红油漆、毛笔、指北针、测高器、计算器及登记卡等。

七、优树选择的标准方法步骤

(一)选优区域和选择林分

(1)优树选择应在与用种范围相应的生态区域内进行。

(2)种子区已划定的树种在本种子区范围内的选优。

(3)种源区已划定的树种在适宜的优良种源区内选优。

(二)选优林分条件的考虑

优树散生各地，条件各异，为提高选优率，选优前必须做好准备，查阅文献资源，向熟悉情况的人员作了解，进行踏查试点，查明森林分布情况和变异特点。最理想的选优林分是性状已经充分表现出来的同龄纯林人工林。同龄，可免去树龄的查对和校正,手续简便,也可排除竞争作用,对比结果比较可靠;纯林,没有非选择树种的干扰;人工林,林龄完全一致,株行距相同,优树和周围对比的林木(候选树)的比较结果可靠。当没有理想的选择林分时,即使是混交天然林,或散生的"四旁"绿化林木,也是可以选择的,不过评选方法有别于同龄纯林人工林,评选的效果也较差。确定选择林分时应考虑下列条件:

(1)优树是具有地理特点的。因此,选优林分的产地应清楚,并应与优树生产种子的供应地区,或优良无性系推广地区的自然生态条件相适应。

(2)用材种源选择的生长特性只有在产地条件好的地段上才能充分表现出来,一般在立地条件较好的林分中选择。但是在一般或较差的立地条件上,如有突出的优树,不该遗漏,完全可用于贫瘠和立地条件较差的地区。因为它们的适应性已经得到了验证,一般适应性较强。特别优良立地条件上生长的优树不适于供贫瘠地区使用。

(3)选优林分的林龄,一般在中龄以上近熟林为主的同龄林中进行,20~40 年的林分。

(4)林分郁闭度在 0.6 以上,林相整齐,以避免光照条件不同造成的差异。对于林缘木、孤立木的选择要慎重。混交林中,选优树种比例不低于 50%。

(5)凡经过"拔大毛"择伐的林分,或遭遇过破坏的林分,不宜选择。

(6)林分面积应满足设置对比的规定。在小面积的天然林中最好只选一株优树,以避免多株优树间有亲缘关系。

(7)林分起源要清楚,一般应是实生起源林分为最好,没有经过负向选择的天然林或人工林也可采用。不宜选择萌芽林分。

(8)林木长势良好,具较强的抗性。

(9)种子园的混系种子起源的人工林一般应避免选优。

八、选种目标与优树标准

(一)选种目标

(1)按一般生长量、材质、抗性、结实量及其他用途等确定选种目标。

(2)根据树种特性和选种目标,在明确改良的主要性状的基础上确定优树的标准。

(二)优树选择标准

优良类型选择范围大,可以全面收集本地区遗传性状优良的个体,为优良性状繁殖利用打下基础。

选择标准：在育种工作中，选择目标规定的各个目的性状优良程度的最低指标。

优树标准，因选种目的、地区资源状况等而异。用材树种的优树指标主要包括生长量、材质以及抗性等。

1. 生长量

生长量标准的确定，即优树的性状数量指标不能超过同龄林分中的最大值。在实际工作中，优树的数量标准常分别规定。

1）相对标准

优树的数量标准常按小标准地对比法，或优势木对比法分别规定。如在小标准地法中，一般规定优树的材积、树高和胸径应分别超过标准地平均木的150%、15%和50%；或优势木对比法中，应超过优势木平均材积的50%、树高的5%、胸径的20%。

2）绝对标准

根据对大量优树的调查，也可为不同立地条件规定优树入选的绝对生长量值。

2. 质量指标

优良类型的选择标准主要考虑影响果实产量指标，或有利于提高单位面积产量和能反映树木生长势的形态特征。如树势、树形结构、骨干侧枝分枝、开花质量等特性。以树势好、种子产量高、无病虫害、抗性强为主要衡量指标。根据不同经济性状、表型特征，分为早熟型和晚熟型、大粒型与普通型、高抗型与普通抗型等。

用种型毛梾的优树选择指标还要考虑其果穗数、果穗果粒数、鲜果百粒数、饱粒率、虫果率、出籽率、出油率等能反映种实产量和质量的各项指标。

在毛梾果用型优株的选育中还应注意产果量与产油量的关系。衡量一株毛梾是否优株或优的程度如何，应以单位冠幅面积产油量为主要指标，油的产量不只受果量的影响，而且在相当大的程度上受果实出籽率、种子出仁率、种仁含油率等一系列因子的综合影响。

一般来讲，优树外形指标需具备以下指标：一是树干通直、圆满，单主干性，顶端优势明显；二是树冠较窄但饱满，幅度不超过树高的1/3~1/4，最好是尖塔形、圆锥形、长卵形；三是树干自然整枝良好，枝下高不小于树干总高的1/3，侧枝相对较细；四是树皮较薄，裂纹通直，无扭曲，以及木材比重、管胞长度、晚材率等；五是树木健壮，无病虫害等特征；六是尽可能选择见到开花、结实的单株。但应了解郁闭的林木，或阴坡上的林木，结实都少。此外，对病虫害感染严重的树种,树木病虫害感染应作为主要因素来考虑。

(三)优树评选

1. 材积评定

1) 对比树法

(1)小标准地对比法。

在候选树为中心的200~700 m^2 的范围内,划定包括40~60株林木的林地作为小样地,把候选树与小样地按优树标准项目逐项观测评定,当候选树符合样地林木平均值规定标准时定为优树。

(2)优势木对比法。

以候选树为中心,在立地条件相对一致的10~25 m半径范围内,其中至少应包括30株以上的树木,选出仅次于候选树的3~5株优势木,实测并计算其平均树高、胸径和材积。如候选树的材积等指标超过规定标准,即可入选。

(3)综合评分法。

在离候选树10~15 m范围内,选定仅次于候选树的5株优势木作对比树,把候选树与对比树按优树标准项目逐项观测评分,然后将候选树各项得分与对比树得分的平均值进行比较,当候选树各项得分的累加总分达到或超过规定分数时可定为优树。

2) 基准线优选法

基准线优选法是以预先拟订好的基本标准作为比较对象的优选方法,又分绝对生长量法和回归线法两种。

(1)绝对生长量法。

根据生长过程表或立地指数表,分龄级(适当考虑气候区)制定出优树生长量的绝对标准。当预选树的生长量达到或超过规定标准,形质指标也符合要求时,应评为优树。

(2)回归线法。

按不同气候和立地等级设立标准地,分别按树高、胸径、材积等不同性状求得对年龄的回归关系,制定出不同气候区不同立地等级的优良标准基准线。当候选树的生长量指标达到或超过基准线,形质等其他性状指标也符合优树标准要求时,定为优树。

2. 形质评定

将候选树的树龄、树高、树冠大小、树木病虫危害情况、抗病情况、林分起源、林分郁闭度、结实量高、枝条匀称等综合指标进行比较和判定。

3. 综合评定

（1）连续选择法。就是依次先对某一性状进行选择，再对第二个性状选择，然后对第三个性状选择，直至达到目的。

（2）独立标准法。所选择的各项性状，都规定一个最低的标准。只要有一个性状不够标准，不管其他性状如何优越，都不能入选。

（3）评分法。评分法是目前最常用的方法。按这一方法，对树木的各选择性状的形型值划分为不同的级别，并根据性状的重要性给予一定分数，累加各性状的评分，就可以对选择植株做出总的评价。

4. 毛梾选优方法

在毛梾天然林特别是异龄林或混交林中选优宜采用基准线选优法；在毛梾人工林或同龄的天然纯林中选优可采用对比树选优法。

在毛梾天然林中选优，要考虑林木间的亲缘关系。优树间距应大于树高10~20倍的距离。

（四）毛梾选优程序

1. 制订计划

（1）根据种子园的建设任务，参照种源试验结果确定选优区域。

（2）查阅选优区域森林资源清查资料，收集立木生长过程表或立地指数表，了解可供选优的适龄林分面积、分布、气候、土壤、森林形成历史。

2. 初选

由于现有毛梾大多分布在丘陵、山区，生长分散，在自然杂交繁殖与漫长的生长过程中形成的品种类型变化复杂，树龄相差甚大，大小年结果现象比较突出，这些问题都为初选增加了困难。为了较好地掌握毛梾生长较为全面的情况，使野外调查工作有针对性，节约工作量，每到一处，首先对当地熟悉情况的群众进行访问，并请群众协助调查选优。对目测较为满意的单株，初选为优株，按照优株标准进行调查测算，填写调查表，编号后进行拍照存档。

3. 复选

主要是实测果穗数、果穗果粒数、鲜果百粒质量、饱粒率、虫果率等。对初选树进行评比排队，丰产性比一般结果树高出1倍以上者或抗虫性提高30%者即可定为决选对象进行进一步观测。

4. 决选

测定单株产量、单位冠幅面积平均产量、病虫果率和出油率等，最后以产量、产量变幅、出籽率、出油率、单位冠幅面积平均产量等综合指标评比打分确定优株。

具体操作如下。

1）踏查试点

（1）选优人员必须深入林区，了解林分分布状况与林分结构特点，确定具体的选优林分、选优路线及选优方法。

（2）选择典型代表林分进行选优试点，研究分析主要性状变异的幅度，统一选优标准方法。

2）实测评选

（1）选优人员深入选优林分，寻找出候选树和对比树，按统一的优树标准与选优方法实测评选。

（2）评选出的优树，在树干 1.5 m 处用红漆涂环，在易于察看的方向写明优树号，各株对比亦同时做出标记和编号。

（3）填写优树登记表，拍摄优树照片，描绘优树位置示意图，记载必要的附加说明。

（4）优树按省（区）分别树种统一编号。编号格式为：树种名称________省（区）简称________县（市）名________选优年份________优树号________

5. 内业整理

外业资料及时整理汇总，计算优树的选择率、选择差，求出选择强度，预估遗传增益，建立优树档案。

（五）毛梾优树选择检查验收

（1）由上级主管部门聘请有关专家组织专门小组，对选定优树进行检查验收。

（2）按所选优树 10%～30%的比例现场审核优树是否符合标准。检查档案是否齐全和符合要求。

（3）检查结束后，检查小组写出评语，并对符合规定要求的优树在验收证上签字。

九、毛梾优树资源收集、保存与利用

（1）原株就地保存。保存期不少于 5 年。

（2）建立收集区，易地保存。

①优树选出后，及时采穗、采种，建立优树收集和营造子代测定林。

②优树收集区选在交通方便、地形较平坦的地方。每株优树保存 5～10 株嫁接分株。

③按优树来源的生态区域把优树无性系配置在收集区内。

(3)各号优树无性系需进行物候期、开花结实习性的观察,进行控制授粉,研究遗传表现,根据子代测定结果,评选出精选树。

十、毛梾优树档案建立

优树档案包括:

(1)选优计划(方案)与总结。

(2)优树登记表与优树照片。

(3)优树汇总表与分布图。

(4)优树验收报告。

(5)优树收集区无性系登记表与配置图。

(6)收集区各无性系生物学特性观测记录。

优树档案的前四项一式三份,分别保存在省林木良种主管部门、良种基地及技术指导单位。其他档案由收集区所属单位保存。

选出的优树应及时向省(区)级良种主管部门登记备案,并根据有关保护条例规定进行管护。

十一、我国毛梾良种选育现状及相关研究

(一)我国毛梾良种选育现状

毛梾作为传统的木本油料作物,经济价值很高。20 世纪中期,我国在山东等省部分林场积极开展了毛梾人工造林,对生长、繁殖、栽培进行了初步认识。然而,进入 20 世纪 80 年代以后,由于毛梾生长周期长、结实不稳定,很多地区引种和栽培工作停滞,甚至多数地区的毛梾被单一地作为用材林而遭到大面积砍伐,导致很多优质的林分和散生单株资源锐减,野生资源受到严重破坏。随着煤、石油、天然气等化石能源消耗不断增加,全球环境不断恶化,使人类必须重新调整化石能源的发展战略。能源植物是可再生能源开发的重要资源对象,是有前景的生物质能源之一。由于我国人多地少的矛盾和丰富的山地资源,木本能源树种因具有耐寒、耐瘠薄、适应山地栽植、一次栽植多年受益等油料作物不具备的优点而受到重视。毛梾具有树形优美、耐寒、耐旱、耐瘠薄、一次栽植多年受益等优点,近年在荒山造林和园林通道绿化中逐渐被重视。但相对于其他木本油料树种而言,毛梾的良种选育工作却开展较少。据记载,到目前我国已鉴定的梾木类植物 20 种,但大面积推广应用的不超过 5 个,也没有选育出杂交新品种,在品种选择方面几乎为零,落后于其他传统油料树种,如油茶、乌桕、文冠果等。

自然条件下,毛梾地理分布范围广,所处环境千差万别,在长期自然选择过程中,形成了生长、形态与结实特征差异的自然类型,在树皮、冠形、叶、花、果穗、果实、种子等方面具有丰富的遗传变异,尤其是果实及种子的变异是人类开发利用的重要经济性状之一,一定程度上加快了物种的传播能力及分布格局。优树选择是林木改良的重要途径和基本技术,为了改变毛梾资源良莠不齐的状况,有必要对其进行优树选择,筛选和培育出具有高产、大粒等经济性状的优良类型,加快毛梾资源良种进程,促进毛梾能源林产业化发展。

目前,我国专门从事毛梾开发研究的科研机构和大专院校不是很多,毛梾良种选育和良种基地建设也刚刚起步,毛梾新品种选育、品种改良、良种繁育和丰产栽培技术的研究发展还不是太快。

(二)我国毛梾优选相关研究

1. 赵宝鑫等的研究成果

赵宝鑫等对山东省淄博市沂源县东里镇唐山风景林区林场 30 年树龄的实生毛梾进行了选优研究。建立了优选指标体系:形质指标(冠高比、冠形指数、分枝角度)、结实能力(单序果数、单位面积产量、结果枝率)、种实品质(果实直径、种壳厚度、果实百粒重)。并探索出一套适合毛梾优树选择的综合选择方法:采用 5 株优势木对比法初选候选树,通过主成分分析法对选优指标进行权重分析,排除性状间的相关关系。再根据权重制定科学的评分体系,对候选树复选。这项研究为毛梾优良单株选择、无性系选择与推广及促进该树种的开发利用奠定了基础。

(1)优选性状及测定方法。

①优选性状。参考国内油用林研究的相关经济指标,初步制定了毛梾优树选择指标体系(见表 3-1)。其中,冠高比与冠型指数、分枝角度可反映树冠横向和纵向的大小,进而反映结实空间的相对大小。结果枝度、单序果数、单位面积产量可直接反映结实能力;果实直径、种壳厚度、果实百粒重可从品质上对果实进行初步选择,符合薄壳、大粒的选优目标。

②研究方法。在林分中选择环境条件相对一致的区域,以候选树为中心,在 10~15 m 范围内的采用优势木对比法确定 5 株对比木,将候选树与对比木分别标记,统计候选树对应 5 株对比木的各性状均值,并计算候选树超过 5 株对比木均值的比值,记为对比值。其公式为:

$$I = (A/a - 1) \times 100\%$$

式中:A 为候选树性状观测值;a 为 5 株对比木性状均值;I 为对比值。

表 3-1 毛梾优选指标体系

类别	性状	测度方法
形质指标	冠高比	冠高与树高之比
	冠型指数	冠幅与冠高之比
	分枝角度(°)	主枝与树干的夹角
	结果枝率(%)	当年结果枝占总枝条的百分比
结实指标	单序果数(个)	单位果序实际挂果数量
	单位面积结实量(kg/m^2)	结实量与冠面积的比值
种实品质	果实直径(mm)	随机测定 30 粒果实横纵径,取平均值
	种壳厚度(mm)	随机测定 30 粒种子的中果皮厚度,取平均值
	果实百粒重(g)	随机称量 100 粒果实鲜重

按照对比值的变化范围划分各性状评分等级并赋值结合性状权重确定候选单株得分,最终以群体得分值为基础,通过单株样本平均数假设测验确定入选优树和临界得分下限。

(2)数据处理。以候选树超过 5 株对比木的对比值为基础矩阵,运用正交变换,采用主成分分析法计算出各性状综合变量及分量,求出各性状的权重。根据候选树与对比木的对比值变化范围规律来制定评分标准,对性状的权重进行定量分析,并对各性状按十分制均一化制定评分标准,将性状权重与得分值相乘得出候选树各性状分值,进一步将各性状得分值求和即为候选树得分值,并采用 t 检验法来确定低于候选树群体均值的显著下限值,即为优树入选最低分数限。

(3)结论。研究采用优势木对比法和主成分分析法相结合,根据单位面积结实量、单序果数、果实直径等 9 个数量性状的权重,制定出综合选优评分体系和优树入选的最低分数限。结果表明,入选优树性状优良程度较高,其中,结果枝率、果实百粒重、单位面积结实量、单序果数的平均增益均达到 25%以上,选择效果较好,具有一定的科学性和可操作性。对毛梾的育种改良和良种繁育有重要的现实意义。

毛梾为油、材两用的经济林树种,选优时既要兼顾生长性状,又要顾及产量、种实指标,性状间相辅相成且存在一定的相关性。因此,对其进行综合选择的效果较好。采用 5 株优势木对比法初选候选树,方法更为直接和简化,通过主成分分析法对选优指标的权重分析,可以有效排除性状间的相关关系,使性状独立而客观地综合评价,增强了综合选择的效果。根据权重制定科学的评分体系,对候选树复选,排除了综合指标较低且选优意义不大的候选树,最终界定优树评选的得分下限值,确定了优树。入选优树性状优良程度较高,其中,结果枝率、果实百粒重、单位面积结实量、单序果实的平均增益均达到25%以上,选择效果较好,具有一定的科学性和可操作性。通过对毛梾人工林综合选优,探索出毛梾的综合评优方法和标准,提高了选优的合理性,为进一步开展毛梾的优良单株选择和无性系选择与推广以及促进毛梾树种的开发利用奠定了基础。

2. 李善文等的研究成果

李善文等以山东省毛梾资源为研究对象,在对种质资源进行了全面系统调查的基础上,初步选出候选优树,再以选择油用毛梾为目标,确定优树测定性状,制定优树评价方法,从候选优树中选出部分优树,为进一步的子代测定、无性系测定、种子园营建等提供试验材料。该研究为今后毛梾树种的进一步遗传改良奠定基础,对我国生物质能源林建设和荒山造林绿化具有重要意义。

(1)试验材料。以山东省的毛梾野生资源、引种资源及人工林为试验材料。选优林分以中龄和成熟林为主,有纯林也有混交林。

(2)试验方法。

①候选优树选择。采用5株优势木对比法选择候选优树。候选优树应具有无明显病虫害和机械损伤、结果层厚、树干通直圆满、树冠匀称开张、发枝力强、结果量大等特点。

②候选优树性状调查方法。选择与种子产量关系密切、受年龄影响较小、相对稳定的性状进行测试,这些性状包括冠高比、冠形指数、单序果树、结果枝率、果实百粒干质量、果实含油率、种子百粒质量、果实成熟一致性、抗病虫害能力等。

③树高、冠高比与冠形指数。用测高器或塔尺实测毛梾树高与冠高;用皮尺测量树冠东西和南北2个方向的宽度,求平均值得到冠幅。树冠高度与树高的比值即为冠高比,冠幅与冠高之比为冠形指数。这2个性状与单株种子产量存在相关性。冠高比能够反映冠高相对于树体的比例,反映了树体垂直结实的潜力;而冠形指数反映了冠幅横向和冠高的相对生长速度,可以用来选择冠幅相对开展且高生长相对较弱的优良单株,与优树和果实产量及矮化性状相关。

④单序果数与结果枝率。从每株树和东、西、南、北4个方位随机剪取一

个果序,共4个果序,调查统计单序果数,计算单株平均单序果数。观测毛梾单株结果大枝的数量与大枝总数,结果枝率为结果枝条占总枝条的百分比。

⑤果实与种子百粒质量。随机在毛梾单株东、南、西、北4个方向各选取100粒新鲜果实,称质量,测量精度为0.01 g,求平均值得到果实百粒鲜质量;对4份种子进行烘干处理,测定果实百粒干质量,测量精度为0.01 g;再进行去皮、清洗、干燥处理后得到种子,测定种子百粒质量,精度为0.01 g。

⑥种子直径。每个单株的果实去皮、清洗、烘干后,随机选取60粒种子,用游标卡尺逐粒测定种子直径,精度0.01 mm。

⑦抗病虫害能力。评分标准以无病虫害得4分,受害轻微得3分,受害中等得2分,受害较重得1分。要求所选优树的抗病虫害能力得分在3分以上。

⑧果实成熟一致性。果实成熟一致性用成熟果百分率表示,成熟80%以上得4分,60%~80%得3分,40%~60%得2分,40%以下得1分。

⑨果实含油率。用残余法测定果实含油率。随机选取每株候选优树的果实,除杂烘干后称质量1~2 g,精度0.000 1 g,作为样品进行测定,重复3次。

⑩优树综合评分法。根据各个性状的均值、标准差、极差确定每个性状的打分标准,对于无法定量的性状进行分级打分制定毛梾选优综合评分体系。采用t检验法确定低于候选优树群体均值的显著下限值,即为优树入选最低分数值。

(3)结论。

以选择油用毛梾为目标,根据毛梾的生物学特性选择受年龄影响较小、相对稳定的性状作为选优性状,这些性状包括单序果数、结果枝率、果实百粒干质量、果实含油率、种子百粒质量、冠高比、冠形指数、果实成熟一致性、抗病虫害能力等,利用这些性状的均值、标准差和极差建立毛梾优树综合评分标准,并据此从候选树种中选出毛梾优树21株。建立的综合评分法为毛梾优树选择提供了科学方法,并达到了较好的选优效果。

优树选择是林木遗传改良的重要环节。优树评定方法主要有连续选择法、独立标准法和评分法3种。由于树木世代长,连续选择法选择优树所需时间漫长,一般较少采用。独立标准法只规定每个性状的下限标准,简单易行,但缺点是会把某个性状达不到下限标准,而其他性状都优秀的个体淘汰掉。评分法目前比较常用,该方法将树木的各选择性状的表型值划分为不同的级别,并根据性状的重要性给予一定分数,累加各性状的评分,就可以对优树做出综合评价。本研究初步采用5株优势木对比法选出毛梾候选优树,测定结实性状、果实含油率及抗病虫性等9个性状指标,选用改良的综合评分法进行优树选择。该方法是将候选优树的各个性状平均值作参考进行分级打分的评选方法,根据各个性状的均值、标准差、极差确定毛梾选优评分体系。对45株候选优树采用 Kolmogorov-Smirnov Test 分株检验,在总体得分值服从正态分布的基础上,依照总体候选优树得分平均数进行单株平均数假设检验,确定显著低于平均分数的上限值,并将大于此值的候选优树确定为优树。

第三节　母树林营建

母树林,又称种子林、采种母树林,是在天然林或人工林中选择划定,经过去劣间伐等培育措施,以采种为目的的林分。在优良天然林或确知种源的优良人工林的基础上,通过留优去劣的疏伐,为生产遗传品质较好的林木种子而营建的采种林分。

母树林在我国实现林木良种化、基地化、专业化过程和林业生产中占有重要地位,是重要的良种基地(种子园、母树林、采穗圃),是解决当前造林良种供应的最适用、有效的方法。

一、母树林营建

(一)母树林建设选择方式

(1)天然林。经过长期的自然选择,形成了不同的种群和生态型,基因资源丰富,种群间差异较大,在不同种群中可以选择出遗传品质优良的林分群体,培育改造为母树林。

(2)人工林。对于生长稳定、适于当地条件、表现优良的人工林分,也可以在适地适树适种源的基础上有目的地选择优良林分,作为采种母树林。

母树林要统一规划,合理布局,还要合理选择坡向和确定植株距离,以满足林木生长结实的光照要求。

根据建立采种母树林的任务,进行踏查初选、实测后,选树势、结实优良的壮年林分为母树林,母树林林分和面积确定后,标定母树林的周围界限,建立防火隔离带,修建必要的基础设施,进行区划。

(二)种源的选择

种源指一批种子的产地及其立地条件。

(1)同一树种生长在温暖地区的林分其生长速度快、结实早。

(2)在寒冷地区生长的林分生长速度慢,但寿命长。

(3)温暖地区向寒冷地区引种,死亡率大,树干易弯曲,生长不正常。

(4)寒冷地区向温暖地区引种,生长缓慢,但结实情况较好。

(三)母树林的选择(调拨种子应注意的问题)

要考虑造林地与种子产地的气候条件和土壤条件,以及母树林的本身条件。

1. 气候条件

(1)应在最适宜种源区或造林地附近。

(2)选择在气候条件与用种地区相接近的中心地区。

(3)造林地与种源气候条件的差异应最小。

①纬度。使用造林地以北的种子,造林效果要比原造林地状况好。

冷地:暖地调种子的纬度不宜超过3°。

暖地:暖地调种子的纬度不宜超过2°。

②经度。用气候条件较差地区产的种子在气候条件较好地区造林的效果比相反的情况好。

从立地条件差向立地条件好的地区调运种子,经度不宜超过16°;立地条件好向立地条件差的地区调运种子,经度不宜超过10°。

2. 土壤条件

(1)土壤水分、土壤酸碱度,造林地与种子产地相同或相近。

(2)立地条件差—好,生长效果好。

3. 林分本身条件

(1)母树林的林龄。毛梾以15~30年生健壮中龄林作母树林为好。

(2)林分起源最好是实生林,其次是插条林,林分由优良木组成,林分质量等级最好是Ⅰ级林分,或选用Ⅱ级林分。天然实生的林分,不宜选择萌芽林分。

(3)林分郁闭度。大于0.6,疏伐后0.5~0.7。年龄小的林分,郁闭度宜大些;年龄大的林分,郁闭度宜小些。

(4)林分组成。首先选择纯林,如选择混交林,毛梾不少于70%。

(5)地形。平坦、缓坡、阳坡、半阳坡。

(6)优良木指标为果穗数大于平均值10%以上;优良木所占比例应大于20%以上。

另外,交通方便、有水源、集中连片。

(四)母树林选择步骤

1. 踏查

深入现场全面踏查,了解林况地况,根据毛梾林分选择技术要求,确定母树林候选林分。

2. 标准地调查

在候选林分中,设置标准地进行调查,标准地总面积占候选林分的3%~4%,对林相整齐、每块地形变化小的林分,调查面积可减少到1%~2%,标准地要均匀分布在林分内,面积在0.1 hm^2 左右。

进行毛梾的林分选择时,应从产量、形质、抗性指标等方面全面衡量,综合比较。标准地立木的胸径、树高、枝下高、冠幅、冠长、果柄长短、果实大小要每木实测,林龄用标准木年龄,立木的干形、冠型、郁闭度、果穗形状、种子形状、种子颜色、健康和结实状况实行目测。标准地的自然因子(地形、坡度、坡向、海拔、植被、土壤)都要调查记载。

3. 母树林区划

母树林确定之后,要做好区划,标定母树林的周围界限,面积过大的林分,要区划经营区,面积10~20 hm^2,修建必要的区划道,绘制母树林区划平面图。

二、母树林经营

(一)疏伐

(1)疏伐的原则:留优去劣,照顾结实,密度合理。

(2)方法:采用均匀疏伐、定株环状疏伐或自然式疏伐等。

(3)伐除对象:伐除形质低劣的不良母树和伴生树种、杂灌木,逐步伐去不宜留作母树的中等木。

(4)疏伐强度:密度大、立地条件好的林分,强度可大些,反之宜小。一般是母树林疏伐后留下来的母树树冠能充分伸展,不得衔接,树冠距离相隔1.0 m左右,林分郁闭度不低于0.5,最终保留株数为每公顷300株以下。

(5)间隔期:视树冠伸展情况而定。

(二)松土除草

及时铲除妨碍母树生长的灌木、杂草等,结合松土除草埋青培肥。

(三)施肥

(1)目的:消灭大小年。

(2)肥料种类:混合肥。

(3)施肥时间:春、秋季进行,春季以氮肥为主,秋季以磷肥为主。在干旱地区而又有条件的,结合施肥进行灌溉。

(4)施肥种类:幼林,氮肥配适量磷、钾肥,促进营养生长;壮龄林,磷、钾肥,提高种子产量、质量。

（四）灌溉

（1）目的：防止落花落果。

（2）时期：早春，幼果形成期，种子成熟期不灌水。

（五）土壤耕作

（1）目的：利于长新根。

（2）时期：落叶前1个月。

（六）合理修剪，加强花粉管理

结合生长情况加强母树修剪，促进其正常健壮生长，加强花粉管理，促进雌花授粉、结果，提高坐果率和坐果质量。

（七）母树保护

母树林四周要开设防火线，每年及时清除防火线上的杂草和灌木。在交通要道口设置保护母树的宣传牌。建立采种制度，规范采种；加强病虫鼠害防治，禁止放牧、狩猎、采樵修枝。填写母树林情况表，建立母树林技术档案。

（八）病虫害防治

以预防为主，防重于治，做到治小、治早、治了，毛梾病害主要有叶斑病，虫害主要有金龟子（蛴螬）、蝼蛄、椿象等。

（九）花粉管理

在母树林开花授粉期，遇有阴雨天气时，应采取人工辅助授粉。

（十）生长量和结实量预测

在母树林内设置固定标准地，定期进行物候相观测、结实量调查和种子产量预报。

目的：了解采种母树林的结实规律，正确制订采种计划，为做好采种准备、种子储藏、调拨和经营提供科学依据。

（1）物候学法（又称目测估计法）。

本法是根据观察母树林开花结实的多少来估计等级，用0~5六个数字来表示，然后根据等级再参考历年观测资料，可以估算出单位面积的产量等级，推算出母树林的总体产量等级。

本法还可对生物各种物候现象进行观察和记载。如对树木的发芽、开花、结实、落叶等发生时期所进行的观测。根据树木物候期观察测定制定，制定毛梾母树周年管理措施。

（2）平均标准木法（适于同龄林）。

在采种林内选择有代表性的地段设标准地，在标准地内选出有代表性的林木若干株，调查其结实量，再以此推算全林分结实量的方法。

①原理:树木直径和结实强度之间存在着直线相关。

②方法:一是根据每检尺的结果,计算平均直径,并在树高曲线上确定林分的平均高。二是寻找1~3株与平均直径、平均高接近(相差<±5%),且干形中等的树木作为标准木。三是伐倒选定的标准木,区分求积。四是求标准地蓄积。五是计算每公顷蓄积量。六是调查地区蓄积。

(3)径级代表木法(适于测定异龄林)。

(4)标准枝法。

选择一定数量有代表性的枝条,计算平均1 m长果实数,用以预测种子产量等级的方法。

(5)利用气象条件预测法。

此外,还有花枝水培法、落地种实计算法、可见半面树冠果穗估测法等。

(十一)做好种子采收工作,严禁抢采掠青

9~10月,当毛梾果实由绿色变为黑色、变软时即可采收。采回的果实除去外果皮,清洗干净、水选出充实饱满的种子,阴干后待用。秋季可直接播种,若翌年春播,便需混沙湿藏或冷藏。

三、毛梾遗传改良策略

(1)我国毛梾分布广泛,且有多个集中分布区,有着极丰富的选择群体,为毛梾的基因富集区,通过调查、发掘,利用这些变异,是当前和今后一定时期进行毛梾遗传改良的重要途径。选建母树林是短期内提高毛梾种子遗传品质的有效方法之一。

(2)在母树林选建过程中,应特别重视子代测定,为进一步的评价和筛选提供依据,也是优树决选的重要环节。

(3)今后应积极开展种源试验,将种源选择和个体选择结合起来,在优良种源区选优,会取得更好的改良效果。

第四章　毛梾繁育技术

毛梾的繁殖多用种子播种,但由于毛梾种壳坚硬,含有油脂,不易发芽,往往因种子处理不好,影响发芽,出苗极不整齐,有时竟达2~3年之久才能陆续出苗,造成人才、物力的很大浪费。为了解决此矛盾,采取多途径繁殖毛梾苗木,可以推动毛梾生产的发展。毛梾繁育一般采用种子育苗、扦插育苗、嫁接育苗等。生产上为提高干旱石质地区等立地条件差的地区造林成活率、延长造林时间等,可采用容器育苗。

第一节　毛梾采种

采种是育苗的第一步,也是关键的一步。只有采用优质的种子,才能培育出理想的树苗。毛梾经济林主要需要生长旺盛、结果早、产量高的树种;而园林绿化需要树干通直、结果少、生长快、抗叶斑病、叶片浓绿、秋后叶子能变色等观赏性高的毛梾树种。应根据不同的育苗目的选择合适的采种母树。

(1)选择树龄15~30年、生长健壮、丰产性强、无病虫害、种子结实性状优良的母树采种。

(2)果实于8~10月成熟,采种期较短。不同省区、不同年份、不同立地条件的成熟期差异很大,种子的发芽率及种子内含物成分也存在显著差异。适宜的采种时期以种子的外观和颜色为依据,当核果外种皮由绿色变成黑色、变软时应及时采收;否则,种实采集过晚,会被鸟食或自然散落。先将果穗采下,然后除去果柄穗枝,拣去有病虫的种子和杂物,阴干。由于油脂大部分在外果皮(果肉),因此采来鲜果摊放时不宜过厚(一般不超过5 cm),以免发生霉烂。雨天采收的果实,含水量高,需摊放在通风处及时晾晒,经常翻动,当果皮发皱,翻动有响声时,果实已经风干,即可调运或储藏。另外,也可将采下的鲜果果肉立即揉烂,用水冲洗,脱出种子晾干,以便调运和储存。

有的为了多采种,果实未变软甚至未变黑时就采种,这样采收的种子未充分成熟,质量不高,出苗率低。

(3)一般情况下,树冠外围中上部的种子性状较为优良。采集方法为借助梯子、枝剪或高枝剪进行人工采集,采集过程中要注意保护母树。

(4)秋季播种。将当年采集的种子经脱蜡处理后,在当年10月下旬至11月上旬,即土壤封冻前播种。

(5)来年春季播种冬季沙藏的种子,秋季采收后要及时将采收的果实放入40~50 ℃的草木灰温水中浸泡2~3天,或用5%的石灰水(或清水)浸泡2~3天,搓去果皮和果肉,去除种皮蜡层,用清水将种子冲洗干净,阴干后储藏。

(6)种子分级。根据国家标准GB 7908—1999,种子可分三级,其中一级:净度不低于95%,发芽率不低于75%,生活力不低于80%;二级:净度不低于90%,发芽率不低于55%,生活力不低于60%;三级:净度不低于90%,发芽率不低于40%,生活力不低于45%。

(7)种子使用。为保证种子发芽率,生产中一般采用当年新种子(当年随采随播或经冬季储藏后次年进行春播),隔年陈种子不再使用。

第二节　种子处理、储藏及催芽

一、种子处理

毛梾果实经过榨油,外皮仍有一些油脂,而且种皮极其坚硬,如不处理,播种后当年往往有少数发芽出土,绝大部分要等到第二年或第三年才能发芽。所以,种子处理是确保种子发芽的必要措施;否则,不经处理的种子不能发芽。因此,毛梾种子在沙藏或播种前必须先去除外果皮。去皮方法有2种:一是采收果实后去皮;二是采收果实后阴干保存,将来再去皮。数量不多时一般采用人工方法去皮,数量较大时可采用专用机器去皮,机器去皮一般不太干净,需要人工继续揉搓彻底去皮。

(一)果实采收后去皮方法

(1)除去蜡质层,去掉果肉的种子,种皮厚而坚硬,表层有影响吸水的蜡质层,可用1%~1.5%的碱水浸种2~4 h后,反复先揉搓,除去蜡质层。

(2)将采收后的种子放入5%洗衣粉中浸泡1~3天,再放入清水中5~7天进行揉搓,而后进行冲洗,去除杂质,取出硬核种子冬藏。

(二)果实阴干后再去皮

1. 冬季沙藏种子去皮

人工摘下的果穗,摊放在芦席上晾干,除去果柄和枝叶。冬季沙藏前先将种子放在清水中浸泡1~2天,同时捞去上浮空粒,皮变软后即可捞出,铺在碾台上，厚 3～5 cm，用碾子碾压，但不要压碎种核。然后加入 10%的水，搅拌均匀，再放锅内加热炒 4～5 min，温度 40～60 ℃，或照比例直接加入开水，迅速搅拌均匀，立即装入布袋内，置于微有倾斜的磨盘上压榨，并反复抖动布袋，压榨 2～3 遍即可。所得油液煎沸静置，分离沉淀处理，即可食用。种子去过油皮后可放入筐内，置流水中冲去渣滓，所得种子的皮上还粘有一层蜡质，如不脱蜡还影响发芽。可在种子中拌入 0.5～1 倍的河沙，按 4～6 cm 厚度，摊在碾台上碾压，直至种壳呈粉红色。每次碾压时间为 30～50 min。然后筛去河沙，再将种子放入 1%洗衣粉或碱水中搓洗，最后用清水洗净，即可沙藏。经过这样机械处理后，不仅种皮被磨薄到 0.013 cm，而且脂肪含量由 4.12%降低到 3.73%，对促进种子吸水膨胀有一定作用。

2. 翌年春播前干藏种子去皮

头年秋季采摘后未除去果皮阴干后储藏待用的种子，翌年春季播种前应对种子进行处理。先用清水对其浸泡 2 天，果皮变软后可以捞出，然后用碾子进行碾压，但不要压碎种核，碾压去除油液后再拌入 1 倍的河沙进行混合，然后再进行碾压，露出粉红色种壳后进行清洗。经过碾压的种子还要进行催芽处理。

二、种子储藏

春播种子需要冬藏，秋播种子用水浸泡后可直接播种。储藏应符合 GB/T 1006 的要求。

（一）湿沙储藏

（1）10 月下旬，将种子置于冷水中浸泡 24 h，捞出后与 5 倍湿沙混合拌匀，放入储藏坑内沙藏。储藏坑选在背风向阳处，坑深 0.8 m，长度、宽度以种子多少而定。沙的湿度以手握成团，一触即散为宜。坑中间每隔 1 m 竖立直径 10 cm 草把，下通坑底，上露地面，以利通气。把湿沙与种子按 5∶1混合后放入坑内，填至距坑沿 10 cm 深处。然后填满湿沙，上面覆盖草或草帘。沙藏期间应不定期检查，沙过干时及时补充水分。

（2）10 月下旬至 11 月底，土壤冻结前，在室外选一背阴处，开挖 1 个宽、深各 40 cm 的平底储藏坑（储藏坑长度视种子量多少而定）。将种子与湿沙拌匀，湿沙与种子的比例为 3∶1，沙的湿度以手握成团，一触即散为宜。储藏坑底铺 5 cm 厚的河沙后，放入拌匀的混沙种子，厚度 30 cm，上部盖 5 cm 厚的河沙，近于地面，再放入 10～20 cm 厚的细土，使坑上部成土埂状，以防雨水浸入。

(二)低温层积冬藏

室外储藏坑深50~80 cm,坑长度、宽度以种子多少而定。底铺约10 cm厚的河沙,上放1层种子,厚3~5 cm(以看不见河沙为宜),种子上再铺一层湿沙,湿沙厚度3~5 cm(以看不见种子为宜),湿沙湿度以能用手捏成团为宜。如此层层放入,直到距地面约10 cm时停放种子,用沙填平,上覆10~20 cm的土,使成土丘状,防止水浸。

(三)冰藏

因种皮上有一层蜡质,所以冰藏前必须除去蜡质,否则严重影响发芽,为此将种子放入1.5%的洗衣粉和70 ℃左右的水中浸泡,并且上面覆盖床袋或草帘,以利保温促进蜡质溶化,同时要求容器底部留有一定的流水口(似漏非漏),以便所溶解的蜡质流出,这是最关键之处。然后,将溶解蜡质后的种子与碎冰按1∶5的比例混拌均匀,在种子窑底堆上约50 cm厚冰块,将混拌好的种子堆积其上,完后又继续盖上厚约50 cm的冰块冰藏。播种前3周将冰藏种子取出用清水冲洗干净后进行催芽。

据试验,沙藏时间秋播以5~12个月、春播以9~12个月为宜。超过1年,种胚中的养料逐渐耗净,种子失去光泽,发芽率显著降低。

三、种子催芽

播种前3周将冬藏的种子取出,进行催芽,提高发芽率和早发芽,促进苗木生长。毛梾的休眠类型为综合性休眠,其休眠的主要原因是生理休眠。因此,要提高毛梾发芽率,需利用外界条件打破其生理休眠。破除毛梾种子休眠的方法有多种,包括苏打水浸泡、冷冻储藏、浓硫酸刺激、拌牛粪储藏、混沙埋藏、火坑催芽等。经过试验对比,发现这些方法各有利弊。浓硫酸浸泡浓度、时间不易掌握,易损伤种子,且浓硫酸现属国家管控化学物质,生产上大量应用时购买不便。拌牛粪储藏容易热量过高,掌握不好易烧坏种子。利用冷库、冰柜、冰箱冷藏后催芽及用苏打水处理后催芽,都尚不足以完全打破种子的休眠。生产上最实用、最有效的方法就是混沙埋藏催芽。混沙埋藏时间以6个月至1年较好,不足6个月的效果不明显,超过两年时,种子发生霉烂,严重降低发芽率。

(一)室外混沙高温催芽

春暖解冻后,在背风向阳处开挖一个深约20 cm(大小视种量多少而定)的平底槽,四周用砖砌起,南低北高,东西两侧逐渐与南北相平,南部略高于地面,以不进雨水为准。床底铺5 cm厚细沙,种∶土∶沙=1∶1∶2混合后放于床沙上,当与地面近平时再放1层沙,以不见种子为宜,每天喷水1次,保持湿润。在床四周用竹竿,上覆新塑料布,搭1个斜面简易温室,利用日光高温、控温。为提高温度,也可搭设双层塑棚,开始温度可达30 ℃以上,3天后在傍晚时把棚打开,使其降温;3天后再把棚封严,使温度上升,如此反复进行,直到大部分种皮开裂。

(二)室内暖气高温催芽

将处理好的种子按种:沙=1:5比例,混合后放入1个已备好的木箱内,将箱放于有暖气片的方木板上(距暖气片50 cm,向阳窗下)经40天左右的高温催芽可开始陆续出苗。当苗木在箱内长出2~4对叶片时,开始移栽于苗圃内。

(三)低温混沙层积催芽

处理种子多时,可在室外挖坑。选择地势高、排水良好的地方,坑宽以1 m为宜。深度一般在地下水位以上、冻层以下。由于各地的气候条件不同,可根据当地的实际情况而定。坑底直接铺10~20 cm的湿河沙,干种子要浸种、消毒,然后将种子与河沙按1:3的比例混合放入坑内,沙子的湿度要合适,沙与种子的混合物至距坑沿20 cm时为宜。然后盖上湿沙,最后用土培成屋脊形。坑的两侧各挖一条排水沟,在坑中央直通到种子底层放一小捆秸秆,或下部带通气孔的竹制或木制通气管,以流通空气。如果种子多,种坑很长,可隔一定距离放置一个通气管,以便检查种子坑的温度。

(四)温水浸种催芽

温水浸种适用于春季播种,经过干藏的毛梾种子,播前20~30天,每天用50~60 ℃温水浸泡二三次,每次半小时,冷却后捞出置温室内,上覆湿润草帘或湿布,像生豆芽一样,当有一半以上的种子露白后即可进行播种,40~50天即可发芽出土。

(五)火坑催芽

火坑催芽时将混沙种子在火坑上铺一薄层,上覆塑料薄膜,坑温保持在20~30 ℃,最高勿超过40 ℃,经常翻动,约半数以上种子裂口即可播种。

(六)拌牛粪发酵催芽

在背风向阳处,挖一条深0.4~0.5 m、宽0.8~1.2 m、一定长的沟,沟底铺新鲜牛粪或碎草20 cm,浇水使牛粪或碎草吸足水,发酵增温,上盖10~15 cm的细沙,在温床上用竹篾弯成高0.5~0.6 m的拱棚架,盖上塑料薄膜。6~7天后,棚内温度升高到25 ℃以上,将种核铺放在沙上,上盖5 cm细沙。早晚加盖草帘保温,白天掀开草帘增温,及时喷水保湿,但不能过湿。10~15

天后,种壳破裂,胚根长出,即可播种。此法2月底进行。

(七)硫酸处理种子后催芽

将去皮处理晾干后的种子,用浓度为50%的硫酸进行浸泡,开始时需将种子搅拌均匀,浸泡时间24 h。后捞出用清水将硫酸冲洗干净,将种子与湿沙拌匀,种子与湿沙比例1:3,然后进行低温层积催芽。

(八)不同沙藏深度对毛梾种子发芽的影响

不同的沙藏深度,对毛梾种子发芽有明显的影响。随着沙藏深度的减小,种子的发芽率、发芽势及发芽指数呈现先增大后减小的变化趋势。在沙藏深度为30 cm处,种子的发芽率仅为18.44%,发芽势与发芽指数也较50 cm处有所减小,可能是因为沙藏深度过浅,冬季土壤上冻导致种子沙藏处温度过低,从而影响种子发芽率、发芽势及发芽指数的变化。沙藏深度以50 cm为宜,种子发芽率达到35.27%。因此,建议毛梾种子沙藏时,沙藏深度不宜过深或过浅,应结合当地外部环境条件,以50~70 cm为宜。

(九)不同沙藏环境对毛梾种子发芽的影响

发芽率、发芽势是测定种子发芽能力的常用指标,发芽率主要测试种子发芽多少,发芽势则主要测试的是种子生命力的强弱。不同的沙藏环境对毛梾种子的发芽率、发芽势、发芽指数的影响不同。这与沙藏环境的温度有关,温度是植物的一个重要生态因子,与引种、育种和栽培关系很大,冬季温度长期在10 ℃以上,是种子萌发最适宜的温度。

第三节　大田播种苗培育

一、圃地选择

苗圃地宜选择地势平坦,交通方便,光照充足,土质深厚、肥沃、湿润,排灌良好的地块,土层厚度在50 cm以上,土壤质地为壤土、沙壤土,无盐碱。苗圃地不宜重茬。土壤pH 6.0~7.5为宜。

二、整地做床

育苗前应整地,包括翻耕、耙地、平整。播种前施入2 000 kg/亩腐熟有机肥或50 kg/亩复合肥,深翻30 cm以上,应做到深耕细作,清除草根、石块,地平土碎。多数地区在秋季播种,春播也可,而以秋播效果较好。南方多雨地区宜采用高床,高度20~30 cm,北方宜采用平床或低床,床宽1.0~1.2 m,长

6~10 m。播前4~5天灌足底水，土壤稍干时，用多菌灵药剂，每亩用药0.7 kg拌细土制成药土，撒在地里，再深翻细耙，细耙整平做床。畦长、畦面宽和埂高以利于灌溉为宜。其他做床按GB/T 6001—1985执行。

三、苗木培育

（一）种子采收与选种

选择生长健壮、无病虫害壮龄树作为采种母树，9~10月果实由绿变黑、变软时采收母株上充分成熟的果穗，采下果实，除去外果皮，用水漂去虫果、空粒，捞出下沉充实饱满果实，清洗干净，阴干后待用。参照GB 2772林木种子检验方法进行种子质量检验，种子含水量不高于10%，净度不低于90%，发芽率不低于40%。

（二）种子储藏

分干藏和湿藏两种。干藏适合于大量种子的储藏，湿藏适宜于小量春季播种冬季需沙藏种子的储藏或催芽。

1. 干藏

将采收后并经过筛选的种子装入透气良好的袋子里，在低温干燥条件下储藏备用。

2. 湿藏

选择地势较高、排水良好的地块，挖坑深、宽各1 m的储藏坑。

（1）下层湿沙铺底，厚度10~20 cm，中层将种子与湿沙按种沙1∶3比例混合后平铺层积坑内，厚度为15~20 cm，上层覆盖湿沙，厚度为20 cm，用草席或塑料布覆盖，防止失水。河沙湿度以手握成团不滴水，一触即散的状态为宜。

（2）将种子放入40~50 ℃的草木灰温水中浸泡2~3天，或用5%的石灰水浸泡2~3天，搓烂果皮和果肉，除去蜡质，用清水将种子冲洗干净，阴干后按种沙1∶3比例混合后放入层积坑内或堆积于背风向阳地面，用草席或塑料布覆盖，防止失水。河沙湿度以手握成团不滴水，一触即散为宜。

（3）也可不去除果皮蜡质，将种子用清水浸泡1~2天后直接按种沙1∶（2~3）比例混合冬藏催芽，同前（2）方法。

（三）播种前种子处理

秋播种子随采随播，将采收的种子去除果皮、果肉，不进行催芽处理，经选种后进行药剂处理，以防鸟兽危害，用驱避剂处理即可。

1. 春播种子催芽处理

种子处理有两种方法。

(1)经过冬季湿藏的种子可直接播种,也可春播前15天取出湿沙储藏的种子,置于10~15 ℃的环境中催芽,每天翻动一次,保持湿润,待30%以上种子露白时播种。

(2)采用干藏的种子,在春季播种前需将种子采用前述种子湿藏(2)的方法搓去果皮和果肉,制得干净种子。将制得的干净种子和清水按1∶5的比例放入容器中浸泡,每天换水一次,长期浸泡8~10天后,选一晴天的中午薄摊在水泥地上暴晒,暴晒1~3 h后,待大部分种子涨裂口后,立即播种。陈年旧种子活力和发芽率很低,最好不用。

2. 秋播种子催芽处理

秋播种子播种前用50~60 ℃温水浸种2~3次,每次30 min,边加水边搅拌,直到自然冷却,48 h后捞出,然后用ABT3号生根粉100 mL/L溶液浸种2 h,淘洗干净后盛入漏水透气的容器中空水,水干立即播种。

(四)播种时期

分秋播和春播。秋播应在10月上旬至11月中旬,土壤上冻前进行,播后浇封冻水;春播应在3月下旬至4月上旬进行,这时气温、土温回升,是播种的最佳时期,最迟不得晚于4月末,否则会影响当年的生长量。据调查,秋播比春播更有利于种子萌发和提高苗木生长量。

(五)播种量

每亩播种15~20 kg。

(六)播种方法

1. 秋播

播种方法采用条播。播种前7~10天,苗圃地灌透水。按行距30~50 cm,沟宽5~10 cm,开深3~5 cm的播种沟,将沟底推平,浇透水,待水渗下后,将温水催芽的种子顺沟播下,播幅7~10 cm,每米播种15~20粒。秋播覆土厚3 cm,踏实。土壤封冻前后各灌水1次,以利于来年种子发芽。

2. 春播

播种方法采用条播。春播前按照秋播方法把地整平后做好条播沟,行距30~50 cm,沟宽5~10 cm,沟深3~4 cm,顺沟浇透水,水浸下后将沙藏层积催好芽的种子均匀播入,覆土厚0.8~1 cm,覆土后用脚轻轻踏实,然后灌一次透水,以保持土壤湿润。播种后上面覆盖薄膜或秸秆。

干旱地育苗,土壤保墒很重要。可采用“深埋浅出”播种法,在上一年秋播时,加大播种深度到 4.5~6 cm。下雪后将积雪扫入苗床,次年 4 月中旬种子萌动时,将覆土刮去约 1.5 cm,使幼苗顺利出土,效果较好。

(七)播后管理

1. 浇水

秋播种子在土壤封冻前后灌水 2~3 次,以利来年种子发芽,在翌年春季去除较厚表土,保留覆土厚 0.8~1 cm,根据天气干旱情况及土壤墒情,幼苗期适时浇水 1~2 次,无灌溉条件的应于早春覆地膜保墒增温,幼苗出齐以前严禁漫灌。春播种子,宜在播种后及时灌溉,并趁墒覆地膜或覆草。土质不好者,为防止灌溉后土壤板结对种子破土不利,也可先浇水后播种,再覆土、覆膜、覆草。苗出齐后,苗床缺水时及时补水。每次间苗后和施肥后均应浇一次透水。雨季及时排水。

2. 覆物管理

种子出苗前,要保持圃地土壤湿润,春播苗一般 20~25 天出苗。当出苗量达到 50%以上后,可看气温逐步揭膜或揭去覆草,揭膜或覆草应在下午进行。连续晴天高温可将覆膜不定距划破放风、炼苗,防烧苗;大部分出苗后,逐渐将覆膜全部划破;当苗得到充分锻炼,幼苗出齐后将覆膜或覆草揭去。

3. 间苗定苗

为提高成活率,要早间苗,第一次间苗在苗高 5~10 cm 时进行,方法是宜去小留大、去弱留壮、去劣留优。以后根据幼苗生长发育间苗 1~2 次,株距保持在 10~13 cm。最后一次间苗应在苗高 15 cm 时进行,株距为 15~25 cm。每亩保留株数 2 万~2.5 万株。

4. 松土除草

幼苗生长期间,应松土除草,松土深度以不伤及苗木根系为宜。每隔 10~20 天除草松土 1 次,注意中耕保墒,松土除草多在灌溉后或雨后进行,防止土壤板结。行内松土厚度要浅于覆土厚度,行间松土可适当加深。

5. 施肥

幼苗高 5 cm 时开始叶面追肥,肥液配方:磷酸二氢钾 0.1%、尿素 0.5%,每隔 10~20 天喷一次,直到定苗。苗高达 15 cm 以上时,定苗后,沟施尿素,30 kg/亩,施肥后立即浇水。幼苗期施肥以氮肥、磷肥为主,速生期适当多施氮肥,配施磷、钾肥,8 月下旬停止施氮肥,苗木硬化期(9 月)以钾肥为主,9 月上旬沟施氮磷钾复合肥 60 kg/亩,施肥后立即浇水,生长期共施氮肥 2~3 次。为了防止幼苗在第 2 年早春发生生理干旱,秋季可追加 1 次磷肥,促进地径生长。根据天气干旱情况,幼苗期适时浇水 1~2 次,并注意中耕保墒。及时松土除草,多在灌溉后或雨后进行,防止土壤板结。

6. 消毒

梅雨季节,毛梾苗木尚未木质化,此时最易感染生病,发现圃内有病株时要及时拔除,并对圃地及时消毒(可用托布津、波尔多液、多菌灵、百菌清或1%~2%的硫酸亚铁)。每周应喷2次,以预防苗木猝倒病的发生。

7. 病虫害防治

病虫害主要有叶斑病和金龟子(蛴螬)、地老虎等。

(1)叶斑病可用150倍的波尔多液或0.2~0.5 g/L的咪鲜胺防治,每隔10天喷施1次,连续3次。

(2)耕前用50%锌硫酸乳油1 000倍液处理,及时消灭地下害虫。

(3)金龟子幼虫、地老虎可用毒饵防治,将麦麸、豆饼、棉籽饼或玉米碎粒等炒香制成饵料,饵料与90%晶体敌百虫的比例为1 000∶1制成毒饵,亩施毒饵2.5 kg,于傍晚时撒施在表土上。金龟子成虫可用黑光灯诱杀或用传统胃毒剂防治。

8. 修剪

毛梾的顶端优势较强,幼苗期侧芽出现要及时抹去,侧枝要及时修剪,以利于主干生长。

(八)一年生苗的培育管理

经过一年的培育,小苗基本木质化。根系比较发达,一年生苗根系可达30 cm以上,苗木抗性已明显增强。此时苗木易于管理,病害少,苗木保存率高。加强水肥管理是生长健壮的保障,具体做法是:当年5月以后苗木旺盛生长时期,每隔20天左右追施150 kg/hm^{2}的尿素,每周还可叶面喷施2 g/L的尿素和磷酸二氢钾溶液。进入7月,幼苗顶端枝梢发红,幼苗开始夏季休眠,便可以进行嫁接。

一年生毛梾苗高0.8~1.2 m,高可达1.8 m,每亩产苗2万~2.5万株。北方苗木易受冻害引起枯梢,要注意进行越冬保护。

四、幼苗分级

一级苗:地径>0.8 cm,苗高>80 cm,根系长>25 cm;二级苗:地径0.5~0.8 cm,苗高50~80 cm,根系长20~25 cm。

五、大苗培育

(一)移栽

(1)移栽时间:秋季落叶后和春季发芽前均可移栽。

(2)移栽方法:将2年生及以上苗木起挖后按一、二级苗分别栽植。

(3)栽植密度:2~4年生苗株行距为1 m×1.5 m,5年生以上苗株行距为3 m×4 m。

(二)浇水

栽植后及时浇透水,以后根据土壤墒情浇水。12月初浇一次越冬水,翌年3月浇一次萌动水。

(三)施肥

4~5月,2~4年生苗每株穴施复合肥50 g;5年生以上苗每株穴施100~150 g;施肥穴距根基20~40 cm,深10~15 cm。施肥后及时浇水。

(四)修剪

在苗木休眠期和生长期进行修剪。

1. 休眠期修剪

去除树高1/2以下主干上的侧枝及上部侧枝中的重叠枝、下垂枝、病虫枝、过弱枝、竞争枝。

2. 生长期修剪

主头分叉枝达到20 cm左右时去弱留强,保持中心干直立生长,同时去除过旺侧枝,疏除过密枝。

六、大苗分级

一级苗:主干通直,顶端优势明显,分枝均匀,根系完整。树高>8.0 m,胸径>8.0 cm,枝下高3.5 m,冠径>6.0 m。

二级苗:主干基本通直,主枝明显,分枝合理,根系较完整。树高6.0~8.0 m,胸径>8.0 cm,枝下高3.5 m,冠径4.0~6.0 m。

第四节　容器播种苗培育

为了提高造林成活率,在有条件的地方可采用容器播种育苗,利用容器苗造林虽造林成本有所增加,但可延长造林季节,提高造林成活率和保存率,是当今林业的发展趋势。一般用容器钵(袋)育苗或穴盘育苗。

一、容器钵(袋)播种育苗

(一)容器材料与规格

一般采用的是塑料或无纺布制作的圆柱形塑料营养钵(袋),其规格用大规格口径 12~14 cm,高度 12~14 cm,用材为无毒材料。

(二)圃地选择与整地

本着"就近造林,就近育苗,就近取土"的原则,选在距造林地近、运输方便、地势平坦、有水源或浇灌条件、便于管理的地方。

在平整的圃地,划分苗床与步道,苗床一般宽 100~120 cm,床长不限,可依地形而定,步道宽 40 cm,在比较干旱少雨的圃地,宜采用低床或平床。

(三)营养基质的配制、消毒和装钵(袋)

(1)营养基质应具有透水、透气性良好,保水保肥能力强及重量轻等特点,以利于苗木根系生长、呼吸以及吸收土壤中的养分、水分,重量轻主要是便于造林运输。

(2)营养基质可因地制宜,就地取材,可采用的营养基质主要成分为森林土、草皮土、耕作土、生黄土等,配以蛭石、珍珠岩、锯末、树皮粉、河沙、木屑等。大面积推广应用时,主要采用耕作层的表土,配加一定的腐熟厩肥、堆肥以及过磷酸钙、硫酸钾、尿素等化肥。选一般土壤,必须经过消毒处理,以减少土壤杂菌感染。

(3)营养基质消毒是关键环节,一般采用以下药品和方法:

① 0.5%的高锰酸钾溶液,每 100 kg 营养土喷洒 5 kg;

② 2%的硫酸亚铁溶液,每 100 kg 营养土喷洒 10 kg;

③ 0.15%的福尔马林溶液,每 100 kg 营养土喷洒 10 kg。

并可根据土壤情况,配施杀虫剂。

(4)配制的营养基质各成分要混拌均匀,干湿要适中,以手攥不粘手、土成团为好。装钵(袋)前要过筛,保证土壤细碎。装填容器营养基质要压实,手提不漏、浇水不塌陷为准。装填营养基质应距容器上沿 2 cm 处为宜,以利播种覆土和育苗洒水。钵(袋)装满后,顺苗床排列整齐,钵(袋)与钵(袋)之间要挤紧,空隙用细土填上,否则将影响苗木出土、生长和管理。

(四)播种前种子处理

播种前种子处理同前播种苗培育。

(五)播种时间

生产上,为节约占用土地时间,缩短育苗生产周期以更好地与雨季造林衔接，一般采用春播者较多。春播应在 3 月上旬至 4 月上旬进行。

（六）播种方法

播种量一般每钵（袋）种子 2～3 粒，深度 1.0～1.5 cm，播种时种子集中在容器中央，但不要重叠，覆土厚度为种子横直径的 1.5 倍。播后浇足底水，浇水时要小水漫灌，并注意控制水头流量，防止水速过快冲走种子和基质。及时覆盖地膜、细碎秸秆或干草。

（七）苗期管理

1. 施肥

6 月上中旬，撒施尿素追肥，当苗高 10 cm 时，开始追肥，采用叶面喷施，用 0.2%～0.5%尿素水溶液，速生期共喷 2～3 次。还可在苗床上生长初期，每隔 10～15 天施浓度为 3%～15%的人畜肥一次，每隔 15 天进行中耕除草一次，结合中耕，每亩追施尿素 5 kg 左右，兑水浇施氯化钾 3 kg。追肥宜在傍晚进行，不在午间高温时施肥。

2. 浇水

浇水要及时、适量，播种或移植后随即浇透水，在出苗期和幼苗成长期要适量勤浇，保持培养基质湿润；速生期量多次少，在基质达到一定的干燥程度后再浇水。

3. 间苗

在幼苗出齐一星期后，间除过多的幼苗。每一容器内可保留 1～2 株。对缺株容器及时补苗，间苗和补苗后要及时浇水。

4. 除草

掌握“除早、除小、除了”的原则，做到容器内、床面和步道上无杂草，人工除草在基质湿润时连根拔出，要防止松动苗根。

5. 其他管理措施

育苗期发现容器内基质下沉，须及时填满，以防根系外露。及时防止病虫害。

（八）防止日灼害

主要表现为幼苗出土后因日灼导致苗木根颈处腐烂，可喷水降温，在晴天中午地面温度升高前及时喷水降温；遮阴处理，可采用搭阴棚或使用遮阴网。

（九）起苗运输

起苗造林前一周浇水一次，既可增加塑膜容器内土壤湿度，又能保持塑膜容器紧密性不致松散，起苗时要按容器排列顺序，从苗畦一端将土扒开，起苗时，剪断容器外的根系，将容器袋逐个取出，轻轻装入筐内运往造林地。起苗、运输时不要挤压,要确保营养土团完整无损。千万注意不要抖掉营养土或损伤苗木。

运往造林地的苗木,如一次栽不完,可在造林地内找一阴凉处放置摆好并喷透水。

二、毛梾穴盘育苗

(一)容器材料与规格

一般采用的穴盘为林木种苗穴盘,4×8 孔或 5×10 孔穴盘,穴深 12 cm 或 10 cm。

(二)圃地选择

同容器钵(袋)育苗圃地选择。

(三)营养基质的配制、消毒和装穴

同容器钵(袋)营养基质的配制、消毒和装钵(袋)。

(四)盘穴播种用培养土的配制

(1)营养基质应具有透水、透气性良好,保水保肥能力强及重量轻等特点,以利于苗木根系生长、呼吸以及吸收土壤中的养分、水分,重量轻主要是便于造林运输。

(2)用潮湿肥沃园土与草炭土、复合肥混合而成,园土以壤土和轻黏土为佳,园土与草炭土的配比为 3∶1。装盘前园土与草炭土充分混合后过筛,筛孔尺寸 6~8 cm,保证土壤细碎。过筛后的细土每 1 m^3 掺复合肥 1 kg。配制的营养基质各成分要混拌均匀,干湿要适中,以手攥不粘手、土成团为好。选一般土壤,必须经过消毒处理,以减少土壤杂菌感染。

(五)温室内穴盘播种

当沙藏毛梾种子露白较多,达 30%以上时,倒出沙子,挑拣露白的种子在温室内穴盘播种,温室内最低温度应在 15 ℃以上。每穴播种 1 粒。播种用土不能过干,潮湿土最好。播种时,先将配制好的培养土填平穴孔并压实,土面离穴盘上沿 15 mm 左右,每穴播种 1 粒露白的毛梾种子,然后覆土压实。若种子已生出短根,应用细木棍先扎个小孔,将生根毛梾种子根朝下放入孔内,然后加土压实。播种完的穴盘摆放在土地或水泥地上均可。摆放好后及时浇水。

(六)穴盘苗的养护管理

穴内土表发白时及时喷水,1 天喷水一次即可,喷水时一定要喷透。播种 1 周后陆续发芽。中午温室内温度超过 35 ℃时,注意室内降温。幼苗期注意喷水,及时拔除穴内杂草。苗高 10 cm 时,1 周喷 1 次 1‰的尿素溶液。

(七)穴盘苗圃地栽植和管理

1. 圃地栽植

4~5 月,穴盘苗高 20~30 cm 时,选择排水良好、浇水方便的肥沃圃地整地做畦栽植。整地时亩撒施复合肥 50 kg、地狂杀 3 kg。畦宽 200 cm,株行距为 25 cm×50 cm。栽植前 1 天穴盘苗浇透水,穴盘苗从穴盘内取出时,先用手握握穴土的外壳,穴内小苗很容易带土坨顺利取出,且土坨不散。栽后立即浇水,3 天后再浇 1 次透水。以后根据旱情浇水。

2. 苗期管理

苗期注意松土和除草。7~8 月是毛梾旺盛生长期,9 月中旬,高生长停滞。孤植或株行距大的毛梾幼苗,侧枝生长非常旺盛。据测定,1 株播种出苗孤植毛梾幼苗,高 61 cm,而最下部侧枝长 42 cm。适当密植有利于毛梾高生长,培养树干。7~8 月,毛梾幼苗主头分叉的,只保留 1 枝长势好的,其他剪掉。8 月,主干高度 1/3 以下的侧枝要全部剪掉,以利于林内通风,减少营养消耗,促进高生长。

毛梾幼树生长速度较快,株行距 25 cm×50 cm,1 年生毛梾苗平均高 1. 48 m,地径(地上 20 cm 处)1. 10 cm。株行距 50 cm×50 cm,2 年生毛梾苗平均高 2. 65 m,地径(地上 20 cm 处)2. 06 cm。株行距 50 cm×100 cm,3 年生毛梾苗,平均高 3. 96 m,地径(地上 20 cm 处)3. 86 cm。1 年生下地栽植穴盘苗比当年露地播种苗高 50%以上,地径比当年露地播种苗大 30%以上。

毛梾盘穴苗是一项先进的育苗方式,穴盘苗在苗圃地分栽培养,苗木生长整齐,生长量大,质量好。温室内穴盘育苗,播种早,出苗早,当年苗木生长期比露地播种苗长 3 个月左右,生长量大。7~8 月用穴盘苗雨季荒山造林,省水省力,成活率高,实现了当年育苗,当年荒山造林。

此外,塑料大棚或日光温室育苗方法同播种苗培育,主要注意三个环节:前期以保温、增温为主,加强密闭;中期以降温为主,加强通风、洒水降温,以免高温烧苗;后期要进行揭棚炼苗,全光锻炼后的苗木,抗逆性较强,有利于造林成活。

第五节　无性繁殖技术

一、毛梾嫁接苗的培育

毛梾嫁接方法有枝接和芽接两类。枝接有劈接、切接、腹接等;芽接有

“丁”字形芽接和方块(片状)芽接等。芽接成活率较高,但生长不及枝接快。枝接一般在3月下旬至4月下旬,芽接在7月下旬至8月中旬。

(一)圃地准备

在大田育苗或容器育苗地进行嫁接育苗为宜。嫁接前7天,苗床浇透水。

(二)接穗的采集与储藏

在夏季从良种采穗圃或选取毛梾优良母树上生长健壮、发育充实、无病虫害的1年生木质化枝条作接穗。要边采集边去掉顶端细嫩枝和叶片,保留叶柄0.8~1.2 cm。嫁接最好随用随采,运输时要用湿而厚的棉布全包裹,切忌用水完全浸泡。如不能及时嫁接,要把接穗储藏在阴凉高湿的地方,仍然采用湿棉布全包裹。接穗储藏一般不超过2天。嫁接用接穗要选芽体充实、饱满的枝段。春季嫁接所用接穗在休眠期采集,在阴凉处湿沙中储藏备用,秋季随采随接。

(三)砧木要求

嫁接砧木可选取1~2年生、地径为1~2 cm生长健壮的毛梾苗。

(四)嫁接时期

春季嫁接一般在3月下旬至4月下旬,即砧木树液开始流动至发芽后20天内进行,采用枝接或者带木质部芽接等方法。秋季嫁接时间7月下旬至8月中旬,采用带木质部芽接方法。

(五)嫁接方法

1. 枝接

枝接有劈接、切接、腹接等。

1)劈接法

劈接法示意图如图4-1所示。

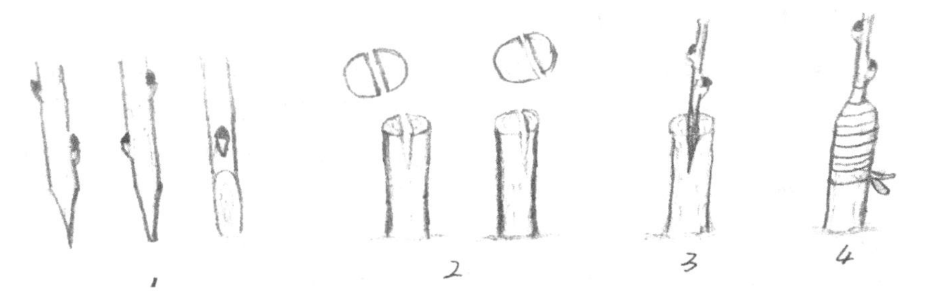

1—接穗处理;2—砧木切口;3—接穗与砧木接合;4—绑扎

图4-1 劈接法示意图

(1)嫁接工具。嫁接刀(单刃刀或双刃刀)、塑料薄膜、枝剪(锯)、标尺、塑料绑带等。刀可自制，为保证刀片锋利，要及时进行更换。

(2)嫁接时间。嫁接时间一般在3月中旬至4月下旬。可根据地区差别选择，即在树木休眠期中进行，但接合成活率最高的还是在早春，于3月初即萌动前、砧木芽开始膨大、尚未开始生长活动的时期进行。应以晴天为好，阴雨天不能操作。最好在上午10:00至11:00完成。

(3)接穗和砧木的选择。嫁接的砧木可选取1~2年生、地径为1~2 cm的毛梾苗，接穗和芽片选取优良健壮树上1年生枝条。接穗的直径只能等于或小于砧木的直径。接穗和砧木应选择一定长度内无节疤、表面光滑、纹理通直，否则劈缝不直。

(4)工具处理。嫁接前，对所用嫁接刀、枝剪或锯进行清洗，有条件的可用酒精消毒处理，保持刀具干净。

(5)接穗处理。选取1年生芽点饱满未萌发的枝条做接穗，接穗粗度6~8 mm为宜。去掉上端不成熟和下端芽体不饱满的部分，按5~7 cm长、3~4个芽剪成段，然后把接穗下端削成2~3 cm长、两个长度相等外宽内窄的楔形斜削面。削面深达木质部，根据需要削面上部留1~2个芽，顶部距芽0.5 cm剪断。削面应平滑整齐，以利插入后切缝密接。削好的接穗放在清水中待用(接穗宜现采现用，如做不到，应在采集后插在湿沙中保存，时间最多不能超过1星期)。

(6)砧木处理。在距砧木根部(土接部位地平面)10~15 cm嫁接部位剪断或锯断。剪或锯砧木时，截口的要平直，从截口处向下至4 cm处进行保护(深度以略长于接穗削面为宜)，劈口位置以接穗直径大小而定，砧穗直径差别大的，在砧木横切面1/3处劈切，直径差别小的从中间劈切。手持劈刀从砧木中间慢慢向下劈开至保护处(略长与接穗切面)，劈口时不要用刀过猛，可把劈刀放在劈口部位，轻轻敲打刀背。

(7)接合。用刀把砧木劈口撬开，将接穗轻轻地插入砧木，使接穗厚侧面向外，薄侧面向里。插时要特别注意使砧木形成层和接穗的形成层对准。在砧木直径大于接穗直径的情况下，砧木的皮层比接穗的厚，所以接穗的外表面要比砧木的外表面稍为往里移，这样两者的形成层才能吻合。也可以木质部为标准，使两者的木质部表面对齐，这样形成层也就对上了。

(8)对准形成层。这个环节最关键，通常情况下在捆绑塑料薄膜时，双手很可能用力不匀，造成砧木与接穗形成层错位偏移，这是很多嫁接失败的主要原因。正确方法是将接穗插入劈开的砧木缝后，用绑带初步固定接穗，这样可以仔细将砧木与接穗的形成层对齐(起码保证一侧对齐)，再用塑料薄膜包扎时就不会偏移,确保嫁接成功。

(9)绑扎。从砧木下接口处 2～3 cm 处用塑料薄膜带以右旋方式一层压一层绑紧,到砧木与接穗接口上方 2 cm 处返回,再绑至初始处用塑料扎带扎紧即可。最后用塑料薄膜包扎或用涂料涂抹砧木和接穗上切面,防止水分和养分蒸发流失。

2)切接法

切接是嫁接的一种,与劈接很类似,注意区分,区别在于劈接时在砧木中央垂直下刀,而切接是在砧木直径 1/5～1/4 处垂直下刀,另一个区别则是劈接接穗两侧均削成 2～3 cm 长的楔形,而切接是将接穗一侧斜切 2～3 cm,另一侧切一短斜面。切接法示意图如图 4-2 所示。

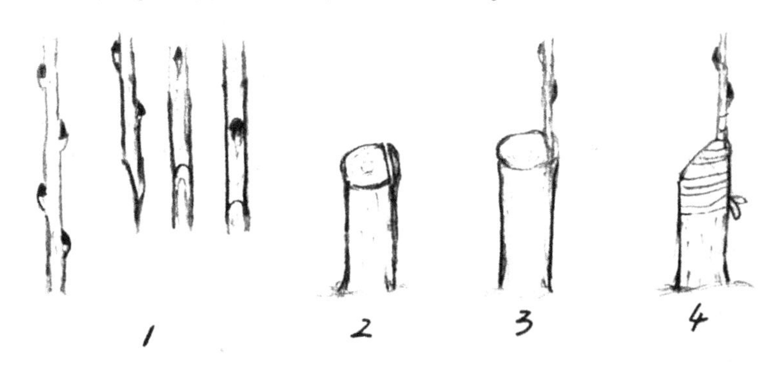

1—接穗处理;2—砧木切口;3—接穗与砧木接合;4—绑扎

图 4-2　切接法示意图

(1)嫁接工具。嫁接刀(单刃刀或双刃刀)、塑料薄膜、枝剪(锯)、标尺、塑料绑带等。刀可自制,为保证刀片锋利,要及时进行更换。

(2)嫁接时间。嫁接时间一般在 3 月中旬至 4 月下旬。可根据地区差别选择,即在树木休眠期中进行,但接合成活率最高的还是在早春,于 3 月初即萌动前、砧木芽开始膨大、尚未开始生长活动的时期进行。应以晴天为好,阴雨天不能操作。最好在上午 10:00 至 11:00 完成。

(3)接穗和砧木的选择。嫁接的砧木可选取 1～2 年生、地径为 1～2 cm 的毛梾苗,接穗和芽片选取优良健壮树上 1 年生枝条。接穗的直径只能等于或小于砧木的直径。接穗和砧木应选择一定长度内无节疤、表面光滑、纹理通直的,否则劈缝不直。

(4)工具处理。嫁接前,对所用嫁接刀、枝剪或锯进行清洗,有条件的可用酒精消毒处理,保持刀具干净。

(5)接穗处理。选取1年生芽点饱满未萌发的枝条作接穗,接穗粗度6~8 mm为宜。去掉上端不成熟和下端芽体不饱满的部分,按5~7 cm长、3~4个芽剪成段,削接穗时,一侧从芽眼下方1.5 cm处,以45°向下达木质部斜削,此削面为短削面;翻转接穗枝条,从靠近芽眼下端处向下斜削皮面,削面长2~3 cm,此削面为长削面。削面应平滑整齐,以利插入后切缝密接。

(6)砧木处理。先将砧木在距地面5~15 cm处去顶、削平。在砧木一侧直径1/5~1/4处略带木质部垂直下刀,切入3~5 cm,切到形成层为准,深度略长于接穗长削面。切面要平直。

(7)对准形成层接合。用刀轻轻撬开砧木切口,把处理好的接穗插入切口,使接穗长削面贴紧砧木内侧切面,使形成层对准形成层。

(8)绑扎。绑扎时手用力要均匀,不要碰接穗,防止接穗偏移,也可先用绑带固定,然后用塑料薄膜从切口下方1~1.5 cm处向上一层压一层环绕向上绑紧,绑扎至将接口上方1.5~2 cm处向下环绑至初始处包扎好。最后用塑料薄膜包扎或用涂料涂抹砧木和接穗上切面,防止水分和养分蒸发流失。

3)腹接法

腹接法一般采用单芽腹接法,简单易操作,如图4-3所示。

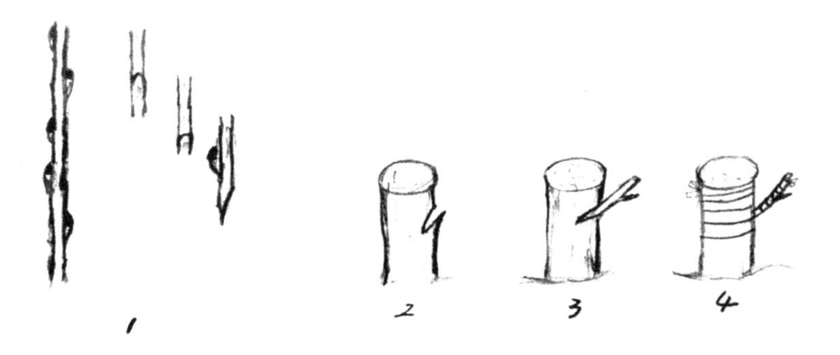

1—接穗处理;2—砧木切口;3—接穗与砧木接合;4—绑扎接穗

图4-3　腹接法示意图

(1)嫁接工具。嫁接刀(单刃刀或双刃刀)、塑料薄膜、枝剪(锯)、标尺、塑料绑带等。刀可自制,为保证刀片锋利,要及时进行更换。

(2)嫁接时间。嫁接时间一般在3月中旬至4月下旬。可根据地区差别选择,即在树木休眠期中进行,但接合成活率最高的还是在早春,于3月初即萌动前、砧木芽开始膨大、尚未开始生长活动的时期进行。应以晴天为好,阴雨天不能操作。最好在上午10:00至11:00完成。

(3)接穗和砧木的选择。嫁接的砧木可选取1~2年生、地径为1~2 cm

的毛梾苗,接穗和芽片选取优良健壮树上 1 年生枝条。接穗的直径只能等于或小于砧木的直径。接穗和砧木应选择一定长度内无节疤、表面光滑、纹理通直的,否则劈缝不直。

(4)工具处理。嫁接前,对所用嫁接刀、枝剪或锯进行清洗,有条件的可用酒精消毒处理,保持刀具干净。

(5)砧木处理。先将砧木在距地面 5~15 cm 处去顶、削平。在砧木一侧选择嫁接部位的树皮用刀向下 45°斜切,切入 3~5 cm,至木质部,切到形成层为准,切面要平直。

(6)接穗处理。选取 1 年生芽点饱满未萌发的枝条上做接穗,截 5~7 cm 长、3~4 个芽截小段,选取 1 个饱满的芽,从芽眼下方 1.5 cm 处,以 45°向下达木质部斜削,削面长 2~3 cm。削面应平滑整齐,以利切缝密接。

(7)对准形成层接合。把处理好的接穗轻轻插入砧木树皮切口内,使接穗长削面贴紧砧木内侧切面,使形成层对准形成层。

(8)绑扎。绑扎时手用力要均匀,不要碰接穗,防止接穗偏移,也可先用绑带固定,然后用塑料薄膜从切口下方 1~1.5 cm 处向上一层压一层环绕向上绑紧,绑扎至将接口上方 1.5~2 cm 处向下环绑至初始处包扎好。最后用塑料薄膜包扎或用涂料涂抹砧木和接穗上切面,防止水分和养分蒸发流失。

2. 芽接

芽接有方块形芽接、“丁”字形芽接和带木质单芽嵌接。

1)方块形芽接法

方块形芽接法如图 4-4 所示。

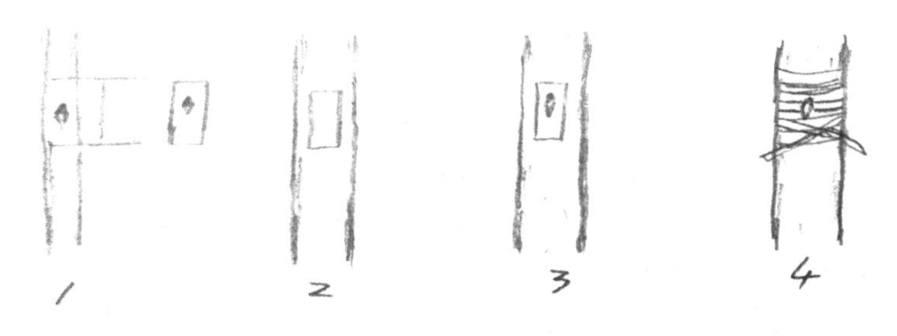

1—砧木取芽;2—砧木切口;3—芽片与砧木接合;4—捆扎接穗

图 4-4　方块芽接法示意图

(1)嫁接工具。嫁接刀(单刃刀或双刃刀)、优质塑料薄膜、枝剪。刀可自制,为保证刀片锋利,要及时进行更换。

(2)嫁接时间。嫁接在夏季 7 月初至 8 月初砧木和接穗进入速生期,且均可离皮时进行,为使嫁接苗木有较长的生长期,不至于冬季低温抽梢,最好在 7 月初就进行嫁接。

(3)砧木处理。除去砧木顶端细嫩部分,在砧木的光滑圆满外凸处先横划一刀,宽 1~1.5 cm,在右端竖直各划一刀,长 1.5~2 cm,深达木质部,并将嫁接部位清理干净。

(4)接穗处理。在与砧木粗细相近接穗的饱满叶芽上下 1~1.5 cm 处各平划一刀,然后在两边各竖划一刀,长 1.5~2 cm,划成的方块芽片约是接穗一周的 1/2。用刀稍微挑开方块芽片一个竖边的上下端,轻推叶柄,取出完整芽片。检查芽片内部的生长点是否符合要求。

(5)接合。将取出的芽片上边和右边对准砧木上划好的两刀,紧沿芽片的下端划一刀。撕开砧木上刻划的皮片,插入从接穗上取下的芽片,对齐后撕下砧木皮片。

(6)从接合口下方 1 cm 左右处用塑料薄膜一层压一层向上环绕绑扎,绑扎至芽片上方 1~1.5 cm 处,要求对方块芽片完整紧密全包扎,露出芽眼。

2)"丁"字形芽接法

"丁"字形芽接法如图 4-5 所示。

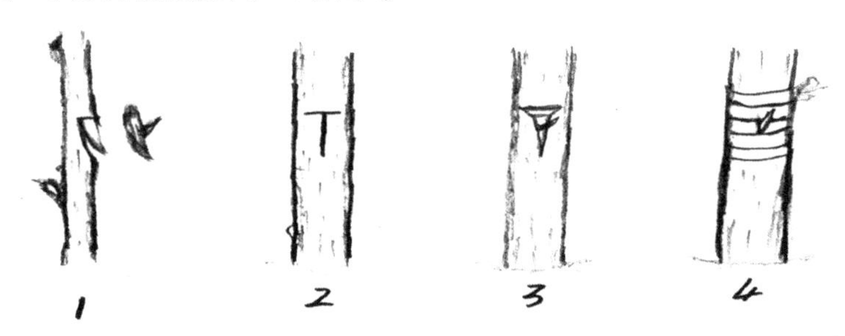

1—取芽;2—砧木切口;3—芽与砧木接合;4—绑扎

图 4-5 "丁"字形芽接法示意图

(1)嫁接工具。嫁接刀(单刃刀或双刃刀)、优质塑料薄膜、枝剪。刀可自制,为保证刀片锋利,要及时进行更换。

(2)嫁接时间。嫁接在夏季 7 月初至 8 月初砧木和接穗进入速生期,且均可离皮时进行,为使嫁接苗木有较长的生长期,不至于冬季低温抽梢,最好在 7 月初就进行嫁接。

(3)砧木处理。除去砧木顶端细嫩部分,在砧木的光滑圆满外凸处先横划一刀,宽 1~1.5 cm,在横切口中间垂直"丁"字竖划一刀,长 1.5~2 cm,深达木质部,并将嫁接部位清理干净。

(4)接穗处理。选取接1年生接穗枝上的饱满叶芽,削取叶片时,从叶芽下端1~1.5 cm处用刀切入深至木质部往叶芽的上端平划削至0.5~1 cm处,在芽的上方横切一刀,将芽片完整取下。检查芽片内部的生长点是否符合要求。

(5)接合。用嫁接刀将砧木"丁"字切口皮层轻轻剥开,将取出的芽片对准砧木上切口慢慢插入,对准生长点。

(6)绑扎。从接合口下方1~2 cm处用塑料薄膜一层压一层向上环绕绑扎,绑扎至芽片上方1~1.5 cm处,要求对插入芽片完整紧密包扎,露出芽眼。

3)带木质单芽嵌接

带木质单芽嵌接如图4-6所示。

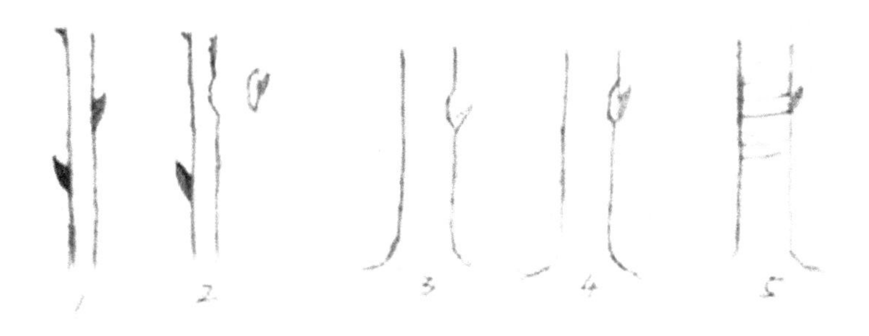

1—接穗;2—取芽;3—砧木切口;4—芽与砧木接合;5—绑扎

图4-6　带木质单芽嵌接法示意图

(1)嫁接工具。嫁接刀、塑料薄膜。

(2)嫁接时间。以春季3月中下旬至4月上旬毛梾砧木和枝芽同时萌动,毛梾苗枝芽的芽蕾还未绽开时进行嫁接。

(3)接穗的选择。选1~2年生毛梾树生长饱满的健壮枝条作接穗,嫁接时随采随接。采下的接穗放在阴凉、潮湿处,保证接穗新鲜,当天接不完的,也要将剩余接穗放在背阴、潮湿的地方,时间不能超过2~3天,以免接穗失水、变质,影响嫁接成活率。

(4)接穗处理。采用带木质单芽嵌接法,在采集的接穗上选一饱满芽,在芽的上端0.8 cm左右处斜切一刀,切时用力自上而下60°左右斜切至接穗枝条木质部,接着以同样的方法在芽的下端用力斜切一刀,而后顺势自下而上用力削切,将芽取下,芽片总长2 cm左右,取下的芽片上下端要分别有一小斜切面,斜面长度0.5 cm左右,呈一不规则型矩形芽,并带有薄薄一层木质部。

(5)接合。在砧木距地面5~10 cm向阳面的皮质光滑处,视取下芽片的大小,同样削下一与芽片同样大小的皮,上下端亦为同一方向 0.6 cm 长的斜切面,切下的砧木皮也要有薄薄一层木质层,且下端留一舌形斜切皮。将取下的芽自上而下顺势嵌入砧木 0.4 cm 的舌形斜切皮中,并使接芽上部皮层与砧木斜切面密接,接好后用塑料薄膜绑扎。

(6)绑扎。从接口处下方 1~2 cm 处由下至上用塑料薄膜一层压一层向上环绕绑扎,绑扎至芽片上方 1~2 cm 处,要求对芽片接口完整紧密包扎,将芽露出。

3. 嫁接后管理

嫁接前 7 天浇足水,嫁接后 10 天内控制水分。嫁接后去除砧木上萌发的自有叶芽,接后 7~15 天检查成活情况,如接芽变褐或黑,未成活,要及时进行补接。嫁接芽萌动后挑破芽上的薄膜,随着枝条的生长逐步除去嫁接部位以上的砧木部分,至 30 天左右,接芽新梢长 5~10 cm 时,在接口以上 2 cm 处剪砧。

枝条成活要及时解绑,以免影响接芽及嫁接枝的萌发和生长。解绑时用刀在接芽另一侧纵向轻轻划破薄膜,不要伤及砧木皮层,让包扎的薄膜自行脱落。

剪砧后,避免用大水、大肥致使嫁接成活的新梢贪青旺长,生长过快,而遭受冬季的冻害。8 月下旬开始控制肥水。对生长过旺枝,可在立秋前后进行摘心,以提高新枝木质化程度。10 月中旬还未落叶时,还可采用人工促其老化的方法,喷乙烯利 50 mg/L,但浓度不宜过大。

在较粗的砧木上往往嫁接两个以上的接穗,如果都能成活,要选生长势强的培养成主干,其余的通过摘心、短截等方法控制生长或剪掉。另外,还要及时抹除砧木上萌发的芽。

据相关试验,红瑞木嫁接毛梾成活率较高,春季嫁接成活率低于夏季,主要是因为春季萌发前枝条水分含水量较低,顶端枝条水分含量较低,顶梢失水较为严重,夏季随着枝条含水量增加,嫁接成活率提高,主要是因为其枝条健壮,汁液饱满,生理机能强,细胞分裂旺盛有利于愈伤组织连接在一起,形成新的植株。砧木与接穗间的亲合力是嫁接成活的前提和关键,二者在组织结构、生理和遗传特性上相似,则亲合力较高,导致嫁接成活率也较高。

二、毛梾嫩枝扦插育苗

(一)扦插棚选建

选择地势平坦、背风向阳、靠近水源且土层深厚的疏林地建棚,分窖棚和小拱棚两种。实践上多选用效果较好的窖棚。条件好的也可以选择建大棚。

1. 窖棚建设

挖深 1 m、宽 3 m、长 7~10 m 的窖坑，坑中部纵向挖宽 0.3 m、深 0.2 m 的人行道，将插床分割为左右两床；床面铺厚 0.2 m 的河沙。窖坑方向以东西走向为好，一端留门。用钢筋或竹片搭建拱架，并用塑料薄膜封闭。拱架最高点距地面 0.8 m，棚上 1.5~1.8 m 处用木杆、单层苇帘架设阴棚，透光度 25%。

2. 小拱棚建设

挖深 0.4 m、宽 1.2 m、长 10 m 的平底沟，沟底铺厚 0.2 m 的河沙，以钢筋作拱架，并用塑料薄膜封闭。棚高 0.8 m，棚搭建遮阴设施（同窖棚）。

（二）扦插时间

毛梾嫩枝扦插育苗在 5 月下旬进行，以 5~6 月间当年生半木质化枝条生根效果最佳。

（三）插穗的采集与处理

采用随采条、随处理、随扦插的方法。5 月下旬从优良品种母树上剪取当年生半木质化的嫩枝，采后立刻放清水中浸泡。按要求将枝条剪切成长 15~20 cm 的插穗，每条 3~4 个芽，并保留上部 2~3 枚叶片。插穗上切口平切，上切口距保留腋芽 1~1.5 cm，下截口削成平滑的斜切面，距芽 0.3~0.5 cm。首先用 800 倍 20%多菌灵消毒 5 min 后，再放入清水中洗净，然后用不同浓度的 NAA、IBA、6-BA 和 ABT_1 等植物生长调节剂进行不同时间的浸蘸处理，以促进生根。

通过相关试验表明，激素种类对毛梾嫩枝扦插生根效果影响极显著，其中，NAA 在生根率、平均根量、平均根长方面影响最大，对生根指数的影响优于其他 3 种激素；6-BA 效果较好，对生根率、平均根长的影响效果与 NAA 差异不显著；ABT_1 生根粉效果影响最小。4 种激素对毛梾嫩枝扦插的促进作用为：NAA>6-BA>IBA>ABT_1。激素质量浓度对生根指数的影响极显著，其中激素质量浓度为 100 mg/L 对生根效果的促进作用最好。激素处理的时间对于生根率和平均根量的影响表现极为显著，对平均根长的影响不显著，其中浸泡 1 h 的生根指数效果最好。扦插基质对生根率的影响极显著，对平均根长的影响显著，对平均根量的影响不显著，对重要指数影响极显著，其中河沙透水能力好，效果最好。插穗长度对毛梾嫩枝扦插生根率的影响不显著，但对平均根量和平均根长的影响极显著，对综合指标生根指数的影响显著，其中平均根量和平均根长都随着插穗的增长而增加，可能与较长的插穗含有较多营养物质有关，但是生根率却呈现先增加后减少的趋势，其中 16 cm 插穗的综合效果最好。即选用 16 cm 长的插穗,用 100 mg/L 的 NAA 浸泡 1 h,扦插基质为河沙。

(四)扦插管理

扦插前,沙床用高锰酸钾液消毒。将处理过的插穗插入河沙或腐叶土基质中,扦插株行距 7~8 cm,插深 5~8 cm 为宜,穗条扦插完立刻灌浇一次透水,使插穗与基质紧密接触。带叶扦插要注意叶面喷水和遮阴,以提高生根率和成活率。

棚(窖)内温度应通过遮阳和适时喷水降温调节,保持在 25~30 ℃。扦插初期,根据天气及土壤墒情,浇水或喷水应少量多次;开始生根时控制水分,逐步延长浇水时间间隔。上午 11 时至下午 4 时气温高,一般每日浇水 1~2 次。棚内相对湿度应保持在 80%左右,沙床含水量以 15%~20%为宜。棚内日均光照强度控制在 700~800 lx。发现腐烂插穗要及时清除,并用 25%多菌灵 800 倍液消毒。扦插一个月后每隔 10 天喷洒 2%的尿素和磷酸二氢钾的混合液补充营养。

毛梾嫩枝扦插的生根类型以皮部生根为主,约占 90%以上,且大部分发生于节间,仅有少数根是从愈伤组织处发生的。毛梾嫩枝扦插生根缓慢,经 1~2 个月后才开始生根。因此,应加强扦插期的管理,使插穗处于适宜的环境条件下,延长其生根过程。

窖棚内扦插,其生根效果显著优于塑料薄膜小拱棚内扦插。

三、毛梾硬枝扦插育苗

(一)圃地选择

选择交通方便、土层深厚、土质疏松肥沃、湿润的微酸性至中性的沙质壤土或重沙壤地,排灌条件便利。

(二)圃地整理

结合施基肥地,施堆肥 30 t/hm^2、沤熟饼肥 600 kg/hm^2、过磷酸钙 225 kg/hm^2。耕前用 50%辛硫磷乳油 1 000 倍液处理,及时消灭地下害虫。深翻 20~30 cm,耕后捡去石块整平耙细,打成 1 m 宽、畦埂高 15 cm 的长畦苗床,待用。苗床处理好后,用多菌灵 1 000 倍液将苗床喷一遍,进行杀菌处理。后灌足水,稍等片刻即可扦插。

(三)扦插时间

春季扦插时间为 3 月中上旬。

（四）插穗的采集与处理

扦插采用随采随插。在春季萌芽前，选择生长健壮、无病虫害的1年生枝条。插穗以长度10～20 cm、径粗0.5～1 cm为宜。最短不低于6 cm，最细不低于0.4 cm，条穗最好保留有2～3个完整饱满的芽。上剪口离上芽1～1.5 cm，下切口距底芽3～5 cm。切口要平滑，防止劈裂表皮及木质部，以免积水腐烂影响生根。另外，要保护插穗上端的芽不受损伤。

（五）扦插及插后管理

扦插前把插穗下半部浸泡在流水中一昼夜，之后用生根调节剂萘乙酸（NAA）200 mg/kg浸泡处理，时间为2 h，有利于提高成活率。

扦插按深度为2～3 cm，株行距为2 cm×5 cm或3 cm×5 cm的规格进行插枝，插后浇足水。再架塑料膜制成拱棚，以保湿保温。5月初光照增强，气温升高，应用70%的遮阴网搭好遮阴棚，晴天每天下午用喷壶浇灌1次，5天漫灌1次。根据天气情况及时浇灌，保持苗床湿润。同时，涝季要做好排水，防止积水。

春插由于温度较低，生根较慢，4月中旬开始形成愈伤组织，这时要适当减少喷水量。在幼苗期内，应做到苗床及时除小除早除去杂草。5～6月，要适时追施高磷低氮肥料，及时松土，促进根系生长，防止烧苗。要少施多次，结合浇水进行。7月，苗木进入高速生长期，应以高效复合肥为主。在高温多雨季节，用50%多菌灵1 200倍液喷雾或2%～3%硫酸亚铁溶液浇灌，每周1次，及时预防根茎腐烂。8月下旬开始，以磷钾肥为主，叶面喷施0.2%磷酸二氢钾溶液，每隔15天喷1次，减少浇水次数，控制苗木生长，促进新梢木质化，以提高抗寒越冬的能力。这时要适当通风透光，由弱到强，逐步除去拱棚。立冬前将苗床浇足水，达到安全越冬的目的。

插穗扦插成活的关键是插穗基部能否产生和形成不定根，许多试验表明，外源激素能促进插穗产生不定根。据相关试验，经NAA、IBA、和ABT_1激素处理后，插穗生根能力都不同程度提高，其中毛梾最适宜的生长调节剂为NAA及ABT_1生根粉，其中，NAA 200 mg/kg生根率最高。整体说NAA更利于扦插苗的成活及生长，其中又以200 mg/kg最适宜，随着浓度的增高或降低，扦插成活率也随之降低。因此，扦插最宜使用NAA进行激素处理。插穗母树年龄、扦插部位及扦插长度对毛梾扦插生根度的影响差异极显著，母树年龄为1年生苗插穗生根效果好，随着年龄的增长效果逐渐变差。其原因可能是采穗母树的年龄大，所含抑制生根的物质多或因扦插时间较晚，枝条的木质化程度较高，新陈代谢缓慢，最终导致了生根能力下降甚至丧失。因此，在选择插穗时应尽量选择幼龄母树。中部插穗生根效果较好,其次是基部和梢头。梢部插穗生根率较低,主要因为枝条处于半木质化阶段,插穗组织中为不定根的形成提供营养物质的碳水化合物储藏量不足,造成其生根率较低。基部生根率低可能是由于基部插穗过粗,营养物质储存较多,愈伤组织形成得太厚而容易老化,从愈伤组织中不易发出新根,又因树皮厚而不易皮部发根。因此,在选取插穗时应尽量选择枝条的中部。插穗长度以 10 cm 效果最好,插穗的生根能力在一定程度上随插穗的长度增加而减少,其中 15 cm 插穗虽生根但生根率低,而 20 cm 插穗生根情况较差,一般均不宜采用。结合生产实际即毛梾硬枝扦插插穗选择以 1 年生母树的 10 cm 长枝条中部作为插穗效果最佳。扦插基质不同形成的扦插环境不同,致使供水性、通气性及温度条件均有一定的差异,影响插穗的生根过程。以蛭石∶泥炭∶河沙=1∶1∶3效果最好。这是由于河沙具有良好的通气性,能形成温度较高、湿度适宜、通气性较好的环境条件。同时蛭石及泥炭也有良好的保水性,该类基质为插穗提供营养物质,并有利于插穗体内各种生理生化活动的进行,促进插穗愈伤组织的形成和不定根的发育,完成顺利生根。

四、毛梾根插育苗

毛梾根插育苗主要用秋冬季、春季苗木出圃或移栽时残留的根系或大树周围的采根,可剪成插穗,进行根插繁殖,可培育新的苗木。

(一)根插时间

毛梾根插主要在初春进行。

(二)插床选择

插床应设在背阴处。

(三)插条选择及处理

毛梾苗木出圃或移栽时,把修剪下来的多余或过长的主根及侧根,可剪成插条,进行插根育苗。春季从留床苗剪下的根插穗成活率比较高。秋季剪下的根要按 30 根或 50 根捆成一捆,埋在沙土中越冬,保持 4.5 ℃左右的温度,沙藏至次年 3 月时再取出进行扦插。根插时保持插穗的正确极性很重要,为了避免栽植时颠倒插穗的极性,根段的近端(最接近植株上部的一端)剪成直口,而远端(远离植株上部的一端)剪成斜口。这样可以避免根段上下颠倒。插条一般截成长 10~18 cm、粗 0.5~1 cm 的根段。

(四)根插方法

通常都在春季扦插,可直插、斜插和平埋,而以斜插和平埋较好。

平埋:将插条水平放在土壤表面,插条上用土或沙子覆盖 1 cm 厚,浇透水后用塑料薄膜覆盖,防止失水。

直插和斜插:将插条直切口向上,斜切口朝下,直插或斜插于土壤中,根段上部与土表接近或露出地面 0.5~1 cm,浇透水后上面覆草或塑料薄膜,防止失水。

其间根据土壤情况,适时洒水,保持湿润。不定芽很快产生,幼苗基本齐后,分批将塑料薄膜或覆草逐步揭去,覆在苗行间,既可保墒,又可防止杂草发生。根的大小决定着繁殖的成败,当新植株具有发育良好的根系时方可移栽。

五、毛梾无性繁殖相关研究

(一)薛利艳等的研究成果

西北农林科技大学薛利艳等进行了毛梾全光照喷雾嫩枝扦插繁殖试验研究。结合具有简单易行、成苗快、繁殖系数高、成本低等优点的传统扦插繁殖方法,应用全光照自动喷雾设施进行毛梾嫩枝扦插试验,探索解决毛梾生根难的有效措施,以提高其嫩枝扦插的成活率。

在陕西杨凌区西北农林科技大学林学院苗圃中的全光照自动喷雾大棚中进行毛梾嫩枝扦插试验。以林学院采穗圃 2 年实生苗毛梾为采穗母树,选择生长健壮、无病虫害、无机械损伤的半木质化嫩枝作业试验材料。做高床(床高 40 cm),东西方向,自然光照充足。插床底层铺设 10 cm 厚的鹅卵石,中层铺设厚度为 10 cm 的细沙,上层铺设约 15 cm 的基质,用砖隔成不同基质的插床,用 800 倍的多菌灵淋插床进行彻底消毒,清水冲洗后整平用于扦插。

插条采集后立刻放入清水中浸泡。按要求将枝条切成不同长度的枝段,每条 3~4 个芽,保留 2~3 片叶,每片叶剪去 2/3,插穗上切口平切,距保留腋芽 1 cm 左右;下切口用不锈钢刀片削成平滑的斜切面。用 800 倍 20%多菌灵消毒 5 min 后,放入清水中洗净。试验采用随采条、随处理、随扦插的方法。先用比插条略粗的带尖消毒竹筷在基质上打孔,株行距为 7 cm×8 cm,将制备好的穗条于距插穗下切口 2~3 cm 处按照试验设计进行激素浸泡后扦插,扦插深度为插穗长度的 1/3~1/2,用手压实。每个处理 60 根插穗。3 个重复,每个处理多扦插若干作为破坏性试验观察和测定生理指标。

穗条扦插完立刻浇水,开启自动喷雾系统。扦插初期,晴天每 5~15 min 喷雾 30 s,阴雨天少喷或停喷,保持相对湿度 80%左右,以叶面上有水雾且不滴水的状态为宜。开始生根时控制水分,逐步延长喷雾时间间隔。扦插第一周,晴天的 9:00~15:00 在距插床高 2.5 m 处搭 65%的遮阳网,温度超过 32

℃时及时喷水降温;持续降雨时,采用塑料薄膜遮雨。扦插后每隔一周喷洒0.3%多菌灵800倍液进行杀菌消毒。扦插一个月后每隔10天喷洒2%的尿素和磷酸二氢钾的混合液补充营养。

扦插3天后每隔5天观察愈伤组织发生及生根情况,开始生根后不再取出插穗观察。扦插后120天统计全部生根情况,测量收集的指标有3个:生根率、平均根数、平均根长,采用生根指数为综合生根效果的评价指标,生根指数的意义是单株扦插苗的平均总根长。数据采用Spss17.0统计软件进行方差分析、极差分析和多重比较。

生根率=生根株数/扦插总株数×100%

平均根数=插条生根数量总和/生根插条总数量

平均根长=插条生根长度总和/插条生根数量总和

生根指数=生根率×平均根数×平均根长

结果表明,5个因子中除插穗长度对生根指数的影响较为显著外,其他因子对生根效果都有极显著的影响作用,各因子的主次效应为:处理时间>激素种类>扦插基质>激素质量浓度>插穗长度。在全光照喷雾条件下,本次试验毛梾嫩枝扦插最佳组合为:选用16 cm长的插穗,用100 mg/L NAA浸泡1 h,扦插基质为河沙。毛梾嫩枝扦插以皮部生根为主,属于皮部生根类型。

(二)员玉洁等的研究成果

西北农林科技大学员玉洁等进行了毛梾硬枝扦插和嫁接繁殖技术研究。分别对影响毛梾扦插生根的插穗规格、母树年龄、基质种类、激素种类及浓度等因素和对影响嫁接成活的嫁接时间及砧木进行系统研究。

试验地位于陕西省杨凌区西北农林科技大学林学院苗圃实验基地。扦插材料选择苗圃2年生幼苗的1年生枝、宝鸡市千阳陵散生10年生单株的1年生枝条以及西北农林科技大学校园内30年生单株的1年生枝条。嫁接材料的接穗为苗圃2年生毛梾的1年生枝上完整饱满的芽,砧木为扦插1年的红瑞木。

1. 硬枝扦插方法

于2010年3月中旬春季随采随插。选择生长健壮、无病虫害的1年生枝条。插穗长度10~20 cm、径粗0.5~1 cm为宜。最短不低于6 cm,最细节不低于0.4 cm,最好保证有2~3个完整饱满的芽。上剪口离上芽1~1.5 cm,下切口距底芽3~5 cm。切口要平滑,防止劈裂表皮及木质部,以免积水腐烂影响生根。另外,要保护插穗上端的芽不受损伤。分别用吲哚丁酸(IBA)、萘乙酸(NAA)、ABT_1生根粉和蔗糖进行插穗处理,各生长调节剂均设定5种浓度,分别为 50 mg/kg、100 mg/kg、150 mg/kg、200 mg/kg 和 250 mg/kg,同时以清水为对照,各处理时间均为 2 h。

插穗母树年龄分别为 2 年生、10 年生及 30 年生母树;插穗长度分别为 10 cm、15 cm、20 cm;插穗部位分别为插穗基部、中部及梢部。根据生长调节剂试验得出,NAA200 mg/kg 效果最好。将处理好的插穗浸泡激素 2 h 后扦插到大田中,3 次重复,每次重复 100 根。分别选用河沙:泥炭:蛭石=1:1:1、蛭石:泥炭:河沙=1:1:3、蛭石:泥炭:河沙=1:3:1的 6 种基质处理。插穗使用 200 mg/kg 的 NAA 浸泡后分别扦插到 6 种基质中。3 次重复,每次重复 100 根。

扦插浓度为 2~3 cm,插后浇足水。5 月初光照增强,气温升高,应用 70%的遮阴网搭好遮阴棚,晴天每天下午用喷壶浇灌 1 次,5 天漫灌 1 次。根据天气情况经常浇水,保持湿润,及时除去杂草,以减少水分损耗,土壤板结时要及时松土。

调查统计生根率、平均主根数、平均生根长度。

2. 毛梾嫁接方法

毛梾嫁接分别在春季 3 月末萌动前及夏季 8 月进行,采用芽接方法。于接穗枝条上方 1.0~1.5 cm 处,用锋利芽接刀带木质部直向下平削,至芽基下方 1.5~2.0 cm,再横向斜切取下芽片,保留芽基旁叶片的叶柄。然后在砧木上距地面 8~10 cm 背风面平滑处从上向下削 1 个与接芽片长宽相仿的切面,下端斜切 1 刀去掉削片,芽片与形成层对齐,使其紧贴于砧木上的削面上,用塑料密封条绑紧,并使芽外露。毛梾作为接穗嫁接,嫁接季节应选在春季芽萌动前,嫁接时截取毛梾枝条嫁接到准备好的红瑞木上,将毛梾作为砧木嫁接光皮树,将光皮树嫁接到毛梾上作为对照。测定成活率以及接穗、接芽成活后新生枝条的高和地径生长量;嫁接成活株数与嫁接株数之比计算各处理成活率;在各处理中随机抽取 5 株,使用直尺和游标卡尺对高和地径生长量进行测量。

结果表明,生长调节剂以 200 mg/kg NAA 处理插穗生根效果最好,生根率为 33%;插穗以母树年龄为 1 年生的枝条中部 10 cm 插穗的生根效果最佳;扦插基质以蛭石:泥炭:河沙比例为1:1:3最佳;夏季嫁接以红瑞木为砧木的成活率可达 83%以上。

(三)中国科学院西安植物园木本油料研究组的研究成果

中国科学院西安植物园木本油料研究组进行了根插繁殖试验。扦插用的插条是在移栽 1 年生播种苗时,把剪下来的多余根或过长的主根、侧根,按不同长度、粗度、部位和方法作了处理,以 5 cm×10 cm 株行距,插入土中,上覆盖

2~3 cm 过筛垃圾炉渣灰,防止板结,以利通气。为了避免太阳直射,水分失去平衡,苗床经常保持湿润,搭苇箔遮阴并隔日浇水一次,成活后要勤行灌水、松土及拔草等工作。

对地上部分与根系进行了测定,其结果如下:

(1)毛梾根插容易成活。在 11 个处理中,除 3 cm 长、0.9 cm 粗的一个未活外,其他处理不仅成活率高,而且苗木生长良好。

(2)插条的长度以 6 cm 以上成活率高,3 cm 以下不易成活。

(3)插条的粗度以 0.6 cm 以上成活率高,0.3 cm 以下不易成活。

(4)插条的部位,以根的上段成活率高,下段成活率较低。

(5)方法以斜插、露头插(插条顶端露出地面)成活率高,平插成活率低。

毛梾根插的成活,不但丰富了毛梾育苗的方法,而且采用此法育苗能保持母树优良性状,提早结果。对于推动毛梾生产有一定的意义。

第六节　苗木出圃

苗木的出圃是育苗的重要环节。这一环节如果不注意,会严重降低苗木质量和合格苗的产量,包括起苗、苗木分级、储藏、假植和包装及运输等。

一、起苗

起苗,又称挖苗。对苗木质量影响很大,必须认真做好。

(一)起苗季节

原则上要在苗木的休眠期间,即落叶后土壤封冻前或翌年春土壤解冻后至萌芽前出圃。也可在雨季起苗。

秋季起苗利用苗圃进行冬耕,并减轻春季作业的劳动紧张。同时,秋季苗木地上部分停止生长后,根系还在继续生长。起苗后若能及时栽植,根系在当年秋冬还有恢复创伤的时间,次春能较早开始生长。

春季起苗要早,一定要在苗木开始萌动之前;否则,在芽鳞开放后起苗,会大大降低苗木成活率(树液流动较晚的树种可适当推后起苗时间)。

生产上提倡秋冬季栽植造林,俗语说“冬栽一场梦,春栽一场病”,秋冬栽植利于根系愈伤组织的愈合,经冬后根系愈合好,可于地下正常扎根生长,开春后发芽抽枝早,生长量相对较大。春季栽植根系愈合慢,缓苗期长,如遇干旱地区春季干旱风大,易造成苗木死亡,而影响造林成效。

毛梾当年生小苗根系不发达,须根少。为提高栽植成活率,起苗时应浇透水,尽量保持苗木根系、容器和土团完整;2年生以上苗出圃,起苗前7天浇一次透水,起苗时应保持根系完整;胸径>8.0 cm大苗应带土球起苗。起好的苗木应避免风吹日晒和热捂。容器苗出圃不限季节,一般在雨季出圃造林。

(二)起苗技术

人工起苗,沿苗木行方向先在行间靠苗木的一侧,距苗木20 cm左右处顺行开沟,对于播种1~2年生苗,沟深20~25 cm,移植苗和扦插苗沟深为25~30 cm。再在沟壁下侧挖斜槽,并根据起苗的深度切断根系,然后把铁锹插入苗木的另一侧,将苗木推倒在沟中,即可取出苗木。取苗时不可用猛力勉强将苗木拔出,以免过多地损伤苗木的侧根和须根。取出的苗木也不要抖掉根部上的泥土,轻轻放置沟边即可。裸根起出的苗木若需要远运,还必须蘸泥浆护根。人工起苗工作效率低,需劳力较多。

机械起苗用起苗机起苗,能大大提高工作效率,并减少劳动强度,起苗的质量也较好。

(三)起苗的注意事项

(1)要使苗木有较多的根系,且有一定的长度。因此,一般播种苗的起苗深度为18~25 cm;移植苗、扦插苗和插条苗25~30 cm。

(2)起苗时,为减少苗木侧根和须根的损伤,圃地土壤不宜干旱。

(3)防止苗根干燥,要边起、边检、边假植或及时包装与运输。

(4)为了避免根系失水过多,不宜在大风天起苗。

(5)营养袋带土起苗,不要将袋弄破,将伸出容器的苗根剪掉。

二、苗木分级

苗木分级,又称选苗。是按苗木质量指标把苗木分成等级,如苗高、地径、根系长度、病虫害和机械损伤的有无、木质化程度等条件,将苗木分为合格苗和不合格苗(分为小苗和废苗)。小苗可以进行移植。苗木分级参照GB 6000—1999中的苗木分级要求及检测方法。栽植宜选用Ⅰ、Ⅱ级苗木。

苗木分级必须在庇荫背风处,分级后要做好等级标志。合格苗的基本标准如下:

(1)要满足合格苗规定的年龄。

(2)苗木粗壮而顺直,粗度上下基本一致,达到一定高度。枝叶旺盛,树皮或叶色泽正常,无徒长现象。

(3)根系发达,除主根外,侧根须根较多,且要有一定的长度。

(4)苗木地上部分与地下部分鲜重的比值越小,苗木越好。

合格苗分Ⅰ、Ⅱ两个等级，由地径和苗高两项指标确定，在苗高、地径不属同一等级时，以地径所属级别为准。分级时，首先看根系指标，以根系所达到的级别确定苗木级别，如根系达Ⅰ级苗要求，苗木可为Ⅰ级或Ⅱ级，如根系只达Ⅱ级苗的要求，该苗木最高也只为Ⅱ级，在根系达到要求后按地径和苗高指标分级，如根系达不到要求，则为不合格苗。

另外，生产实践要求，苗木分级时，根茎的粗度与根系的质量要一致，对于可能有冻害的地区，出圃时还应对苗木的顶梢进行鉴定。再者，主根和侧根上生长的须根数量越多，移栽后成活率就越高。鉴定须根的数量还没有一个统一的标准，原则上根系数量要与地上部分达到平衡。

三、假植

假植是将苗木的根系用湿润的土壤进行暂时的埋植。假植主要是为防止根系干燥，保护苗木。

假植有临时假植和越冬假植两种。在起苗后或造林前进行的短期假植，称临时假植；在秋季起苗后，要通过假植越冬，称越冬假植或长期假植。

假植时选排水良好、背风的地方，与主风方向相垂直挖一条沟，沟的规格因苗木的大小而异。播种苗假植沟，一般是深、宽 35～40 cm，背风面的沟壁做成45°的斜壁。临时假植将苗木成捆排列在斜壁上并培土。如长期假植，将苗木单株排列在斜壁上，然后把苗木的根系和苗干下部用湿润土壤覆盖，使根系和土壤密接。假植沟的土壤，如果干燥，假植后应适量灌水。黏土假植时，切忌过多灌水，过多会使苗根腐烂。在寒冬季节，可用草类、秸秆等将苗木的地上部分加以覆盖。在冬季无大风的地方，为少占地，假植大苗可使苗木直立，从假植沟两侧培土。

在假植地上要留出道路，便于春季起苗和运苗。苗木假植完毕要插标牌，并写明树种、苗龄和数量等。为便于统计工作，假植时应每隔几百或几千株做一记号。必要时应在迎风面设置防风障。

四、苗木包装与运输

苗木经质量检查合格、检疫后方可包装外运。运输苗木时，必须将苗木加以包装。一可防止干燥，二可避免碰伤。常用的包装材料有草帘、蒲包等具有可吸湿性的材料包裹根部为好，必要时还可在外面包缚塑料布。小苗 50 株 1 捆，每捆挂一张标签；带土球大苗，每批附 1 张标签。标签注明数量等级，另附苗木质量检验合格证、标签、产地检疫证等。当地造林，随起随运随栽；外运苗木根系蘸泥浆后用保湿材料包裹根部，运输时车上还要加盖篷布，严防运输途中风吹日晒。

短距离运输小苗木，可散在筐篓中，在筐底放一层湿润物，再将苗木根对根分层放在湿铺垫物上，根间放湿润物，装满后盖一层湿润物即可。

运输期间，要经常检查包内的温度和湿度，如果包内温度高，要将包打开，适当通风，并选用速度快的运输工具，缩短运输时间。特别是塑料容器苗雨季起苗造林运输时，由于天气热温度高，一定要紧防高温“捂苗”。苗木运到目的地后，要立即将包打开，进行假植。但在运输时间较长，苗根较干的情况下，应先将根部用水浸一昼夜再进行假植。不能及时栽植或假植的苗木，要将根进行大水浸泡，以防失水。

大苗移植时，必须单株带土移栽，才能保证成活率。移栽前1~2天，先灌足大水，使移栽苗周围土壤湿润，易起苗。在苗茎周围0.4~1.0 m处挖土，深达主根层以下，然后斜向插入下部，横铲土块，随即捆绑土壤，直至将土坨缠紧包严，不使其土散落。挖土时，遇见粗根用锯或剪弄断，不能用锨硬刨断，以免土层散根露，影响成活。

第五章　毛梾造林技术

第一节　造林时期

造林具有较强的季节性。在土壤湿润、气候温暖的地方,秋季造林比春季造林好。秋季造林,苗木当年能愈合生出新根,次春树木发芽前,根系已能吸收土壤水分,增强抗旱能力,所以造林成活率高,林木生长较壮。在土壤干旱或多风的地区,春季造林成活率较高。

一、春季造林

春季是造林的黄金季节。春季造林后,苗木容易成活,生长良好。其原因是早春土壤比较湿润,气温开始回升,树木经过一冬休眠,开始恢复生长。这个时候栽植,苗木很快发出新根。栽植过晚,苗木上芽展叶,根系还没有完全恢复和生根,随气温逐渐升高,树叶大量展开,枝叶蒸发量很大,根系吸收的水分不能达到平衡,苗木会因缺水而生长不良,甚至干枯死亡。为了保证造林成活率,豫北各地春季造林一般在2月中旬、下旬至3月上旬为宜。

二、秋季造林

秋季造林多在秋末冬初,土壤结冻之前进行。这时造林由于地温高,土壤湿度大,有利于新根形成,造林成活率也高,因为秋末苗木落叶前,地上部分光合作用所制造的养分正运送入根部进行储藏。这时因起苗造林而损伤的根系伤口容易愈合,新根易形成和生长,次春不需进行较长的根系恢复阶段,即可开始生长,且抵抗干旱能力也强。

三、雨季造林

雨季造林具有省工、省力、投资少、成活率高等优点。雨季造林时期是头伏末、二伏初,下第一次透雨后进行。近年来,豫北地区雨季造林主要采用塑料容器培育的苗木整体搬运上山造林技术模式,造林成效十分显著。

第二节　造林方法

毛梾为深根性树种,耐寒、耐旱,适应性强,栽植造林无论山地、平川、沟坡和"四旁"均可生长,在深厚土壤上生长旺盛,但在土壤干燥瘠薄或水土流失严重的山坡上造林,生长甚为缓慢,结实少。造林方法主要有植苗造林和直播造林两种,通常采用植苗造林。

一、植苗造林

植苗造林是用苗木作为造林材料进行造林的一种方法,应用最广。为了提高造林成活率,造林前必须选用生长健壮、发育良好、根系发达、芽饱满、无病虫害的壮苗。造林时特别要保护苗根,尽量避免风吹、日晒或长期运输与假植。栽后,及时灌水,利于伤口愈合生根,提高成活率。

(一)造林地选择和整地

毛梾耐干旱瘠薄能力强,不耐涝渍,适宜海拔300~800 m,选择地势平坦、土层深厚肥沃的山麓、河流和"四旁"等,土层厚度应在60 cm以上、pH值6.0~7.5的壤土或沙壤土。土层深厚较好的阳坡、半阳坡地皆宜栽植。如在地处陡坡、水土流失严重、土壤瘠薄等立地条件差的地方造林,毛梾苗木生长缓慢、衰弱,发育不良,病害严重,结实树很少,结实的大小年现象十分明显;在地势比较平坦、土壤深厚肥沃的山麓、沟坡和"四旁"造林,苗木成活率高,长势旺盛,开花结实早,稳产丰产。

要实现毛梾早产、丰产、稳产,就必须用经营经济林的理念来建造毛梾速生丰产(种子)园,造林密度实行矮冠密植。选择土层深厚、土壤适宜的撂荒地和山坡中下部进行,造林前细致整地。

平地穴状整地,栽植穴规格为0.6 m×0.6 m×0.5 m,株行距3 m×4 m或2 m×3 m;0.8 m×0.8 m×0.8 m,株行距3 m×4 m,每亩55株,表土下填。

山坡整地按外高里低鱼鳞坑状整地,规格为0.4 m×0.4 m×0.4 m,株行距3 m×4 m,"品"字形分布。先在坑(阶)内挖小穴,苗木放在穴中央。使苗木根颈低于地表5~10 cm。

(二)造林地规划

栽植前根据林种特点进行规划,应设置道路、排灌设施及附属设施,山坡造林,要兼顾防护功能,做到布局合理,绘出平面图。

为提高利用效益,宜营造纯林,便于集约化经营;也可根据实际情况或不同造林工程需要，规划营造混交林。

(三)栽植时期

毛梾多采用植苗造林，一般是随起苗，随整地，随栽植。分春栽、雨季栽、秋栽。

春栽在3月下旬至4月下旬之间，多在3月中下旬土壤解冻后至苗木萌芽前进行。秋栽在10月下旬至11月上中旬，栽植在苗木落叶后至土壤封冻前进行。雨季栽在6月中下旬到雨季结束，用容器苗整袋上山栽植。

造林实践证明，在春季干旱多风的情况下，抓住早春有利时机，土壤刚解冻，苗木开始萌动以前栽植，是提高造林成活率的有效措施。这时土壤底墒足，比较湿润，苗木运用先年储藏的物质，栽后能很快扎根，适应新的环境，成活率较高。

(四)栽植苗龄

毛梾造林多采用2年生苗，有的地方也用3~4年生的大苗或1年生小苗造林。栽植造林苗龄不宜过大、过小。苗龄过大，势必留床过久，随着苗体生长而形成苗木拥挤，引起分化和生长停滞，且起苗困难，根系不易保护。同时苗龄过大，苗木的可塑性降低，因而对环境条件的适应能力也减小，使造林成活率受到影响。苗龄过小，苗木低矮，栽后易遭人畜和灾害性气候的破坏，加之毛梾极易萌发侧枝，若修枝抚育不及时，常形成丛生状态，影响及时郁闭成林。采用2~3年生苗栽植，效果较好。

(五)造林方法

按照不同的立地条件，采用适宜的造林方法，是提高造林成活率的重要因素。毛梾植苗造林多采用全苗造林。在土壤比较瘠薄、气候干旱、风大风多的情况下，采用截干造林，对提高造林成活率有显著作用。如苗龄小、小苗又多时，也可采用截干造林，能显著提高成活率。截干后头两年应及时修枝抹芽，每年6~8月抹芽2~3次，以培育明显主干，促进幼树生长。

早春苗木萌动前选择阴天或小雨起苗种植，起苗后要防止风吹日晒，并要做到随起随运随栽，栽植时要做到苗根舒展、苗干端正、栽深适度，如土壤干燥，要浇定根水。冬季多风地带，可截干植苗，留干苗高10~15 cm，在鱼鳞坑或水平阶内栽植时，先在坑(阶)内挖小穴，苗木放在穴中央，使苗木根颈低于地表5~10 cm。回填土时先在根系周围填湿润细土，覆土超过根颈时，用手向上提苗，不使窝根，用脚踏实，再填土与地表取平，再踏实，上覆1~2 cm土以利保墒。栽后浇透定根水，水渗后覆松土1~2 cm，然后再封10~20 cm的土堆。栽植要细致，要求“树要直、根要展、土要实”，以提高造林成活率。大苗大树移栽时,最好带土球栽种,并适当修剪部分枝叶,以减少水分蒸腾,使地上部与地下部水分平衡,以利于成活和生长发育。

(六)造林密度

根据毛梾的特性、造林立地条件、经营措施,确定适当的造林密度,不仅可以满足毛梾树生长发育对一定营养面积的要求,而且能够使林木获得充分的地力,提高单株和单位面积产量,同时,还有利于开展林粮间作和林地土壤管理。

成片造林时,株行距一般为 3 m×3 m、3 m×4 m 或 4 m×4 m,最小的有 2.5 m×3 m,最大的有 4 m×8 m 或 6 m×8 m;在“四旁”植树中,多采用单行纯林或单行株间混交林,株距 2 m 或 4 m,混交时两株毛梾之间植一株用材林。从各地毛梾冠幅生长看,多数地方栽植密度偏大, 这样幼林虽可提早郁闭,减少林地杂草滋生蔓延,但到树木长至 10 龄左右时,就会形成冠幅重叠,盘根错节,不利于林地通风透光,营养面积不足,势必将影响毛梾树扩大生长和结实。

(七)栽植

1. 油料林

1)造林地选择

毛梾油料林造林地可选择在海拔 800 m 以下、交通方便、地势比较平坦、土层较厚、排水良好的平原、山地、丘陵等地段,这是保证毛梾生长发育、稳产高产的基本条件。

2)栽植时期

多在春季 3 月中下旬进行,也有在秋季栽植。

3)整地

平地穴状整地,栽植穴规格为 0.6 m×0.6 m×0.5 m,株行距 3 m×4 m 或 2 m×3 m,每亩 55 株或 110 株;栽植穴规格为 0.8 m×0.8 m×0.8 m,株行距 3 m×4 m,每亩 55 株,表土下填。

山坡整地按外高里低鱼鳞坑状整地,规格为 0.4 m×0.4 m×0.4 m,株行距 3 m×4 m,“品”字形分布。先在坑(阶)内挖小穴,苗木放在穴中央。使苗木根颈低于地表 5~10 cm。

在山地造林时,则宜先一年秋季进行大鱼鳞坑整地,次春栽植,效果较好。

4)栽植苗龄

毛梾栽植造林多采用 2 年生苗,有的地方也用 3~4 年生大苗,山地造林多用 1 年生小苗造林。从调查结果看,栽植造林苗龄不宜过大、过小。

5)栽植方法

按照不同立地条件,采用适宜的造林方法,是提高造林成活率的重要因素。毛梾植苗造林多采用全苗造林。在土壤比较瘠薄、气候干旱、风大风多的情况下,可采用截干造林,对提高造林成活率有显著作用。

6)栽植密度

毛梾造林是以培育木本油料林为主要目的,故造林密度宜适当稀些,并应根据水肥和管理条件而有所不同。水肥条件好,管理比较精细的地方,一般为 6 m×6 m 或 6 m×8 m,每公顷不超过 300 株,山地条件下则可采用 4 m×6 m 或 5 m×5 m,每公顷不超过 450 株。成片造林时可采用 4 m×4 m,最小 2.5 m×3 m,最大 4 m×8 m。

7)科学管理

一是每年松土除草 2~4 次。二是造林后注意适时灌水施肥,每半月左右灌水一次,在早春和秋末采用环状施肥,在树干周围开 1~2 条宽 40~50 cm 环形沟,沟的长度可占冠幅投影的 1/4~1/2,次年调换方位。施入肥料后盖土填平。三是每年春、秋均可进行修枝,在定干的基础上,按疏层形修去基部萌生的徒长枝,树冠内的重叠枝、下垂枝和竞争枝,保证树形完整,正常生长。四是加强对危害毛梾的叶斑病和金龟子等主要病虫害的防治。

2. 油料灌木林

1)造林地选择

可选择山区、丘陵在海拔 300 m 以上的地段,土层较深、排水良好的阳坡或半阳坡作为造林地。造林地最好选择在缓坡或坡度较小处,以利于操作管理。

2)整地

头年冬季整地,翌年春季造林,造林时间为 3 月中下旬。头年初冬按 35 cm×35 cm×40 cm 或 50 cm×50 cm×40 cm 的规格整地挖穴,穴间距 2 m 或 3 m,行距 3 m。每穴施入 15 kg 腐熟有机肥后及时回穴填土。

3)栽植

选择 2 年生、苗高不低于 1 m、地径不低于 2 cm、根系完整、健壮无病虫害的苗木作为造林苗木。采用植生组造林,3 株植于 1 穴。栽植时要扶正,分层踏实,使根系伸展。栽植时,最好用 20 mg/L 的 6 号生根粉泥浆蘸根,以利于成活,促进生长。

4)营林管理

(1)营造。采用矮化密植造林,株行距 2 m×3 m,造林密度 1 665 株/hm^2,

造林后于 2 m 处截去主干,控制主梢生长,形成矮化树冠结构。

(2)管理。一是修剪。采用细长纺锤形,其结构特点是有主枝无侧枝,但要控制主枝延伸和加粗生长过快,以免影响心干的生长势。上枝枝体缩小,以轻剪为主,少短截。矮化栽培要矮化主干,控制冠幅大小,合理利用生长空间,以确保透光、通风、立体结实。一般在冬季修剪,方法是:树冠过高摘除顶芽,控制高生长,促使多发侧枝;适当减少主枝,控制竞争枝,剪除交叉枝、重叠枝、徒长枝、枯枝、病虫枝。二是抚育。一般一年抚育 2 次,夏季浅除草,冬季垦抚,深除草。在树蔸周围 1.5 m、树基 20 cm 外松土;冬季垦抚:3 年 1 深挖,12 月至翌年 1 月进行,深 20~30 cm,夏季一年一浅锄,6~8 月进行,深 10 cm 左右。三是施肥,前 8 年施复合肥和压绿,以促进生长。8 年后,每年除施入复合肥外,须增施硼肥,以促进结实。

3. 用材林

海拔 1 000 m 以下、土层厚度 40 cm 以上,不积水地段均可用实生苗造林,也可与常绿树种造带状、块状混交林。

整地时间、方式和造林时间、方法与油料林相同。立地条件较好的地方,株行距 1.5 m×2 m,穴规格 40 cm×40 cm×30 cm,160~222 株/亩。

科学管理:一是前 3 年每年穴垦抚育 1~2 次;二是适当修枝,培育主干;三是主干分枝节下高达到 3 m 以上、郁闭度过大时,分次间伐。

在土层深厚的造林地可结合林农复合经营或营造混交林。

(八)容器苗造林

1. 造林时间

容器苗造林以雨季造林为主。在 6 月中下旬雨季到来时,最好在透雨后出现的连阴天、小雨天或晴天的早、晚进行。在早春墒情较好的条件下,采用容器苗进行造林,同样可以取得较高的成活率。久旱无雨,土壤干涸,不要强栽。

2. 苗木的选择

造林一般选用 1~2 年苗龄的容器苗。苗木选择生活力强、主干明显、主干粗、主根发达、须根多、叶色正常、无病虫害的健壮苗木。

3. 起苗运输

首先,应在育苗地将容器苗全部浇透水,使培养基充分吸水,以增强苗木的抗旱能力。其次,运苗前将长出容器底部的根全部剪掉,并注意选苗木的抗旱能力。再次,运苗前将长出窗口底部的根全部剪掉,并注意选苗,及时将弱、小、坏苗清除,确保苗木质量。最后,在搬动和运输容器苗时,忌使培养基松散，破坏根系。

4. 容器苗栽植

1）容器钵（袋）苗栽植

（1）整地。如雨季进行容器苗造林，应在春季整好地；如春季造林，应在头年秋季整好地。

苗木带容器栽植具有以下好处：容器苗根系不易破坏；省工并可加快造林速度；在干旱情况下，培养基中的水分不易向周围土壤扩散，使培养基保持在一个相对较潮湿的状态下，有利于苗木的成活和生长。

（2）栽植技术。栽植坑宜小，坑底要平，忌挖成“锅底坑”，以保证容器底与坑底接合紧密。栽苗操作要细致，苗木要直立，位于坑中央。回填土要压实，使土壤与容器紧密接合。栽后及时浇透水 1 次，以后根据土壤墒情及时浇水。

先把苗床用水漫灌一遍，稍干后进行起苗。在运苗的时候一定注意不要打碎土球。栽植时把容器苗放到坑中间，填土以埋住容器袋为好，然后踏实。

2）穴盘苗栽植

毛梾是荒山造林的优良树种。当前豫北太行山区荒山植树造林多用 1 年生苗，春季土壤解冻后随起苗，随栽植，使用保水剂截干造林，提高造林成活率。

（1）整地。确定好荒山造林地后，于春季整地，荒山造林宜做鱼鳞坑，坑长 0.8 m，宽、深各 0.6 m，造林密度一般为 6 m× 6 m 或 6 m×8 m，水肥条件差的山地，可采用 4 m×6 m 或 5 m×5 m。在干旱和半干旱地区荒山造林，水是决定造林成活的关键因素。采用穴盘苗雨季造林，充分利用雨季降水，省水省工，成活率高，造林成本低，效益好。

穴盘苗重量轻，便于运输，且苗坨完整，苗木根系损伤小，栽后基本没有缓苗期。实现了当年育苗，当年造林。雨季到来前，要对土地上摆放的穴盘苗挪动穴盘位置，铲断长入土里的毛细根，使其适应穴盘内生长的环境。而水泥地上放置的穴盘苗则无须挪动穴盘位置。7～8 月，一场透雨过后，即可荒山栽植毛梾穴盘苗，若栽后又遇连续降水，成活率会更高。

（2）栽植技术。栽植前 1 天，先穴盘苗浇 1 次透水。栽植时尽量保持穴盘苗坨完整。为便于栽植，在栽植前，准备长 20 cm 左右、粗 4～5 cm 的木棍，木棍的一头削成四棱锥体，作为栽植工具。栽植时，用木棍在鱼鳞坑内戳个口大底小的孔穴，后将穴盘苗放入孔穴内，苗坨四周用脚踩实或用木棍另一头捣实即可。对苗坨已散的毛梾苗，先把苗子放进孔穴后往孔穴内浇些水，水基本渗完后在孔穴内填些土踩实即可,非常省水省事。将幼苗栽植于准备好的鱼鳞坑后,苗坨四周一定要压实,做到坑四周高、中间低凹,便于聚集雨水。

(九)实生苗栽植方法

按照不同的立地条件,采用适宜的造林方法,是提高造林成活率的重要因素。用1~2年生大田苗造林,以春、秋季为主。大田苗栽前适当修剪根系,为防止风干、冻害,应进行截干栽植,从地面10~15 cm以上进行截干。每株用3~5 kg鸡(猪)粪,与表土混合后填入穴底。上加5~10 cm厚土层,然后放入苗木,封土、踏实、浇水、培土。栽植深度以苗木根茎与地面相平为宜。栽后树盘覆0.8~1 m^2 地膜保墒。

毛梾适应性强,成活率高,生长健壮,也是适宜山区发展的一种优良的经济林木。长安县为了增产油脂大力发展毛梾,在荒山营造毛梾林,掌握了一些荒山营造经验:

(1)一年生苗比二年生苗好。在荒山营造毛梾经济林,观察发现采用同一苗圃的毛梾苗二年生的成活率不如一年生的好,重要原因是二年生的苗木植株过高,主侧根长而多,须根少,山上土壤瘠薄,根深不易栽植,掘苗时伤根现象多,冬季土壤冻结,根易坏,一年生苗植株小,须根多,易栽易活。

(2)阴坡比阳坡好。阴坡和阳坡的土壤性能、肥沃程度、湿度都有所差异。阴坡的各种条件,对于毛梾生长有利,而阳坡土壤多系沙质,肥力较差,光照时间长,蓄水能力差,所以成活率一般不如阴坡,尤其是二年生的大苗,成活率较差。

(3)春季栽植比冬季栽植好。冬栽时,毛梾叶子已经脱落,停止生长,随起随栽,比较及时,而春季栽植时叶子已经长出七八天,栽植时假植了八九天,观察发现春季栽植的比冬季栽植的好,而且春季栽后十多天就活了,原来假植卷缩和干枯的叶子也重新长出来了。经分析主要是冬季树木停止生长,气候寒冷,根系受冻造成的。

二、直播造林

选择土壤条件较好的地方进行直播造林较易成功。在播种造林前几个月必须进行造林地整地,按种植点挖穴,穴宽、深各30 cm。秋季种子成熟后随采随播,将处理后的种子均匀撒在穴内,每穴种子10粒左右,播后覆土3 cm,轻踏穴面,使种子与土壤密接,浇一次透水并盖上树枝树叶。出苗率一般在70%以上,但生长较慢,需加强抚育管理。苗高30~40 cm,苗干有一定木质化时,视苗木成活和长势情况进行间苗。

第六章　毛梾林地抚育及低产林改造

第一节　幼林抚育管理

造林后至结实初期为毛梾幼林期,实生苗一般5~6年结果,嫁接苗4~5年结果,幼林期抚育管理应连续进行,每年2~4次,直到林分郁闭。幼林期抚育措施以松土、除草、追肥为主,促进毛梾营养生长,并进行整形修剪,培养树形,实施矮化栽培,以培养高产、稳产林。

一、除草松土

毛梾为深根性树种,造林后一般头两年松土除草2~4次,以后每年1次。应在春、夏、秋季进行除草、松土,铲除苗木周围1 m内的杂灌、杂草,覆盖于树盘下,或扩穴掩埋。松土一般在秋冬季结合施有机肥进行,以不伤主根为原则,锄地时在植株根际周围宜浅,冬季宜深,深度10~25 cm,直至幼林郁闭。冬季要进行扩树盘、整围堰,以利于截留和吸收地表水。管理精细的,在固定专人管护的同时,每年松土、除草5~6次,而且还按树行,分段筑成宽0.8~1.0 m、深20~30 cm、长随地形而定的壕沟,以拦蓄雨水,效果很好。无论是郁闭前,还是郁闭后的林分,也可每年于7~9月林地全面浅犁1~2遍,既保蓄了水分,又消灭了杂草,对促进毛梾生长作用较大。

造林后头几年幼林树尚未郁闭前,在条件适宜的地方可在幼林行间间作豆类、薯类、药材、绿肥等浅根性矮秆作物,既充分利用地力,增加副业收入,获得较好的经济效益,达到以短养长的目的,又抚育了幼林,促进了苗木生长。

夏季在树冠下覆盖,可以抑制杂草生长,减少水分蒸发,增加土壤有机质等,覆盖材料有草、秸秆等,覆盖厚度为10~15 cm。也可采用地膜覆盖。

二、灌水与排水

造林后注意适时灌水或浇水,每半月左右灌水或浇水1次,对提高造林成活率和促进生长有较大作用。毛梾耐干旱能力强,也可采用杂草覆盖、地膜覆盖等保水措施。因毛梾怕涝,若遇到多雨季节,应注意做好排水工作。

有灌溉条件的,可于毛梾新梢生长需水量较多的4~5月结合施肥浇春水;同时在11~12月进行冬灌,促进基肥腐烂分解,使根系在良好的土壤环境中越冬。灌水方法可采用穴灌、沟灌。

三、施肥

加强水肥管理,以增强树势。毛梾幼树生长缓慢,施肥可有效地提高幼树的高、地径生长,这是加速毛梾成材或提前进入成果期的一项有效措施。施肥时间一般在早春或秋末。每年冬季结合扩树盘,把树下的杂草和落叶埋到树下增加养分。施肥分基肥和追肥。

基肥以腐熟的鸡粪、猪粪、饼肥、人粪尿等有机肥为主,可混入适量化肥。基肥量为每株有机肥3~10 kg,或者饼肥1~2 kg,或人粪尿10~30 kg。环状沟施、辐射状沟施和条状沟施均可。

追肥以速效性无机肥料为主,按照树龄大小,追肥一年进行2~3次为宜,即萌芽前、开花后、果实迅速生长期。前两个时期以氮肥和磷肥为主,每株50~100 g尿素,后期以钾肥为主。施肥方法可采用环状沟施或者条状沟施。

(一)施肥方法

(1)环状沟施。沿树冠周围处挖1~2条环状沟,沟宽40~60 cm、深30~40 cm,沟的长度可占冠幅投影的1/4~1/2。把有机肥与土按1∶3的比例掺匀后填入沟内,也可掺入适量复合肥后填入沟内,施入肥料后,盖土填平。次年施肥沟随树冠扩大,环装沟可调换方位或逐年向外扩展。

(2)条状沟施。在树冠外沿相对两侧开沟,沟宽、深同环状沟一样,沟长随树冠大小而定,第二年的挖沟位置可调换到另两侧,适用于密植园。

(3)辐射状沟施。从距主干50 cm处开挖成辐射沟,内膛沟宽与深均为20 cm,冠边缘处宽均为40 cm,每株挖3~6条沟,依树体大小而定。然后将有机肥施入沟中,再覆盖上心土、腐殖质等。

(二)及时叶面喷肥

在整个生长季节都可用喷雾器进行叶面喷施,浓度为尿素0.2%~0.3%、磷酸二氢钾0.2%~0.3%、过磷酸钙浸出液1.3%、氯化钾0.3%~0.5%等,可单独喷施,也可混合喷施。选择阴天或早晚日光较弱时为好。每隔半月喷1次。

四、整形修枝

毛梾萌芽力强,造林后随着幼树的生长,树冠内的壮芽往往萌发出许多侧枝,形成枝杈横生,互相重叠,分散营养,主枝歪斜,主干弯曲,影响生长,甚至形成丛枝。因此,毛梾幼林整形修枝工作极为重要,必须抓紧。

(一)修剪时期

整形修枝春、秋两季均可进行,主要是休眠期修剪,以落叶后至萌芽前的冬季为主。

(二)整形修剪

轻剪长放、培养树形,主枝处长枝适当短截,促进发枝;在定干的基础上,修去基部萌生的徒长枝,同时疏除冠内的轮生枝、交叉枝、重叠枝、病虫枝,以保证树形完整,正常生长。主要树形为自然开心形和主干疏层形,一般在秋季落叶后至翌年萌芽前进行,距地面 0. 8~1. 2 m 处定干,选择 4~7 个长势好的枝条培养骨干枝,通过扭枝、拉枝、长放等手段剪成开心形、自然圆头形或疏散分层形树形。幼树以短截和疏枝为主,重点培养树形。

(1) 自然开心形。主干高 1~1. 2 m,无明显中心干,全树有 3~5 个主枝,错落有致,每主枝上着生 2~4 个侧枝。

(2) 自然圆头形。主干高 1~1. 2 m,有中心干,围绕中心干排列 3~5 个主枝,每主枝着生 2~4 个侧枝或枝组。

毛梾适合园林绿化养殖,观赏性比较高,但是要保持良好的树形要适当地修剪才好。

(三)毛梾不同用途树木的修剪方法

1. 修剪原则

一般在修剪毛梾的时候,需要根据植株不同的观赏性来决定修剪的树形。毛梾如果在春季进行播种的话,到 6~7 月,幼苗就可以生长到大约 30 cm,此时植株开始生长侧枝,要及时抹芽打杈,以促进幼苗生长。因为毛梾一般是用作园林绿化,一种是做行道树,还有就是做景观树木或者是庭荫树。这样就需要不同的修剪方式了。

2. 修剪方法

一般毛梾作行道树的植株,定干的高度不要低于 2. 8 m,作庭荫树或者景观树的植株,定干的高度则在 2. 2 m 即可。在定干后,可以从毛梾的主干上选留 3~5 个新生枝条作为主枝进行培养,主枝要上下错落,且各占一方。冬剪时要对主枝进行短截,一般保留 1 m 就好,第二年在主枝上选留下侧枝,冬剪的时候对侧枝进行短截,保留长度为 1. 5 m 左右剪口,第二年生出的枝条可以作为二级侧枝。这样,毛梾的基本树形就形成了。此后及时修剪下垂枝、病虫枝、交叉枝和冗杂枝即可。由于毛梾萌蘖能力强,还应及时将主干上的萌蘖抹除。在园林绿化中栽植毛梾,要选择在早春或秋末进行,一般植株上要带着土球。起苗后应对苗子进行修剪,保留二级侧枝,并对其进行短截。

第二节　成林抚育管理

成林期的抚育措施以施肥、整形修剪为主,因毛梾结实后树体营养消耗非常大,抚育措施应在果实采收后及时开展,以保证下一年的稳产高产。

一、施肥

(一)基肥

基肥以有机肥为主,每年秋冬季果实采收结合深翻施肥,每株 20 kg 左右,也可用复合肥 100 g 代替。施肥方法有环状沟施、条状沟施、辐射状沟施和穴施。

(1)环状沟施。沿树冠投影边缘处挖环状沟,沟宽 40~60 cm、深 30~40 cm。

(2)条状沟施。在树冠外沿相对两侧开沟,沟宽 40~60 cm、深 30~40 cm,沟长随树冠大小而定。

(3)辐射状沟施。从距主干 100 cm 处向外挖沟,内膛沟宽 40 cm、深 20 cm,冠边缘处宽与深均为 40 cm,施入相应肥料,开沟时注意选根群较少的区域。

(4)穴施。毛梾树冠以内挖 30~50 cm 的穴,施入基肥。

(二)追肥

追肥在果实膨大期结合灌水进行,以钾肥和磷肥为主,各 50 g。

二、灌水

成林毛梾一般不再灌水,干旱年份应浇水 1~2 次,以保证正常生长结果。有条件的地方,除 4~5 月的春灌和 11~12 月的冬灌外,还应该于毛梾果实膨大期需水量较多的 9 月结合施肥浇秋水,以提高产量。特别干旱的年份,要视墒情适当增加灌水次数,从而促进成林高产稳产。

三、整形修剪

成林期树形修剪以枝组培养和更新复壮结果枝组为主。初果期应适当短截主枝处长枝,通过疏除轮生枝、交叉枝、重叠枝、病虫枝等方法养成树形,夏季采用拉枝、摘心、抹芽等措施培养树体骨架。盛果期以维持健壮树势为主，主、侧处长枝宜截或缓放，控制辅养枝，将病虫枝、徒长枝、交叉枝、并生枝和幼弱枝剪除。盛果末期和衰老树应疏除病虫枝，并疏除老弱枝、密集枝，回缩和重截骨干枝、结果枝，促使萌发新枝。

四、除灌

进入成林期，影响生长和结果时，还应适当间伐，并对多数混生在杂木林中的野生毛梾要经常将周围的杂灌木砍去，保证林内通风透光良好，促进毛梾的加速生长、结果，提高种子产量和质量。

五、结果树的修剪

结果树的修剪要与采收相结合。修剪方式主要有三种：

(1)轮换疏除果枝法。在秋季采收毛梾果实时，将整个树冠的一半结果枝结合采收，从结果母枝基部剪掉，待下秆长出新果枝，第 3 年开始结实；而另一半已由前一年修剪过，今年长好新果枝，明年开始结实。

(2)隔年疏除果枝法。秋季收获时把当年的结穗枝全部修剪掉，次年长出新果枝，第 3 年又开始结实。

(3)不整枝光摘穗。这样每年都有收获，但产量低。

以上三种修剪方式，按 1 年产量权衡，以隔年疏除果枝法方式结实最多，如果以几年产量平均来看，轮换疏除果枝法最多。

六、保花保果

毛梾一直有“千花一果”的说法，自然状态下的毛梾落花落果情况严重，坐果率低，结实量少，产量低且不稳定，大小年现象明显。

陈锦等从激素水平和营养调节的角度研究了毛梾结实规律和保花保果措施。研究选用陕西省杨凌示范区西北农林科技大学校院内的 30 年生成年毛梾健康单株。

（一）研究方法

1. 标记枝条记录花朵数

花蕾期选取 38 棵长势良好的单株的枝条进行挂标签标记，每棵选取代表性强的枝条 3 枝，共 114 枝，每个枝条上的花序大概为 20～25 个，并且将每个枝条上每个花序进行逐个标记，记录数出花朵个数，以便计算坐果率：

$$坐果率=(成果数/花朵数)\times 100\%$$

2. 疏花、人工授粉、环剥及疏果处理

对 12 枝预选枝进行处理:

(1)花蕾期选取 3 枝进行疏花。疏花时首选畸形花、弱花、病花,保留健康良好的花朵。

(2)花蕾期选取 3 根枝条,用 2 倍于花序大小的 80 目硬质纱布袋进行隔离花粉试验,进入幼果期后及时摘除套袋,避免对果实发育造成影响。

(3)盛花期选取 3 枝进行人工授粉处理。授粉时,将花粉混入 5%的蔗糖溶液中,并加 0.3%的尿素、0.1%的硼酸,5 kg 蔗糖溶液中加花粉 10~12 g,授粉液随配随用,不宜搁置。

(4)盛花期选取 3 根枝条,进行环剥,宽度为枝粗的 1/8~1/10。

(5)幼果期选取 3 枝进行疏果,疏果时首先疏除畸形果、小果、病虫果,保留好果,按照先上后下、先树冠内膛后树冠外围的顺序,防止碰落果实。

3. 激素和微量元素处理

根据其他经济树种关于提高坐果率的研究方法,共选择促进开花结果的激素 8 种,每种激素采用 2~3 个浓度水平,每种处理方式 3 次重复,对照组的 3 次重复做处理时喷施蒸馏水。通过物候观察,5 月 5 日备用枝条中 80%的花进入盛花期,从 5 月 6 日开始,对备用枝条按试验方法喷洒激素,喷洒激素方式采用手持压力喷壶,对准叶面进行雾状喷洒,每 3 天喷施 1 次,喷施时间为晴日的 17:00~19:00,如遇雨天,喷施时间依次顺延。落果进入稳定期内(6 月 2 日)停止喷施。在试验过程中分枝条和花序分别统计开花数、坐果数。

(二)结论

1. 毛梾生命周期中的 2 次大落果

通过物候期观测,毛梾生理周期中有两次落花落果高峰。第一次落花落果比例较高,平均达 80.41%,主要发生在开花后的 1~2 周内,其中落掉的一部分为未授粉的花(子房未膨大)。毛梾花粉块状,是一种典型的虫媒植物,这一部分落花产生的原因主要是花期(春季)昆虫量少,或花期低温阴雨影响昆虫活动从而影响传粉授粉过程;另一部分虽然受精成功(子房膨大),但由于毛梾花量较大,植物体内激素和养分失衡,从而导致已形成的幼果脱落;另外还有一部分(3%~5%)花畸形,雌雄花败育或雌蕊退化,导致落果。第二次落果是在成熟前 1~2 周,此时果实已经停止膨大,果实生理水平已经向成熟果实转变,离层产生,果实内激素水平发生变化,引起采前落果。这 2 次大的落花落果导致毛梾的坐果率低。

2. 毛梾落花落果的原因

通过对毛梾物候期观察和各时期留果数的调查,毛梾落花落果的原因主要有以下几种:

(1)毛梾花量过大,使得营养消耗过多。在毛梾的生长期中,叶片的生长、开花及幼果发育几乎同时进行,导致物候期严重重叠,各器官间养分竞争激烈,营养生长和生殖生长矛盾尖锐,致使落果严重。

(2)毛梾花属虫媒花,花粉黏着在一起,成块状,昆虫种类较少,同时,花期低温阴雨天气在一定程度上影响昆虫活动数量而导致授粉不良。

(3)低温和阴雨天气,同时也会出现雨水浸花,柱头分泌物被冲淡或流失,使花粉发芽率降低,授粉不良,造成坐果率低。

(4)花的变异常见,为3%~5%,败育的花不能授粉,未授粉的子房直接脱落,这也反映了较低的坐果率。

结果表明,通过采取人工措施可以有效提高毛梾的坐果率。0.3%尿素能提高14.25%坐果率,且效果最稳定;0.3%尿素和环剥搭配能提高保果效果;激素类中40 mg/L 2,4-D坐果率为19.33%,与自然状态下相比,提高坐果率幅度最大,达112.96%;10 mg/L赤霉素、环剥+0.3%尿素+疏果提高坐果率效果明显。由此可见,采取人工措施能有效提高产量,对毛梾的大规模生产有一定帮助。

七、毛梾林地保护

(一)防火,防人、畜破坏

防止人畜破坏,禁止放牧和樵采,建立护林、防火组织和制度。订立护林公约,实行封山育林,预防山火,保护好毛梾林。

(二)防治病虫害

毛梾有叶斑病、金龟子、地老虎、蝼蛄、椿象等病虫害影响毛梾生长结果。坚持以“预防为主,综合防治”的方针,以营林措施为基础,加强苗木和林地管理,增强树势,提高抗病能力,同时,采用生物防治、物理防治、配合合理地使用农药的综合防治,或者用人力摘除病叶,捕捉害虫,达到控制甚至消灭病虫害的目的。

第三节 低产林改造

毛梾低产林在我国广泛且集中分布,在现有毛梾植物资源中占有绝对比例,对现有低产资源进行改造、经营,对低产林分进行人工培养、补植改造,可成为能源林基地建设的重要途径。

一、低产林类型

(一)毛梾天然次生林

毛梾天然次生林在我国多分布于海拔 600~800 m 缓坡山地或丘陵区的阳坡、半阳坡及田埂地坎,土层多为浅薄岩石地区。天然次生林内毛梾植株密度较大,能够天然更新繁殖。天然更新良好的林地每亩更新繁殖多可达上千株幼树。此类林分多处于放任生长状态,平均株产量很低。

(二)毛梾散生木

在我国分布范围很广,许多省区的丘陵山地及沟谷中常见散生的毛梾大树。据调查研究,自然分布的毛梾林分多为低产林,管理粗放,结果树非常少,多为大树树冠外围结果,结实量小或多为空粒,大小年现象严重。

(三)毛梾未达标人工林

近年毛梾造林多采用 1~2 年实生苗,栽培中选地不当,整地不合理,缺少必要的科学抚育管理措施,品种质量无保证,造林后的生长表现不理想,同样也急需进行改造。

这些低产林通过改造,开展病虫害防治,土、肥、水管理,修剪等综合管理措施,可大大提高林分质量,有效改善树体营养和现有毛梾资源现状。

二、低产林改造的目标

结合我国毛梾生产实践,毛梾低产林改造的目的主要有三个方面:

(1)实现良种化栽培,将生长表现不一、结实性状较差的低产林更换为生长表现和结实性状较为优良的类型或无性系。

(2)通过嫁接,让实生苗提早结果,实现早结实、早丰产、早收益。

(3)调整林分密度,优化林分结构,对树木进行整形修剪,形成良好的树体结构,同时加强土、肥、水管理,提高单位面积人工林的产量和收益,以达持续丰产目的。

三、林地改良

对于林地土、肥、水条件相对较差的毛梾低产林,应进行林地改良,如小地形改造、深耕土壤、实施客土改良、施肥、压青、套种绿肥作物,采用 EM 技术施生物菌肥,即增加土壤中对毛梾生长发育有益的微生物菌的种类和数量。

（一）垦复

毛梾林荒芜的面积至少占总面积一半以上，大面积的荒芜，是造成低产的重要因素。如能合理及时地垦复，大面积增产是可以很快见效的，但必须因地、因时进行垦复。垦复的方式可根据地形、地势、土质和经营方式而定。于头年 10 月到次年 3 月垦复林地，熟化土壤。对海拔 600 m 以上、坡度 25°以上的荒芜毛梾成林进行疏伐，去劣留优，去残留壮，使毛梾成林增加光照多结果；对海拔 300~600 m、坡度 15°~25°的毛梾成林，开鱼鳞大穴，割除杂草覆盖林地。可与带状轮垦结合，但不要全部挖坡；对 5°~15°的缓坡毛梾成林林地全垦，将林地深翻或耕犁，依树的位置修建山地梯田。为了提高肥力，成林毛梾冬、夏两季都可间种绿肥或豆类作物，且与毛梾保持适当的距离。

（二）施肥

积极施肥，每年施 2~3 次，第一次于 12 月初施冬肥，第 2 次于 3 月上中旬施花前肥，第 3 次于 4 月底 5 月初施果实膨大肥，第 4 次于 7~9 月施壮油肥。施用氮磷复合肥效果较好。中耕除草每年 2~3 次，结合施肥进行。春夏肥以速效肥为主，秋冬肥以农家肥为主，施肥后应及时用细腐殖土培土。

四、林分调整

针对一些林分密度过大的毛梾林，可进行疏伐改造，去劣留优，去密留疏，移除幼树，保留大径级单株，使林分郁闭度降到 0.6~0.8，小区域范围内的林木树龄相差不大，便于管理的同时，合理利用林地空间，改善林分内的通风透光条件。

毛梾纯林由于树种结构单一，往往病虫害现象较为严重，毛梾混交林的抗病虫害能力要优于纯林。自然状况下，毛梾多为混交林，如林地内毛梾的植株密度达不到要求，则需要通过人工补植措施，把原来的林分改造成为毛梾混交林。

补植苗木可就地取材，将现有林分中的密度大、长势好、易于移栽成活的毛梾移栽到补植地块，既能提高成活率，又能使林分提前郁闭，林相保持相对整齐。移植大苗时需要适当地修枝，浇足定根水，成活期应加强抚育管理措施。若不能移植，应采取植苗造林方式进行补植，造林苗最好采用当年生壮苗，但必须加强后期管理。

针对杂树和灌木过多的毛梾林，在确定主要混交树种后，可清除其他杂树和杂灌、清除老残株和病虫株并烧毁，以改善林内通风、透光条件，使毛梾全方位、立体挂果，从而达到高产、稳产的目的，每年进行 2~3 次。对疏密不匀或过密的林分，特别是一蔸多株的，保留健壮的植株，其余应全部挖除，间伐过密弱株。进行林中空地补植，使林相整齐，分布合理，根据培育目的不同，每亩调整到适合株数（参照造林章节），保留高产、优质的品种，逐步淘汰劣质低产的品种。

（一）改老残林为新林

对于品种类型较好、株行距较均匀、生长势不过度衰老的低产林，可用截干萌芽更新或用火烧萌芽更新。对于品种差、林相乱而尚有一定产量的林分，可选育良种壮苗，定行、定点栽植，将在点上的老树或劣株砍除，不在点上的老树分批砍去。但栽植的幼树必须保证必要的阳光，其上方遮光的老树枝务必砍除，侧方庇荫的枝条需适度修剪，以利幼树苗茁壮成长。最好用3~5年生大苗造林，增施肥料，并严防病虫危害。对于病虫严重、植株稀疏不齐、生产能力极低的毛梾林，则全砍、全垦，重新造林。对于一些因根系严重损伤、病虫危害等原因而造成的低产毛梾成林，应及时换砧。方法是：在基干周围距基干20~40 cm处呈“品”字形排列定植1年生毛梾砧苗，茎干向内倾斜。砧苗成活后，在毛梾嫁接季节，用倒切腹接法嫁接，使小砧苗成活形成庞大根系。

（二）改劣种为良种

毛梾林中劣种、劣株严重影响高产稳产，应分情况逐步改造。密林结合调整密度去劣留优，长势较旺盛的毛梾林采取高接换种或萌芽条嫁接良种，老残林结合老林更新，选育良种壮苗重新造林。采取嫁接法更新造林及嫁接换冠，宜用多系配置，选取系间亲合力高的配组，混系造林或配系嫁接换种，以获得异株异花授粉成果率高等效果。

五、嫁接改良技术

毛梾低产林改造主要采用的是大树嫁接高接换头技术，即采集优良品种母树的穗条，对林内5~30年生的劣株进行高接换头。

（一）嫁接时间

采用春季嫁接法。在每年的4月初至5月初进行（各地视当地小气候决定）。以毛梾刚展叶时为最佳嫁接时间。此时，毛梾树体萌动，树液开始流动，皮层易剥离，有利于操作。同时，毛梾尚未开花展叶，有利于砧木的选择。高接过早，气温较低，砧木不易离皮，并且砧穗生理活动微弱，愈伤组织产生慢，嫁接成活率低；高接过晚，砧木展叶和新梢生长时树体营养消耗多，嫁接成活后新梢生长量小，并且因气温高，在接穗削面还未产生愈伤组织以前，接芽首先萌发，形成“假活”现象。

(二)嫁接工具及材料

嫁接工具为手锯、修枝剪、劈接刀。

嫁接材料为塑料薄膜、包装绳。塑料薄膜可按砧木大小选择规格为15~30 cm宽、透明度良好、拉伸力强、健康环保的专用嫁接塑料膜,也可采用自行裁剪合适规格的环保塑料薄膜。

(三)品种选择

选择本地丰产、大小年不明显、种子品质优良的母株,选取树冠外围中上部健壮充实、芽饱满的发育枝或结果母枝作穗条,也可选用徒长枝上芽较饱满的枝段。选择工作应提前2年对周边优树进行调查、登记。

(四)砧木选择

在林分内选择多年生、生长健壮、无病虫害或树形差、丛状生、结实量低的母树作砧木。

(五)接穗采集

接穗采集时间应在2月底3月初进行,采用高枝剪采集。选择15~30年生、生长健壮、果穗密集、果粒大、产量高、抗病虫的毛梾作为采穗母树。接穗选取1年生、生长健壮、无病虫害损伤、粗度0.5~1.5 cm、木质化程度好的树冠外围枝条。

(六)接穗储藏与处理

采集后的枝条按10~15 cm长截段,每个接穗保留3个芽以上,然后进行封蜡处理。封蜡时要注意控制蜡温,保持在80~95 ℃。操作时动作要迅速,防止烫伤芽体。蜡封后按接穗粗细每50根打1捆,数量少时可直接放入冰箱冷藏室储藏,数量大时可采用地窖储藏。

(七)嫁接方法

大树高头嫁接换头主要有春季硬枝嫁接。春季硬枝嫁接手法有插皮接、切接、劈接、腹接、舌接等。砧木较粗(>4 cm)时宜采用插皮嫁接方法,砧木较细(<3 cm)时采用双舌接方法,成活率均较高;芽接方法以方块形芽接效果较好,成活率可达80%以上,芽接应选择1年生健壮的母树营养枝饱满芽,砧木以选择基径大于1 cm的实生苗较好;不同接穗保湿方法对嫁接成活率有重要影响,蜡封成活率较高,而套袋成活率较低。此处介绍插皮接,方块芽接法可参照毛梾育苗章节无性繁殖中的嫁接繁育法。

1. 截干或重回缩修剪

嫁接前对树形差需换头的毛梾树要进行截干处理,保留树桩80~120 cm;对树形较好的毛梾树要进行重回缩,回缩至主干仅保留40~60 cm长的骨干枝3~4个为宜;对较小的毛梾树,在首轮分枝枝长20~30 cm处截断。在每个主枝及主干上,各嫁接良种接穗1~2枝(芽)。如果是大树,则将首轮分枝的2级侧枝从15~20 cm处剪断,每个枝条及主干上,各嫁接良穗1~2枝(芽),对丛生株只保留3~4个为宜;对丛生株只保留3~4个干形好的作砧木,其余全部伐除。

2. 削平砧木

需嫁接的主干或骨干枝用手锯或修枝剪锯平,较大主干也可以用油锯锯平,保持锯口平整,不能撕破和损伤树皮。必要时可用刀削平。树干上的侧枝或萌条要全部除掉。砧木粗度以4~12 cm为宜。

3. 接穗削制

插皮接接穗削制时要把接穗削成长3~4 cm的长削面,厚度0.3~0.5 cm。下端削尖,形成一个楔形,削面应选择在芽的背面,要求平滑、不起毛、不松皮,接穗上部留2~3个芽,接穗一般长8~12 cm。

4. 插入接穗

在砧木口上选一光滑而平整的部位,先用嫁接刀将锯口处修平滑,划一个比接穗削面稍短的纵切口,深达木质部即可。在纵刻一刀时,注意以切断皮层为度,不可重伤木质部。将树皮用刀向切口两边轻轻挑起,把接穗对准皮层切口中间,长削面面向木质部,使接穗外部形成层与砧木形成层对齐,慢慢插入。注意不要把接穗的切口全部插入,应留0.1~0.2 cm的削面露在外面,这样可将露在外面的削口愈合组织与砧木横间的愈合组织对接,有利于成活。视砧木粗细需要,可插1~2个接穗。

5. 包扎

接穗插入后,用塑料薄膜进行包裹,包裹时只将接穗从接口处向上2~3 cm处与砧木包扎严密,接穗上部无须套袋,包扎时注意在接口处留一小密封空间,以利于伤口组织愈合。用包装绳将塑料薄膜环绕砧木一周扎紧,密封(见图6-1)。

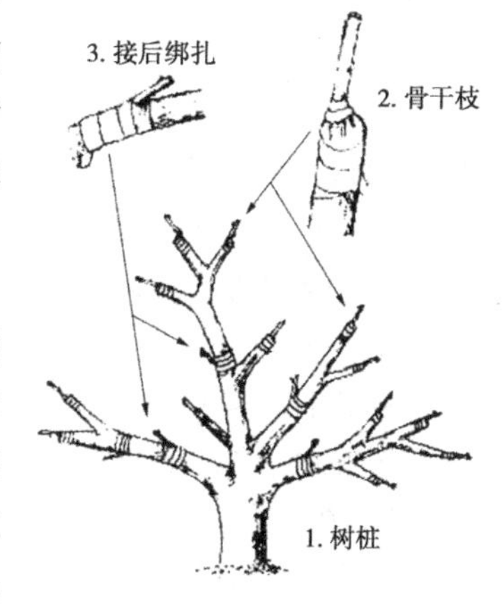

图6-1　毛梾高接换头示意图

毛梾小树树皮较薄,嫁接时接穗与砧木之间的形成层难以对准,对成活影响较大。在嫁接过程中,一定要注意形成层对齐,才能保证嫁接成活率。此外,要控制嫁接时间,绑扎要紧。

在嫁接中,削平砧木、接穗削制、插入等嫁接过程总时间必须控制在1 min以内,越快成活率则越高。

(八)嫁接后管理

1. 检查成活

嫁接后15~30天接穗可抽生新梢,3周即可检查成活率,如发现接穗皮层皱缩、开始干枯,说明嫁接失败,要及时重新补接;对于未萌动但失水的接穗应予以保留。

补接时可将原砧木向下剪去一段,再进行嫁接。毛梾高接后成活期较长,所有接穗直到当年10月才开始发芽成活。

2. 抹芽

毛梾隐芽寿命长,剪截砧木后刺激隐芽大量萌发,抽生丛枝,其长势远强于成活接穗抽生的新梢。这些砧木萌条与新梢争肥争光,要及早抹除;否则,会消耗过多养分并扰乱树形,严重者可使已嫁接成活的新梢死亡。对于大树,可在嫁接初期每株保留1~2个萌条以提供营养,待接穗成活生长旺盛后再除去。毛梾萌发力特强,因此抹芽工作要做到经常检查,一经发现要及时抹芽。

3. 设支撑

当新梢长到15 cm以上时,在砧木或地面上绑一根长50~100 cm的竹竿或木棍作为支架,使其一端伸向新梢,用绳子打成活扣将新梢绑到支架上,以防风折。

4. 松绑

毛梾嫁接后伤口愈合较慢,加之萌发力强,因此松绑不宜过早,既可以抑制接穗附近萌条的产生,又可以保护接穗不被松动。到8月萌芽力减弱后,再将罩在砧木外部的塑料薄膜和捆扎接穗的细绳除去,使接穗“松绑”。以防薄膜和细绳嵌入皮层,影响生长。

5. 夏季整形修剪

当新梢长至40 cm以上时,可根据树形进行夏季整形修剪。对新梢枝条不均匀分布的,要人工拉绳绑棍调节。对新梢直立生长过旺的,采用摘心、扭梢、拿枝等措施使其转为斜向、水平状态,以培养各级骨干枝及结果枝组,为换头树早成形、早结果打下基础。

6. 病虫害防治

嫁接后的毛梾病虫害防治,重点是防治叶斑病危害。

7. 嫁接后土肥水管理

嫁接成活后,为了促进新梢生长,应除草扩盘,每年需除草2~4次,松土深度 10~20 cm。春、夏季应结合下雨或浇水，对砧木追施尿素和磷肥，可使砧木和接穗愈合良好，植株旺盛生长。秋季，要控制施氮肥，增施磷、钾肥，以防新梢生长过旺，增强其木质化程度，以利安全越冬。

六、综合管理措施

（一）土、肥、水管理

毛梾苗木定株后，要及时进行修树盆、翻土、除草等管理，以增加树体养分、水分的供应，有条件的地方可进行人工追肥。对于土层特别浅的植株，要采用挖树盘、客土等措施，以满足植株正常发育所需的养分。

1. 土壤管理

（1）深翻改土。每年结合施有机肥进行深翻、扩穴、改土。山地毛梾要逐年开展，方法是在栽植穴外挖环状沟或平行沟。扩穴深度 0.4~0.6 m；山坡毛梾根据立地条件适当扩穴。

（2）割灌除草。生长季节及时清除树下杂灌杂草，覆盖于树盘下，或扩穴掩埋。

（3）覆草。山地毛梾在深翻改土后用秸秆、麦糠、杂草等覆盖树盘，厚度 10~20 cm，草上压少量土。

2. 施肥

1）基肥

（1）施基肥时间：秋季采果后至来年发芽前。

（2）基肥种类：山地以腐熟的鸡猪粪、饼肥、人粪尿等有机肥为主，可混入适量化肥，山坡可施适量复合肥。

（3）方法：环状沟施、辐射状沟施、条状沟施。

（4）施肥量：幼树期每株施有机肥（鸡、猪粪）3~10 kg，或者饼肥 1~2 kg，或人粪尿 10~30 kg，盛果期施肥量增至 2~3 倍。

2）追肥

追肥一年进行 2~3 次为宜，即萌芽前、开花后、果实迅速生长期。前两个时期以氮肥为主，中后期以复合肥为主。

3. 灌水及排水

毛梾耐干旱能力极强，一般不用灌水，采用覆盖保墒措施即可。有灌溉条件的，可在特别干旱年份灌水 1~2 次。方法可采用穴灌、沟灌。多雨季节及时排水。

(二)树冠修剪

一些老林,树冠严重郁闭,细弱、徒长、病虫、枯枝多,要重修剪和截枝更新。于早春 2~3 月毛梾将要萌发时进行。重修剪是除骨干枝以外(包括 1~3 级骨干枝)的其他枝条全部 1 次重剪。截枝更新则是除主干外,对所有的侧枝,包括首轮、2 轮和一级骨干枝在内,全部截枝处理。必要时,可连同首轮、2 轮中部以上主干全部截去,使树冠全部更新复壮。

(三)整形修剪

1. 修剪时期

休眠期修剪,在落时后至萌芽前进行;生长期修剪,在生长期进行。

2. 不同树龄的修剪

(1)初果期树修剪。继续培养树体骨架,合理利用辅养枝,处理好竞争枝,培养各类结果枝组。主要采用接枝、摘心、抹芽等技术措施。

(2)盛果期树修剪。以维持健壮树势为主,主、侧枝延长头宜轻截或缓放,控制辅养枝,注重配备各类枝组。疏除轮生枝、交叉枝、重叠枝、病虫枝,注意通风透光。

(3)衰老树修剪。适当疏除衰老大枝,采用重回缩和极重短截促其萌发新枝,培养各类结果枝组。疏除病虫枝,适当疏除密挤小枝。

(四)树体管理

林分中不同单株的树高、冠幅和枝下高差异较大。对于树体上部过多过密的枝条,可在休眠季节按 30%~70%的比例进行疏除,保证树冠内部和下部通风透光,使冠层厚度增加,促进立体结果。

此外,树体过于高大的树木,种子采摘非常困难,管理越来越不方便。因此,生产中应及早对中、幼龄的树木进行整形修剪,控制树干高度和树冠大小,尽量使其矮化,以便于管理和种实采摘。一些过矮的树木种实产量过低或干脆不结实,建议对其移栽或进行透光伐,使矮树上面“开天窗”,也能得到光照,促使其结实,提高单位面积产量。毛梾的萌发力强,中、幼龄的树木多为丛生状生长,生产中,应及时除萌,保留 2~3 个生长健壮的主枝。此外,树体高大的单株应及时修剪细弱枝、轮生枝、枯死枝和病虫害枝。

七、修筑水土保持工程

一般野生毛梾林地缺乏基本的水土保持工程。在进行整理改造时,必须结合林地土壤改良,修筑树盘、水平沟等蓄水保水工程和完整的排水体系,做到小雨能蓄、大雨能排,提高土壤的水分调控能力。坡度较陡的林地,可修护堰、修梯田、挖鱼鳞坑等措施以防止水土流失。有条件时,还可以修建引水灌溉体系。

八、细致采收,保证连年稳产

过去由于树体高大,采收作业非常不便。农民采收时将结果枝连同果穗一起折下,造成过度采摘,树形严重被破坏,次年产量大幅下降。所以,应细致采收,只采果穗,不折结果枝,则可保证连年稳产。

九、重视低产毛梾林病虫害防治

加强对病虫害的防治,充分利用和保护有益昆虫(特别是授粉昆虫),对毛梾增产是非常重要的。毛梾成林落果率达 30%~50%,而病虫害引起的约有 1/3。因此,必须采取有效措施,积极防治。毛梾主要病害有叶斑病等,主要虫害有金龟子、蝼蛄、椿象等。主要防治方法是在病虫害测报的基础上,进行营林防治、生物防治和化学防治等。主要抓好 4 个环节:一是加强经营管理,改善环境条件;二是抓好检疫工作,选育多抗品种;三是保护利用天敌,进行生物防治;四是掌握病虫规律,及时进行人工防治和药物防治。防治方法,叶斑病是半知菌类真菌浸染所致,在高温高湿期容易发生。在日常养护中,要加强水肥管理,特别是要注意营养平衡,不可偏施氮肥。毛梾主要病虫害的化学防治可参照本书毛梾病虫害发生及防治。

第四节　丰产树形及整形修剪

一、丰产树形和整形方法

(一)小冠疏层形

树形冠形小而紧凑,骨架牢固,成形快,光照条件好,便于管理和手工采收。在山区坡地常采用这种树形。

1. 树形特点

树高 2.5~3.0 m,冠径 2~2.5 m。全株培养 6~7 个主枝,分 3 层着生在中心干上。每层主枝保持向阳枝在下,背向枝在上,以利阳光照射。第一层培养 3 个主枝,基角 70°,长度 1~1.5 m,向四周生长。第二层培养 2 个主枝,距第一层主枝 80 cm,基角 80°,主枝长度 0.8~1 m。第三层培养 1~2 个主枝,距第二层主枝 60 cm,主枝长度 60 cm,向两侧生长。三层主枝之间不互相重叠,主枝上培养大型枝组或中小型枝组,每个枝组长 30~80 cm。枝组培养要上短下长,长短参差排列,以便充分利用阳光。

2. 整形方法

春季,在距地面 50 cm 处定干,当新梢生长 20 cm 时,保留顶端枝条作为中心干,在下部选 3 个生长旺盛且分布在不同方向的枝条作为第一主枝进行培养,其余枝条剪除。第二年春季进行修剪时,重点培养第一层 3 个主枝,如果 3 个主枝生长均衡,同时高度不超过中心干,可不进行修剪,但要拉枝开角,基角 70°;如果 3 个主枝生长不均衡,则对生长旺盛的主枝进行短截,控制其生长。同时,利用中心枝条上的侧枝培养第二层主枝。8~9 月,对侧枝进行摘心,减缓加长生长,促进加粗生长,培养结果枝组,促使枝条和主芽发育充实,达到早期丰产的目的。第三年春季修剪时,重点培养第三层主枝,同时对第一、第二层主枝进行短截,每个主枝培养 2~3 个结果枝组。

(二)开心形

树体通风透光好,结果多,着色好,树形培养快,适合于密植,便于采收和管理。在平原开阔地常采用这种树形。

1. 树形特点

树高 2~2.5 m,冠径 2.5~3 m,全株培养 3 个主枝,均匀分布在 3 个不同方向,分枝角度 60°,每个主枝培养 2~3 个侧枝,侧枝间距 50 cm。

2. 整形方法

选优质壮苗定植,春季,在距地面 30~50 cm 定干,当新梢生长 20~30 cm 时摘心,并选择 3~4 个方向不同的枝条作为主枝进行培养。第二年春季修剪时,对拟培养主枝的枝条留饱满下芽短截,开张角度。第三年春季进行修剪时,在主枝距中心干 80 cm 处留饱满上芽进行短截,剪口下的主芽萌发生长成主枝延长枝。在各主枝距树干 40 cm 处,选择方向一致的枝条培养侧枝。8~9 月,主枝延长枝长到 50~60 cm 时进行摘心,二次侧枝长到 30~50 cm 时进行摘心,可促生分枝,减缓枝条加长生长,促进主芽发育充实,形成结果枝组,尽快达到优质丰产。

二、修剪技术

(一)修剪的原则

控制枝条的分布,使枝条主从分明;因树修剪,随枝作形,改善通风透光条件,提高光能利用率;通过修剪使营养生长和生殖生长相辅相成,达到加速幼树生长、提早结果,盛果期树延长结果,老树更新、延长结果寿命等目标。

(二)修剪方法

毛梾的修剪分为冬季修剪和夏季修剪两个时期,每个时期采取的修剪方法不同,其修剪反应也不一样,但二者缺一不可,必须有机结合。

1. 冬季修剪

一般于落叶后至翌年树液流动前进行。主要任务是利用疏剪、短截、回缩、开张角度等技术,对幼树进行整形,对结果树进行精细修剪,疏除交叉、重叠、密生、下垂、细弱、无用枝,轻截各级骨干不需延长生长的发育枝、结果枝组和枝条先端过于细弱衰老的节段,重截骨干枝背上隐芽萌发的密生、丛生发育枝。

2. 夏季修剪

从萌芽后到落叶前的修剪措施,包括抹芽、摘心等。中心任务是控制营养生长,调节生长与结果的矛盾。通过整形修剪,使毛梾的树冠构型呈开放型的"三密三稀"结构,即枝条分布上稀下密、外稀内密、大枝稀小枝密,使树体骨架牢固,枝条配备合理,从而改善光照条件,使生长与结果达到平衡,促进幼树早结果,达到丰产优质的目的。

第七章　毛梾园林绿化苗木培育

第一节　园林苗木培育

毛梾树干通直，枝叶繁茂，树冠浑圆，树姿优美，春季花量大、开满枝，秋季果实累累，抗病虫害能力强，是优良的园林树种，孤植、丛植均能自然成景，可作行道树、风景林或庭荫树等。

一、圃地选择

选择交通便利，土壤深厚、肥沃，便于排灌的沙质土壤作圃地。

二、采种

园林绿化需要树干通直、树姿优美、叶片浓绿、花量大、花期长、彩色叶子、结果少、生长快、抗病害的毛梾树种。所以，应根据园林绿化的育苗目的选择合适的采种母树。母树必须是 15 年生以上的健壮树，确定好采种母树后，当毛梾种子变黑变软后采收。

三、种子处理和催芽

毛梾种子播种或沙藏前必须先去除外果皮。去皮方法有 2 种：一是采收果实后去皮；二是采收果实后阴干保存将来再去皮。干果去皮时须用清水浸泡 2 天再去皮。采用沙藏种子育苗或直接播种育苗，催芽方法参照沙藏种子催芽和直接播种催芽方法。

四、育苗方法

可采用大田播种育苗或容器播种育苗。育苗方法参照大田播种育苗和容器播种育苗方法。

五、合理密植

毛梾分枝能力强，过多的分枝不利于毛梾苗期增高，毛梾的幼树必须合理密植,才能培养成树干通直、枝下高 3 m 以上的毛梾园林绿化苗木。不同树龄的幼树适宜株行距不同。栽植过密对毛梾的增粗不利,栽植过疏对毛梾的增高不利,一定的冠叶面积是树木旺盛生长的必要条件。只有科学合理密植,才能培养出粗壮挺拔的毛梾园林绿化苗木行道树、景观林和庭荫树。

留圃培养的毛梾 1 年生苗适宜的株行距 25 cm×50 cm,1 年生毛梾苗的高度可达 1.2~1.6 m,地径(地上 20 cm 处)1.2 cm 左右;2 年生毛梾的适宜株行距为 50 cm×50 cm,树高可达 2.4~3.0 m,地径约 2.0 cm;3 年生毛梾的适宜株行距为 50 cm×100 cm,树高可达 3.6~4.0 m,地径 3.6 cm,胸径约 2.4 cm;4 年生毛梾的适宜株行距为 100 cm×100 cm,胸径 3.3 cm,树高 4.8~5.2 m。

六、圃地移栽

移栽对树木生长的影响较大,移栽和栽后管理技术不当,树木就会生长不良或死亡。起挖苗木时,大量苗木根系截断,定植后,根系吸收土壤中水分和养分的能力降低,枝条萌芽、生长无法获得充足的养分而出现生长停滞现象。

(1)1 年生毛梾苗冬春季移栽,发芽后生长缓慢,缓苗期 3~4 个月,大部分毛梾主干的顶芽能够萌发成枝且直立,当年高生长 60~80 cm,未来树干也比较通直,可以移栽。其次,定植 1 年生毛梾苗培养行道树,株行距 50 cm×100 cm 或 100 cm×100 cm。

(2)2~3 年生毛梾移栽,发芽后生长缓慢,缓苗期 4~5 个月,大部分主干顶芽死亡,由顶芽下第 3 或第 4 对侧芽萌发新枝,少部分主干顶芽可以萌发成新枝。无论顶芽还是侧芽萌发的新枝,长度只有 5~30 cm,且新枝和主干上部一同歪斜。未来主干上往往形成一弯曲部分。建议不移栽,留圃培养。待苗龄 4 年后再定植培养,用这种方法培养的毛梾行道树树干通直、优美。

(3)原地培养期分栽出去的毛梾可作为一般绿化树种再培养。移栽时宜带土球,保留完整根系。栽后立即浇 1 次透水,以后根据天气情况及时浇水。

七、适度修剪

用作行道树的苗子定干高度应不低于 2.8 m,用作庭荫树或者景观树的苗子定干高度为 2.2 m 即可。培养毛梾行道树必须进行适当的修剪,修剪的时期包括生长期修剪和休眠期修剪,生长期修剪又分随时修剪和夏秋修剪。

(一)生长期修剪

主头分杈后,当分杈枝长度达 10 cm 左右时,要及时去弱留强,只保留一个主头。1 年生毛梾当主干下部分枝生长特别旺盛时,可适当剪除主干下半部上的 3~4 层侧枝。2~3 年生毛梾,8 月以后常出现主干下部侧枝枯死现象,特别是株行距小、种植密度较大的毛梾幼树,下部侧枝枯死现象严重,应将枯死枝和生长不良侧枝一同剪掉,一来利于通风透光,二来可以养活树冠下部非营养枝对养分的消耗,有利于毛梾树苗的高生长和粗生长。

(二)休眠期修剪

休眠期修剪主要是指休眠期间对幼树的修剪和幼树移栽时的修剪。修剪的强度对树干生长的影响很大,修剪过重,往往造成幼树头重脚轻,主干歪斜,遇到强风则树干折断;修剪过轻,又达不到促进主干高生长的目的。修剪的原则:修剪后的枝下高,以不超过树高的 1/2 为宜,枝下高最高不得超过树高的 2/3。

八、病虫害的防治

危害毛梾的地下害虫主要有金龟子、金针虫和地老虎的幼虫,其中金龟子幼虫蛴螬对毛梾的危害是致命的,特别是对 1~2 年生幼树,地下害虫的危害不易察觉,当发现叶片萎蔫时,幼树受害已非常严重,基本无救活的可能。蛴螬主要啃食主侧根连接部分和根茎部的根皮,且多是环食。一旦根颈部被环食后,地上部分光合作用制造的营养物质无法通过韧皮部向根系输送,造成整个根系慢慢死亡。防治蛴螬等地下害虫的方法主要有:整地时使用腐熟的基肥做底肥,普遍撒施含 3%辛硫磷的颗粒型或粉剂农药,每亩使用 2~3 kg;栽植毛梾时,每个树穴使用 0. 067%~0. 1%浓度的 50%辛硫磷乳油灌根或 0. 033%浓度的 2. 5%溴氰菊酯乳油灌根;在金龟子羽化期 5~7 月和 9 月利用黑光灯捕杀成虫。

九、毛梾作园林绿化树种的优缺点

(一)优点

抗逆性强,耐高温,也耐低温;高大乔木,分枝的开张度与地面成 30°以上,冠大荫浓;乡土树种,适应性强,能在城市环境下正常生长,抗污染,抗板结,抗干旱;生命力强,病虫害少,管理容易;根系深、不易倒伏,抗强风、大雪,枝干不易折断及无大量落叶;3 月下旬发芽,比悬铃木早,11 月下旬落叶;出叶早,落叶迟,叶片小而落叶时间短,有利于清扫;当年生枝梢红色或黄色,冬季可观赏。叶、花、果可供观赏,无污染;萌芽能力强,萌发枝生长快,寿命长,生长先快后慢。

(二)缺点

毛梾行道树培育技术难度大,市场上苗木树量少,符合行道树标准的大规格毛梾货源十分稀缺,毛梾果实含油率高,果实成熟后掉落需要及时清扫。

第二节　大苗(树)移植

城镇园林绿化常采用大苗(树)移植,指生产性苗圃培育和绿化用地内栽植的大苗(树),有时为保留建设用地范围内的树木也需要实施大树移植。

一、移植时间

冬季为落叶后至封冻前,春季为苗木发芽前。

如果掘起的大苗(树)带有较大的土块,在移植过程中严格执行操作规程,移植后要注意养护,即可在任何时间移植,但在实际中,移植以早春为好。因为早春树液流动并开始发芽、生长,挖掘时损伤的部分容易愈合和再生,移植后经过从早春到晚秋的正常生长以后,树木移植时受伤的部分已复原,给树木顺利越冬创造了有利条件。

在春季树木开始发芽而树叶还没有全部长成以前,树木的蒸腾还未达到最旺盛时期,这时候,进行带土球的移植,缩短土球暴露在空气中的时间,栽植后进行精心的养护管理也能确保大苗(树)的存活。

盛夏季节,由于树木的蒸腾量大,此时移植对大树的成活不利,在必要时可采取加大土球,加强修剪、遮阴,尽量减少树木的蒸腾量,也可以成活。由于所需技术复杂,费用较高,故尽可能避免。但在北方的雨季,由于空气中的湿度较大,因而有利于移植,可带土球移植。

二、栽植地选择

选择土层厚度 1 m 以上、排水良好的城镇绿化用地。

三、栽植规格和方法

用大苗(树)栽植,绿地内对植间距一般为 7~9 m,丛植的株行距 5 m×5 m,行道树间距为 5~6 m。栽植前,先整地挖规格为 80 cm×80 cm×60 cm 的穴后,再回填肥土。胸径 8.0 cm 以上大苗(树)宜带土球栽植,栽时设固定支杆(架)。栽后及时浇透水,3~5 天后再浇 1 次,以后根据土壤墒情适时浇水。管理的重点是适时穴垦抚育、施肥。

四、大苗(树)移植前的准备工作

(一)大苗(树)预掘的方法

为了保证树木移植后能很好地成活,可在移植前采取一些措施,促进树木的须根生长,这样也可以为施工提供方便条件,常用方法如下。

1. 多次移植

适用于专门培养大苗(树)的苗圃中,苗木可以在头几年每隔1~2年移植一次,待胸径达6 cm以上时,可隔3~4年再移植一次。这样树苗经过多次移植,大部分的须根都聚生在一定的范围,因而再移植时,可缩小土球的尺寸和减少对根部的损伤。

2. 预先断根法(回根法)

适用于大树的移植,一般是在移植前1~3年的春季或秋季,以树干为中心,2.5~3倍胸径为半径或以较小于移植时土球尺寸为半径画一个圆或方形,再在相对的两面向外挖30~40 cm宽沟(其深度则视根系分布而定,一般为50~80 cm),对较粗的根应用锋利的锯或剪,齐平内壁切断,然后用沃土(最好是沙壤土)填平,分层踩实,定期浇水,这样便会在沟中长出许多须根。到第二年的春季或秋季再以同样的方法挖掘另外相对的两面,到第3年时,在四周沟中均长满了须根,这时便可移走。挖掘时应从沟的外缘开挖,断根的时间可按各地气候条件有所不同。

3. 根部环状剥皮法

同上法挖沟,但不切断大根,而采取环状剥皮的方法,剥皮的宽度为10~15 cm,这样也能促进须根的生长,这种方法由于大根未断,树身稳固,可不加支柱。

(二)大苗(树)的修剪

修剪是大苗(树)移植过程中,对地上部分进行处理的主要措施,至于修剪的方法,大致有以下几种。

1. 修剪枝叶

这是修剪的主要方式,凡病枯枝、过密交叉徒长枝、干扰枝均应剪去。此外,修剪量也与移植季节、根系情况相关。当气温高、湿度低、带根系少时应重剪;而湿度大,根系也大时,可适当轻剪。此外,还应考虑到功能要求,要求移植后马上起到绿化效果的应轻剪,而有把握成活的则可重剪。在修剪时,还应考虑到树木的绿化效果。如毛梾作行道树时,就不应砍去主干,否则树梢分叉太多,改变了树木固有的形态,甚至影响其功能。

2. 摘叶

这是细致费工的工作,移前为减少蒸腾,可摘去部分树叶,移后即可萌出树叶。

3. 摘心

此法是为了促进侧枝生长,一般顶芽生长的均可用此法,以促进其侧枝生长,也可根据树木的生长习性和要求来决定。

4. 剥芽

此法是为了抑制侧枝生长,促进主枝生长,控制树冠不致过大,以防风倒。

5. 摘花摘果

为减少养分的消耗,移植前后应适当地摘去一部分花、果。

6. 刻伤和环剥状皮

刻伤的伤口可以是纵向的也可以是横向的,环状剥皮是在芽下 2~3 cm 处或在新梢基部剥去 1~2 cm 宽的树皮到木质部。其目的在于控制水分、养分的上升,抑制部分枝条的生理活动。

(三)清理现场及安排运输路线

在起树前,应把树干周围 2~3 cm 以内的碎石、瓦砾堆、灌木丛及其他障碍物清除干净,并将地面大致整平,以为顺利移植大苗(树)创造条件。然后按树木移植的先后次序,合理安排运输路线,才能使每棵树顺利运出。

(四)支柱、捆扎

为防止挖掘时树身倾斜、倒伏引起工伤事故或损坏树木,在挖掘前应对需移植的大树立支柱,采用 3 根直径 15 cm 以上的大戗木,分立在树冠分支点的下方,然后再用粗绳将戗木和树干一起捆紧,戗木底脚应牢固支持在地面上,与地面成 60°左右,支柱时应使 3 根戗木受力均匀,特别是避风的一面。戗木的长度不定,底脚应立在挖掘范围以外,以免妨碍挖掘工作。

(五)工具材料的准备

包装方法不同,所需材料也不同,主要有木板(视移植土球大小规格而定)、方木(支撑用)、木墩(挖底时四角支柱上球用)、铁钉(固定箱板)、铁皮(连接物)、蒲包(填补漏洞)。

五、大苗(树)移植包装方法

当前常用的大苗(树)移植挖掘和包装方法主要有以下几种。

(一)软材包装移植法

适用于挖掘圆形土球,胸径 10~15 cm 或稍大一些的大苗(树)。

1. 土球大小的确定

树木选好后,可根据树木胸径的大小来确定土球的直径和高度,一般来说,土球直径为树木胸径的 7~10 倍,土球过大,容易散球且会增加运输困难;土球过小,又会伤害过多的根系,影响成活。所以,土球的大小以及当地的土壤条件,最好是在现场试挖一株,观察根系分布情况,再研究确定土球大小。

2. 土球的挖掘

挖掘前,先用草绳将树冠围拢,其松紧程度以不折断树枝又不影响操作为宜,然后铲除树干周围的浮土,以树干为中心,比规定的土球大 3~5 cm 画一圆,并顺着圆圈往外挖沟。沟宽 60~80 cm,深度以到土球所要求的高度为止。

3. 土球的修整

修整土球要用锋利的铁锹,遇到较粗的树根时,应用锯或剪将根切断,不要用铁锹硬扎,以防止土球松散。当土球修整到 1/2 深度时,可逐步向里收底,直到缩小到土球直径的 1/3,然后将土球表面修整平滑,下部修一小平底,土球就算挖好了。

4. 土球的包装

土球修好后应立即用草绳打上腰箍,腰箍的宽度一般为 20 cm 左右,然后用蒲包或蒲包片将土球包严并用草绳将腰部捆好,以防蒲包脱落,然后即可打花箍:将双股草绳的一头拴在树干上,然后将草绳绕过土球底部,顺序拉紧捆牢,草绳的间隔在 8~10 cm,土质不好的,还可以密些。花箍打好后,在土球外面结成网状,最后再在土球的腰部密捆 10 道左右的草绳,并在腰箍上打成花扣,以免草绳脱落。

土球打好后,将树推倒,用蒲包将底堵严,用草绳捆好,土球的包装就完成了。

(二)木箱包装移植法

适用于挖掘方形土台,胸径 15~25 cm 的树木。

当树木胸径超过 15 cm 时,土球直径超过 1.3 m 以上,由于土球体积、重量较大,宜采用此法,适用胸径达 15~25 cm 的大树,少量的用于胸径 30 cm 以上的,其土台规格可达 2.2 m×2.2 m×0.8 m,土方量为 3.2 m^3。

1. 移植前的准备

移植前首先要准备好包装用的板材:箱板、底板和上板,掘苗前应将树干四周地表的浮土铲除,然后根据树木的大小决定挖掘土台的规格,一般可按树木胸径的 7~10 倍作为土台的规格。

2. 包装

包装移植前,以树干为中心,以比规定的土台尺寸大 10 cm,画一正方形作土台的雏形,从土台往外开沟挖掘,沟宽 60~80 cm,以便于人下沟操作。挖到土台深度后,将四壁修理平整,使土台每边较箱板长 5 cm,修理时,注意使土台侧壁中间突出,以使上完箱板后,箱板能紧贴土台。土台修好后,应立即安装箱板。

安装箱板时先将箱板沿土台的四壁放好,使每块箱板中心对准树干,箱板上边略低于土台 1~2 cm 作为吊运时的下沉系数。在安放箱板的端部在土台的角上要相互错开,可露出土台的一部分,再用蒲包片将土台角包好,两头压在箱板下。然后在木箱的上下套好两道钢丝绳。每根钢丝绳的两头装好紧线器,两个紧线器要装在两个相反方向的箱板上,以便收紧受力均匀。

紧线器收紧时,必须两边同时进行。箱板被收紧后,即可在四角上钉上铁皮 8~10 道,钉好铁皮后,用 3 根杉篙将树支稳后,即可进行掏底。

掏底时,首先在沟内沿着箱板下挖 30 cm,将沟土清理干净,用特制的小板镐和小平铲在相对的两边同时掏挖土台的下部。当掏挖的宽度与底板的宽度相符时,在两边装上底板。在上底板前,应预先在底板两端各钉两条铁皮,然后先将底板的一头顶在箱板上,垫好木墩;另一头用油压千斤顶顶起,使底板与土台底部贴紧。钉好铁皮,撤下千斤顶,支好支墩。两边底板顶好后即可继续向内掏底。要注意每次掏挖的宽度与底板的宽度一致,不可多掏。在上底板前如发现底土有脱落或松动,要用蒲包等物堵塞好后再装底板,底板之间的距离一般为 10~15 cm,如土质疏松,可适当加密。

底板全部钉好后,即可钉装上板。钉装上板前,土台应满铺一层蒲包片。上板一般 2~4 块,某方向应与底板成垂直交叉,如需多次吊运,止板应钉成“井”字形。

(三)树木移植机机械移植法

用专门移植大树的移植机适宜移植胸径 25 cm 以下的树木。

树木移植机,又名树铲,主要用来移植带土球的树木,可以连续完成挖栽植坑、起树、运输、栽植等全部移植作业。

树木移植机的主要优点是:生产率高,一般能比人工提高 5~6 倍以上,而成本可下降 50%以上,树木径级越大效果越显著;成活率高,几乎可达 100%;可适当延长移植的作业季节,不仅可春季移植,而且夏天雨季和秋季也能移植;能适应城市的复杂土壤条件,在石块、瓦砾较多的土方也能作业;减轻了人工劳动强度,提高了作业的安全性。

六、大苗(树)的吊运

(一)起重机吊运法

起重机吊运机动灵活,行动方便,装车简捷。注意在树干上束绳索外,必须垫上柔软材料,以免损伤树皮。吊运软材料包装的或带土球的树木时,为防止钢索损坏包装材料,最好用粗麻绳,避免钢丝绳勒坏土球。

(二)滑车吊运法

在树旁用杉篙搭一木架(杉篙的粗细根据所起运树木的大小而定),把滑车挂在架顶,利用滑车将树木吊起后,立即在穴面铺上两条50~60 cm 宽的木板,其厚度根据汽车(或其他运输工具)和树木的重量及坑的大小来决定(如果坑过大,可在木板中间底下立一支柱,以增加木板的压力),汽车或其他运输机械就可装运树木了。

(三)运输

树木装进汽车时,使树冠向着汽车尾部,树根靠近司机室,树干包上柔软材料放在木架或竹架上,用软绳扎紧,土块下垫一块木衬垫,然后用木板将土球夹住或用绳子将土球缚紧于车厢两侧。通常一辆车只装一株树,运输前,考察运输路线情况,以免影响运输,发生危险。

七、大苗(树)的定植

(一)场地清理、平整,换土施肥

在定植前应首先进行场地的清理和平整,必须进行换土施肥,以保证大苗(树)的成活和有良好的生长条件,换土是用1∶1的泥土和黄沙混合均匀施入坑内。

用土量=(树坑容积-土球体积)×1.3(多30%的土是备夯实土之需)

(二)卸车

卸车时用大钢丝绳从土球下两块垫木中间穿过,两长度相等,将绳头挂于吊车钩上,为使树干保持平衡,可在树干分枝点下方拴一大麻绳,拴绳处可衬垫草,以防擦伤。大麻绳另一端挂在吊车钩上,这样就可把树平衡吊起,土球离开车后,速将汽车开走,然后移动吊杆把土球降至事先选好的位置。需放在栽植坑时,应由人掌握好定植方向,应考虑树姿和附近环境的配合,并应尽量地符合原来的朝向。当树木栽植方向确定后,立即在坑内垫一土台或土埂,若树干不与地面垂直,则可按要求把土台修成一定坡度,使栽后树干垂直于地面以下吊大树。落地前,迅速拆去中间底板或包装蒲包,放于土台上,并调整位置。在土球下填土压实,并起边板,填土压实,如坑深在 40 cm 以上,应在夯实 1/2 时,浇足水,等水全部渗入土中再继续填土。

由于移植时大树根系会受到不同程度损伤,为促其增生新根,恢复生长,可适当使用生长素。

(三)定植后的养护

定植大苗(树)以后必须进行养护工作,应采取如下措施:

(1)定期检查。主要是了解树木的生长发育情况,并对检查出的问题如病虫害、生长不良等及时采取补救措施。

(2)浇水。树木定植后浇一次透水,5 日后再浇一次透水,以后可根据土壤墒情适时浇水。

(3)为降低树木的蒸发量,在夏季太热的时候,可在树冠周围搭阴棚或挂草帘。

(4)摘除花序。

(5)施肥。移植后的大树为防止早衰和枯黄,以至于遭受病虫害侵袭,因而需 2~3 年施肥一次,在秋季或春季进行。

(6)根系保护。在冬季移植的树木,特别是带冻土块移植的树木移植后,定植坑内要进行土面保温,即先在坑面铺 20 cm 厚的泥炭土,再在上面铺 50 cm 厚的雪或 15 cm 腐殖土或 20~25 cm 厚的树叶。

早春,当土壤开始化冻时,必须把保温材料拨开,否则被掩盖的土层不易解冻,影响树木根系生长。

第三节　大树古树资源保护

大树、古树保存了弥足珍贵的物种资源,记录了大自然的历史变迁,传承了人类发展的历史文化,孕育了自然绝美的生态奇观,承载了广大人民群众的乡愁情思,是自然界和前人留下来的珍贵遗产,是森林资源中的瑰宝,是有生命力的绿色文物,具有极其重要的历史、文化、生态、科研价值和较高的经济价值。加强大树古树资源保护,对于保护自然与社会发展历史、弘扬先进生态文化、推进生态文明建设具有十分重要的意义。

为深入贯彻落实党中央、国务院关于生态建设的一系列重要指示精神,落实中央八项规定,坚决抵制“四风”,依法保护森林资源,促进国土绿化和生态建设健康发展,2009 年全国绿化委员会、国家林业局印发了《关于禁止大树古树移植进城的通知》(全绿字〔2009〕8 号),2014 年全国绿化委员会、国家林业局印发了《关于进一步规范树木移植管理的通知》(全绿字〔2014〕2号),2016年全国绿化委员会印发了《关于进一步加强古树名木保护管理的意见》(全绿字〔2016〕1号)等文件,对树木移植管理、古树名木保护、坚持科学绿化等提出了明确要求。但仍有一些地方片面追求绿化速度和发展政绩,移植天然大树进行城乡绿化、古树名木保护不力等问题依然存在。为全面贯彻习近平总书记关于国土绿化的系列指示精神,认真落实中央关于"严禁移植天然大树进城"的重要决策,进一步规范树木移植管理,切实加强古树名木保护,科学推进城乡绿化,2017年全国绿化委员会办公室印发了《关于开展规范树木移植管理和严禁移植天然大树进城督查的通知》(全绿办〔2017〕3号),对规范树木移植管理和严禁移植天然大树进城贯彻落实情况开展了督导检查。

一、规范树木移植管理

近年来,随着国家对生态建设的高度重视,城乡绿化步伐不断加快,一些地方为加快绿化美化进程,片面追求视觉效果和发展政绩,盲目攀比绿化速度和树木档次,大量移植大树古树进行城乡绿化,强求一日成林、一夜成景,搞形象工程。这种做法严重违背了自然规律和经济规律,破坏了森林资源和生态环境。

大树古树移植弊病多、害处大,违背树木生长规律,撕裂历史和文化传承,败坏社会风气,滋生绿化腐败,影响党和政府形象。一是破坏树木的原生环境和森林生态系统。天然大树移植不仅不增加森林资源,反而因为切根截冠减少了生物量,影响了生态效益发挥,降低了原生地的森林质量,甚至造成水土流失、生物多样性减少,长远看还在一定程度上消弱了森林可持续发展的后劲,是一种典型的"挖肉补疮""拆东垒西"之举。二是造成不必要的损失浪费。天然大树、古树移植采挖难、运输难、栽植难、成活难、耗费大。移植过程中根系、枝干受损严重,加上长途运输等原因,移植后树木成活率和保存率低。为使移植树木成活,有的截树冠、绑支架、打吊瓶,一株树从移植到成活少则耗资数百上千元,多则上万元甚至更高,最终有的还未必成活,造成严重损失浪费,而这种损失浪费又是多余的、没必要的。三是不利于发挥树木的生态功能。移植后的大树古树与栽植正常的苗木相比,长势弱,寿命短,树木吸碳放氧等生态功能明显降低,不利于树木长时间地持续发挥应有的多种效益。截冠断枝的做法,还严重影响林木的自然美,降低景观价值。四是助长了扭曲的政绩观。大树移植体现的是违背科学、务实精神的浮躁之风,助长的是急功近利、铺张浪费之风,严重影响科学发展,助长干部虚浮心态,人民群众很不赞成。我们要充分认识大树古树移植的危害性，牢固树立尊重自然、顺应自然、保护自然的生态文明理念和科学的发展观、正确的政绩观，严格保护森林资源，科学推进城乡绿化，务实建设美丽中国，让广大城乡居民享受更多更好的绿化成果。

只有杜绝大树古树违法采挖行为，才能从源头上抑制大树古树异地栽植。用严谨的标准、严格的监管、严厉的处罚、严肃的问责，杜绝大树古树违法采挖、运输和经营行为，坚决遏制大树古树移植之风。除农村居民房前屋后个人所有且不属于古树名木的以外，凡采挖胸径 5 cm 以上的树木，都要由树木所有权人或单位提出申请，按规定审批后方可实施。合法采挖树木的单位和个人，必须采取有效措施保护好采挖林地上的其他树木，防止破坏周边植被。采挖后要及时回填土壤，防止水土流失，把对原生地的生态影响降到最低程度。要强化采挖树木运输、经营管理。运输采挖的树木，必须办理木材运输证。假植的树木再次采挖的，必须提供合法来源证明。对于涉嫌犯罪或负有行政责任的相关责任人和责任单位，依法依纪严肃处理。要认真落实最严格的源头保护制度，落实森林保护红线，实行森林资源保护管理责任追究。

强化大树古树使用的规范管理，是杜绝大树古树违法采挖、运输、经营的关键环节。凡违法采挖、不能全冠栽植的大树一律不准用于城乡绿化。相关部门要认真履职尽责，加大造林绿化科学指导力度，严格把好造林绿化苗木规格、树种结构的设计和使用监管关。坚持以适地适树、全冠苗木栽植作为造林树种选择和苗木规格确定的基本原则，建立和完善科学严谨的国土绿化作业设计审批机制，从严把控国土绿化作业设计审批，特别是苗木年龄、规格大小、苗(树)木来源等关键关口。要严格监督施工和监理单位按作业设计开展施工和监理工作，杜绝违法采挖的大树古树用于城乡造林绿化，保证国土绿化事业健康发展。

满足城乡绿化需要的良种苗木是遏制大树古树异地移植的重要基础。相关部门要进一步强化面向城乡绿化的良种苗木繁育工作，根据需求做好规划，扶持一批种苗龙头企业，发展和建设苗木基地，积极使用先进育苗技术，选用优良品种，培育数量充足、质量优良、品种对路、结构合理的适合城乡绿化的苗木。鼓励有条件的国有林场，充分利用天然更新的幼树，建设大规格苗木基地，科学发展林苗一体化模式。鼓励以森林经营为主要目的，抚育间挖的幼树用于城乡绿化。严格执行种苗生产经营许可、标签、档案、检验检疫等项制度，加大对苗木来源的监督检查力度，对来源不清的苗木依法予以查封、扣押。

各级相关部门要充分认识依法保护森林资源，严格规范树木移植的重要意义,把规范树木移植管理提到重要议事日程。要切实加强组织领导,建立问责机制,层层落实工作责任。要逐步建立完善界定违法采挖、运输、经营、栽植使用树木的法律规定和追究刑事责任的立案标准,真正做到有法可依、违法必究。各地绿化委员会和林业主管部门要切实加强本辖区树木移植规范管理工作,木材检查站等林业基层站所要严格履职尽责,依法制止和查处违法采挖、运输大树古树行为;森林公安机关等执法力量要联合行动,依法从快从严查办违法采挖、经营大树古树案件。要切实加大宣传力度,让全社会知晓移植大树古树的危害性,引导树立正确的绿化理念,弘扬保护资源、崇尚节约的生态意识和社会公德。要加大树木移植检查监督工作力度,建立公众树木移植监督平台、有奖举报制度。

各地要尽快制定出台树木移植的相关标准。除按造林技术规程规定的方式方法进行造林绿化外,原则上凡不能全冠栽植或全冠栽植需要输液的、具有一定年龄和径级的树木,均可界定为大树。允许移植树木的最高年龄和最大胸径,由各省(区、市)林业主管部门结合本地实际和树种生物学、生态学特性,分别慢生树种和速生树种作出具体规定,报国家林业局备案。

二、加强古树名木保护管理

各地各部门积极采取措施,组织开展古树资源普查或专项调查,完善政策机制,落实管护责任,切实加强大树古树保护管理工作。要站在对历史负责、对人民负责、对自然生态负责的高度,充分认识保护古树名木的必要性和迫切性,切实采取有效措施,进一步强化古树名木保护管理。

(一)保护原则

(1)坚持全面保护。古树是不可再生和复制的稀缺资源,是祖先留下的宝贵财富,必须做好全面保护,摸清资源状况,逐步将所有古树名木资源都纳入保护范围。

(2)坚持依法保护。进一步加强古树名木保护立法,健全法规制度体系,依法管理,严格执法,着力提升法治化、规范化管理水平。

(3)坚持政府主导。充分发挥地方各级人民政府和绿化委员会职能作用,逐步建立健全政府主导、绿化委员会组织领导、部门分工负责、社会广泛参与的保护管理机制。

(4)坚持属地管理。县级以上绿化委员会统一组织本行政区域内古树名木保护管理工作。县级以上林业、住房城乡建设(园林绿化)等部门要根据省、市人民政府规定,分工负责,切实做好本行政区域广大乡村和城市规划区的古树名木保护管理工作。

(5)坚持原地保护。古树名木应原地保护,严禁违法砍伐或者移植古树名木。要严格保护好古树名木的原生地生长环境,设立保护标志,完善保护设施。

(6)坚持科学管护。积极组织开展古树名木保护管理科学研究,大力推广先进养护技术,建立健全技术标准体系,提高管护科技水平。坚持抢救复壮与日常管护并重,促进古树名木健康生长。

(二)保护任务

(1)组织开展资源普查。全国绿化委员会每10年组织开展一次全国性古树名木资源普查。各地将根据工作实际需要,适时组织专项资源普查。在普查间隔期内,各地各有关部门要加强补充调查和日常监测,及时掌握资源变化情况。对新发现的古树名木资源,应及时登记建档予以保护,实现古树名木保护动态管理。

(2)加强古树名木认定、登记、建档、公布和挂牌保护。各地各有关部门要根据古树名木资源普查结果,及时开展古树名木认定、登记、建档、公布、挂牌等基础工作。要以县(市、区)为单位,按照全国绿化委员会颁布的《全国古树名木普查建档技术规定》等要求,对辖区内所有的古树名木组织专家进行鉴定,统一登记、编号、建档。属于国家一级保护的古树名木由市人民政府设立标牌,属于国家二级和国家三级保护的古树名木由县(市、区)人民政府设立标牌。标牌应注明古树名木的编号、基本情况以及管护单位或责任人等内容,并加设古树名木信息二维码。在做好纸质档案收集整理归纳的基础上,充分利用现代信息技术手段,建立古树名木资源电子档案。

(3)建立健全管理制度。各地各有关部门要按照国家、省有关法律法规、部门职责和属地管理的原则,进一步加强古树名木保护管理制度建设,明确古树名木管理部门,层层落实管理责任。探索划定古树名木保护红线,严禁破坏古树名木及其自然生境。在有关建设项目审批中应避让古树名木,对重点工程建设确实无法避让的,应科学制订移植保护方案实行移植异地保护,严格依照《中华人民共和国森林法》等相关法律法规规定办理审批手续;对工程建设影响到古树名木保护的项目,项目主管部门要及时与古树名木行政主管部门签订临时保护责任书,落实建设单位和施工单位的保护责任。砍伐或移栽国家一级古树名木的,要报省人民政府批准;砍伐或移栽国家二级、三级古树名木的,要报市人民政府批准。林业、住房城乡建设、城市管理(园林绿化)部门要加强古树名木日常巡查巡视,发现问题及时妥善处理。要结合本地古树名木资源状况,制订防范古树名木自然灾害应急预案。

(4)全面落实管护责任。古树名木管护责任按隶属关系由各地各部门确认。要按照属地管理原则和古树名木权属情况,逐棵(群)落实古树名木管护责任单位或责任人,制定古树名木管护制度,明确管护责任,由县级林业、住房城乡建设(园林绿化)等绿化行政主管部门与管护责任单位或责任人签订责任书,明确相关权利和义务。管护责任单位和责任人应切实履行管护责任,保障古树名木正常生长。对负责管护古树名木的责任单位或责任人,当地绿化委员会办公室应每年为其核减相应的义务植树任务。

(5)加强日常养护。古树名木保护行政主管部门要根据古树名木生长势、立地条件及存在的主要问题,制订科学的日常养护方案,督促指导责任单位和责任人认真实施相关养护措施,积极创造条件改善古树名木生长环境。及时排查树体倾倒、腐朽、枯枝、病虫害等问题,有针对性地采取保护措施;对易被雷击的高大、孤立古树名木,要及时采取防雷保护措施。

(6)及时开展抢救复壮。对由于病虫害或人为因素造成生长势较弱甚至濒于死亡的古树名木,需责成管护单位或责任人制定特殊的管护方案,采取积极措施,精心养护培植,使其尽快复壮。对发现濒危的古树名木,要及时组织专业技术力量,采取切实可行的措施,尽力进行抢救。对长势衰弱的古树名木,要通过地上环境综合治理、地下土壤改良、有害生物防治、树洞防腐修补、树体支撑加固等措施,有步骤、有计划地开展复壮工作,逐步恢复其长势。

(三)保障措施

(1)完善法律法规政策机制。各地各有关部门要认真贯彻实施《森林法》、《环境保护法》、《城市绿化条例》、《全国绿化委员会关于进一步加强古树名木保护管理的意见》(全绿字〔2016〕1号)等法律法规中关于古树名木保护管理的相关规定,加快推进古树名木保护管理规范化建设,进一步完善古树名木保护政策机制,将实践证明行之有效的经验和好的做法及时上升为法律法规和政策机制等,逐步实现古树名木保护法制化、规范化、制度化。

(2)加大执法力度。各地各有关部门要依法依规履行保护管理职能,努力提高依法行政、依法治理的能力和水平,依法严厉打击盗砍盗伐和非法采挖、运输、移植、损害等破坏古树名木的违法行为。严禁倒卖、砍伐、损坏和移栽古树名木,不准攀折树枝,剥损树皮和利用古树名木搭建各类设施,不准在树上钉钉、挂物和刻划。在树冠垂直投影以外5 m范围内,不准挖土、堆物、建房,禁止倾倒有害废渣废水和排放废气、燃烧可燃物等一切影响古树名木生长的行为。各有关部门要加强沟通协调,对破坏和非法采挖倒卖古树名木等行为,坚决依法依规,从严查处。对管护责任单位或责任人因失职或不尽责导致所管护的古树名木损坏或死亡的,需追究其相关责任;对故意破坏古树名木的直接责任人要依法进行查处,情节严重构成犯罪的,依法追究刑事责任。

(3)加大资金投入。各级政府、各有关部门要加大资金投入力度,安排专项资金用于保护工作,积极支持古树名木普查、鉴定、建档、挂牌、日常养护、复壮、抢救、保护设施建设以及科研、培训、宣传、表彰奖励等资金需求。同时,要拓宽资金投入渠道,将古树名木保护管理纳入全民义务植树尽责形式,鼓励社会各界、基金、社团组织和个人通过认捐、认养等多种形式参与古树名木保护。积极探索建立非国家所有的古树名木保护补偿机制。凡生长在旅游景区内的古树名木,每年要从旅游收入中划出一定的经费作为古树名木的复壮、病虫害防治等管护费用。

(4)强化科技支撑。要加大对古树名木保护管理科学技术研究的支持力度,组织开展保护技术攻关,大力推广应用先进养护技术,提高保护成效。研究制定古树名木资源普查、鉴定评估、养护管理、抢救复壮等技术规范,建立健全完善的古树名木保护管理技术规范体系。成立古树名木保护管理专家咨询委员会,为古树名木保护管理提供科学咨询和技术支持。

(5)加强专业队伍建设。各地各有关部门要加强古树名木保护管理从业人员专业技术培训,培养造就一批高素质的管理和专业技术人才队伍。组织开展管护责任单位、责任人的培训教育,提高管护水平,增强管护责任意识。

(五)组织领导

(1)切实加强领导。各级人民政府要高度重视,切实加强领导,将古树名木保护管理作为生态文明建设的重要内容,纳入经济社会发展规划;要将古树名木保护管理列入地方政府重要议事日程,编制古树名木保护规划并认真组织实施,及时研究解决古树名木保护工作中的重大问题,定期组织开展资源普查,向社会公布古树名木保护名录,设置保护设施和保护标志。要建立和完善古树名木保护工作目标责任制和责任追究制度。各级绿化委员会要加强组织领导和协调,统筹推进古树名木保护管理工作。各级林业、住房城乡建设(园林绿化)等绿化行政主管部门要制订年度工作计划,明确目标,落实责任,强化举措,扎实推进古树名木保护管理工作。其他相关部门要加强协作,形成合力,协同推进古树名木保护管理工作。乡镇、村屯等基层组织要按照属地管理的原则,落实管护责任,做到守土有责,确保古树名木安全、正常生长。

(2)强化督促检查。各地各部门要对所属的古树名木生长情况实施严格监控。各级绿化委员会要进一步加强古树名木保护工作的统筹协调和检查督促指导。对古树名木保护工作突出、成效明显的,要及时给予表彰和奖励;对保护工作不力的,责成立即整改;对发现违规移植古树名木的,不得参加生态保护和建设方面的各项评比表彰,已经获取相关奖项或称号的,按照全国绿化委员会的规定,一律予以取消。要建立古树名木保护定期通报制度、专家咨询制度及公众和舆论监督机制,推进古树名木保护工作科学化、民主化。

(3)加大宣传力度。各地各有关部门要将古树名木作为推进生态文明建设的重要载体,加大宣传教育力度,积极开展保护古树名木宣传教育活动,弘扬生态文明理念,弘扬中华民族爱树、植树、护树的优良传统,提高全社会生态保护意识。要充分利用网络、电视、电台、报刊及各类新媒体,大力宣传保护古树名木的重要意义,宣传古树名木文化,不断增强社会各界和广大公众保护古树名木的自觉性。及时向社会发布古树名木保护信息,组织开展形式多样的专题宣传活动,组织编写发放通俗易懂、群众喜闻乐见的科普宣传资料,提高宣传成效。

第八章　毛梾病虫害发生及防治

危害毛梾的主要病害有叶斑病、煤污病、穿孔病等；主要鼠虫害有田鼠、金龟子（蛴螬）、地老虎、蝼蛄、椿象等。

第一节　病害发生与防治

毛梾的常见病害主要有叶斑病（褐斑病、黑斑病）、煤污病、穿孔病等。

一、褐斑病

褐斑病（又称立枯丝核疫病 brown spot），主要是由立枯丝核菌引起的一种真菌病害。

（一）病原

褐斑病的病原为尾孢菌 Cercospora insulana Sacc，分生孢子梗淡褐色，束生。该菌生长发育最适温度 27～30 ℃，37 ℃以上或 5 ℃以下停止发育，致死温度为 45 ℃，10 min，分生孢子萌发最适温度 26～31 ℃，最适相对湿度 98%～100%，以水滴状最好。

（二）发病规律

病原以菌丝体或分生孢子器在枯叶或土壤里越冬，借助风雨传播，夏初开始发生，秋季危害严重，高温高湿、光照不足、通风不良、连作等均有利于病害发生。菌核有很强的耐高低温能力，侵染、发病适温为 21～32 ℃。由于丝核菌寄生能力较弱，对于处于良好生长环境中的毛梾，只能造成轻微发病。发病盛期主要在夏季，当气温升至大约 30 ℃，同时空气湿度很高（降雨、有露或潮湿天气等），且夜间温度高于 20 ℃时，造成病害猖獗。低洼潮湿、排水不良、田间郁闭、气候温度高、偏施氮肥造成植株旺长、组织柔嫩、冻害、灌水不当等因素都极有利于病害的流行。北方 7～8 月高温多雨，发病严重。植株过密时，易于发病。

（三）传染途径

（1）以分生孢子丛或菌丝体在土中的病残体上越冬，菌丝或孢子在病残体上可存活 6 个月。

(2)病菌还可产生厚垣孢子及菌核,渡过不良环境。翌年产出分生孢子借气流或雨水飞溅传播,进行初侵染。

(3)病部新生的孢子,进行再侵染。在生长季节,再侵染多次发生,逐渐蔓延。

(4)病菌侵入后潜育期一般6~7天,高湿或通风透气不良易发病。温差大有利于发病。

(四)症状识别

真菌性病害,病部由下部叶片开始发病,逐渐向上部蔓延,初期为近圆形或椭圆形,紫褐色,后期为黑色,直径为5~10 mm,界线分明,严重时病斑可连成片,使叶片枯黄脱落,影响开花。该病全年都可发生,但以高温高湿的多雨炎热夏季为害最重。单株受害叶片、叶鞘、茎秆或根部,出现梭形、长条形、不规则形病斑,病斑内部青灰色水浸状,边缘红褐色,以后病斑变成黑褐色,腐烂死亡。

(五)防治方法

(1)选择无病株作繁殖母株。

(2)选择排水良好的圃地种植,种植密度要适当,发现病叶立即摘除。秋末,收集病落叶和病残枝体集中销毁。

(3)加强栽培管理,结合树冠整形合理修剪,调整枝叶疏密度,剪除弱病枝,增强树势。

(4)在高温高湿天气来临之前或其间,要少施或不施氮肥,保持一定量的磷、钾肥,避免串灌和漫灌,特别要避免傍晚灌水。

(5)在出现枯斑时,要进行及时有效的化学防治,采用70%甲基托布津可湿性粉剂800倍液或50%多菌灵可湿性粉剂1 000倍液交替喷防,喷药防治2~3次,喷药间隔时间10~15天。

二、黑斑病

黑斑病是指植物叶片上出现黑斑,由许多种真菌所引致。侵染发生在潮湿季节,出现圆形或不规则形黑色叶斑,有时也发生在叶柄、茎和花部。

(一)传染途径

感病植株的叶变黄色,早落叶。受侵植株在生长季中可落叶两次,严重衰弱,花少而差,易罹溃疡病,易因冬害而死亡。分生孢子盘中形成无数孢子,从溅起的雨滴、露水、浇水及园工在潮湿植株中工作时传播。孢子萌发并侵入组织须9~18小时或更长时间,新叶斑在3~16天内出现,孢子在10~18天内形成。这个循环于生长季中可重复发生。

(二)发病规律

黑斑病病菌以菌丝体或分生孢子盘在枯枝或土壤中越冬。翌年5月中下旬开始侵染发病,7~9月为发病盛期。分生孢子借风、雨或昆虫传播、扩大再侵染。

雨水是病害流行的主要条件,降雨早而多的年份,发病早而重。低洼积水处、通风不良、光照不足、肥水不当等有利于发病。

(三)危害症状

叶、叶柄、嫩枝、花梗和幼果均可受害,但主要为害叶片。症状有两种类型:一种是发病初期叶表面出现红褐色至紫褐色小点,逐渐扩大成圆形或不定形的暗黑色病斑,病斑周围常有黄色晕圈,边缘呈放射状,病斑直径3~15 mm。后期病斑上散生黑色小粒点,即病菌的分生孢子盘。严重时植株下部叶片枯黄,早期落叶,致个别枝条枯死;另一种是叶片上出现褐色到暗褐色近圆形或不规则形的轮纹斑,其上生长黑色霉状物,即病菌的分生孢子。严重时,叶片早落,影响生长。

(四)防治方法

(1)选用优良抗病品种。

(2)秋后清除枯枝、落叶,及时烧毁。

(3)及时采取化学防治,用80%代森锰锌可湿性粉剂75 g/kg或72%腐霉利可湿性粉剂0.8 g/kg,喷药防治2~3次,喷药间隔时间10~15天。

三、煤污病

煤污病又称煤烟病,主要危害是抑制植株的光合作用,消弱植物的生长势,降低观赏价值和经济价值,甚至引起死亡。

(一)病原菌

病原菌是多种附生菌和寄生菌。有性阶段一般是小煤炱菌以及煤炱菌。无性阶段常见的是散播烟霉。

(1)小煤炱菌。为植物上的专性寄生菌。菌丝体生于植物表面,黑色,有附着枝,并以吸器伸入到寄主表皮细胞内吸取营养。

(2)煤炱菌。主要依靠蚜虫、介壳虫的分泌物生活。表生的菌丝体由圆形细胞组成,菌丝体上常有刚毛。

(3)煤污病。病原菌常见的是无性阶段,如散播烟霉,菌丝匍匐于叶面,分生孢子梗暗色,分生孢子顶生和侧生,变化较大,有纵横隔膜作砖状分隔,暗褐色,常形成孢子链,为煤炱属或小煤炱属的无性阶段。该菌与蚜虫、介壳虫所分泌的蜜露有关系。

(二)发生规律

煤污病病菌以菌丝体、分生孢子、子囊孢子在病部及病落叶上越冬,翌年孢子由风雨、昆虫等传播。寄生到蚜虫、介壳虫等昆虫的分泌物及排泄物上或植物自身分泌物上或寄生在寄主上发育。高温多湿、通风不良、蚜虫和介壳虫等分泌蜜露害虫发生多,均加重发病。

(三)危害症状

煤污病主要危害毛梾的叶片,也危害嫩枝。发病初期在叶面、枝梢表面上形成圆形黑色小霉斑,有的沿主脉扩展,后扩大成片,使整个叶面、嫩梢上布满黑霉层。形成较厚的黑色或黑褐色的煤烟状层,严重时形成黑色霉层,有时在干燥条件下霉层开裂剥落。

由于煤污病菌种类很多,同一植物上可染上多种病菌,其症状上也略有差异。呈黑色霉层或黑色煤粉层是该病的重要特征。湿度大发病重,盛夏高温停止蔓延,夏季雨水多,也时有发生。

(四)防治方法

(1)加强栽培管理,种植密度要适当,及时修剪病枝和多余枝条,增强通风透光性。降低温度,及时排水,防止湿气滞留。

(2)煤污病的防治应以治虫为主。

对于介壳虫,可喷施40%速蚧杀乳油1 500~2 000倍液,或6%吡虫啉可溶性液剂2 000倍液,或菊酯类农药2 500倍液,也可使用莱恩坪安林泰稀释液喷雾。上述药剂交替使用,每隔7~10天喷洒一次,连续喷洒2~3次,可取得良好的效果。

对于蚜虫、椿象、木虱等刺吸式害虫,可喷施6%吡虫啉3 000~4 000倍液,或5%啶虫脒乳油5 000~7 000倍液,也可使用莱恩坪安瑞刺稀释液喷雾防治。

(3)在发病盛期,喷70%甲基托布津1 000倍液,或50%多菌灵WP800倍液,或50%多菌灵1 000倍液2~3次,喷药间隔时间7~10天。

(4)植物休眠期喷3~5波美度的石硫合剂,消灭越冬病源。

(5)对于寄生菌引起的煤污病,可喷施80%代森锰锌可湿性粉剂500~800倍液。

四、穿孔病

穿孔病主要危害叶片。初在叶上近叶脉处产生淡褐色水渍状小斑点,病斑周围有水渍状黄色晕环。最后病健交界处产生裂纹,而形成穿孔,孔的边缘不整齐。

(一)病原

Xanthomona campestris(Smith)Dovosen,称黄色单胞菌属甘蓝黑腐黄单胞菌,属细菌。病菌发育适温24~28 ℃,最高38 ℃,最低7 ℃,致死温度51 ℃。病菌在干燥条件下可存活10~13天,在枝条溃疡组织内,可存活1年以上。

(二)传播途径

病菌在被害枝条组织中越冬,翌春病组织内细菌开始活动,开花前后,病菌从病组织中溢出,借风雨或昆虫传播,从叶片的气孔、枝条的芽痕侵入,潜育期7~14天。春季溃疡斑易干燥,外围的健全组织很容易愈合。所以,溃疡斑中的病菌在干燥条件下10~13天即死亡。气温19~28 ℃,相对湿度70%~90%利于发病。该病一般于5月间出现,7~8月发病严重。

(三)发病规律

该病的发生与气候、树势、管理水平及品种有关。温度适宜,雨水频繁或多雾、重雾季节利于病菌繁殖和侵染,发病重。大暴雨时细菌易被冲到地面,不利其繁殖和侵染。一般年份在春秋雨季病情扩展较快,夏季干旱月份扩展缓慢。该病的潜育期与温度有关,温度25~26 ℃潜育期4~5天,20 ℃ 9天,19 ℃ 16天。树势强,发病轻且晚,树势弱,发病早且重。

(四)危害症状

1. 细菌性穿孔病

受细菌性穿孔病危害的叶片,初时为半透明水渍状淡褐色小点,后变成紫褐色至黑褐色,病斑为圆形或不规则形,直径约2 mm。病斑周围有水渍状淡黄绿色晕环(圈),边缘有裂纹,最后脱落或穿孔,孔缘不整齐。空气潮湿时,病斑背面有黄色菌源,严重时叶片早脱落。枝条被害后出现的病斑,分为春季溃疡和夏季溃疡两种病斑。春季溃疡发生在先年夏季枝条上,次年在春季枝条上形成暗褐色小疱疹,直径约2 mm,后扩展到长1~10 cm,但宽度不超过枝条直径的一半。当病斑环枝一周(圈)时,枝条则枯死。夏季溃疡多发生在夏末当年生的绿枝上,以皮孔和芽眼为中心,形成水渍状暗紫红色斑点,呈圆形或椭圆形,后扩大成褐色或紫黑色斑块,稍凹陷,病斑外缘水渍状,并有胶溢出,干后龟裂,严重时枯枝。果实被害后,病斑初为水渍状褐色小斑,逐渐扩大后呈暗紫色(深褐色),圆形,中央稍凹陷,边缘呈水渍状;潮湿时,病斑上溢出黄白色黏质物,也可产生大小裂纹,且受其他腐生菌侵染,导致果实腐烂。

2. 霉斑穿孔病

危害叶片,初为淡黄绿色病斑,圆形或不规则形,边缘紫色,后变成褐色,大小为 2~6 mm,最后穿孔。潮湿时,病斑背面长出污白色霉状物。幼叶受害后变枯焦,不穿孔。枝条受害后,以芽为中心,形成圆形病斑,边缘紫褐色,有裂纹和流胶现象。果实受害后,病斑初为紫色,后变成褐色,边缘呈红色,中央凹陷。

3. 褐斑穿孔病

叶片受害后,两面可产生圆形或近圆形病斑,边缘紫色或紫红色,略有轮纹,后期病斑两面可长出灰褐色霉状物。中部干枯脱落或穿孔,穿孔的边缘整齐。新梢和果实上的病斑与叶片相似,也可产生褐色霉层。

(五)防治方法

(1)加强栽培管理。要注意园地的排水、通风和透光,增施有机肥,避免偏施氮肥,增强树势,提高抗病力。

(2)冬季剪除病枝集中烧毁。对不能剪除的病枝,应用 0.2%升汞水 800 mL、95%酒精 200 mL 及甘油 200 mL 的混合液涂刷消毒。生长期及时修剪,使树体通风透光。

(3)及时喷药保护。萌芽前喷 1~2 波美度石硫合剂,展叶后喷 0.3~0.4 波美度石硫合剂,或发病初期喷 65%代森锌 500 倍液,每 10~15 天喷一次,共喷 2~3 次,防治效果较好。

(4)两种真菌性穿孔病的防治。防治霉斑穿孔病或褐斑穿孔病,于萌芽前喷 5 波美度石硫合剂,或喷 0.5∶1∶100 的硫酸锌石灰液,或用 65%代森锌 600 倍液。生长期喷 75%百菌清 600~800 倍液,或 70%甲基托布津 1 000~1 500 倍液。

第二节 鼠虫害发生与防治

在育苗过程中常发现有田鼠偷食种子,金龟子(蛴螬)、地老虎、蝼蛄、椿象等危害苗木。

一、田鼠

田鼠是仓鼠科的一类,可在多种环境中生活。多为地栖种类,它们挖掘地下通道或在倒木、树根、岩石下的缝隙中做窝。有的白天活动，有的夜间活动，也有的昼夜活动。

(一)外形特征

田鼠是啮齿目仓鼠科田鼠亚科的通称。田鼠体型粗笨，多数为小型鼠类，个别达中等，四肢短，眼小，耳壳略显露于毛外；尾短，一般不超过体长之半，毛色呈灰黄、沙黄、棕褐、棕灰等色；臼齿齿冠平坦，由许多左右交错的三角形齿环组成。

(二)对毛梾的危害

因毛梾种子含有香脂，常招来田鼠偷食种子。

(三)防治方法

可用磷化锌、玉米粉、食用油，比例 1∶25∶2，混合拌匀，制成毒饵，晴天傍晚撒于播种沟旁，毒杀田鼠，效果较好。

二、金龟子

金龟子是鞘翅目金龟总科(Scarabaeoidea)的通称。其幼虫(蛴螬)是主要地下害虫之一，危害严重，常将毛梾的幼苗咬断，导致枯黄死亡。

(一)形态特征

1. 卵

长椭圆形，长约 2.5 mm，宽约 1.6 mm，初产乳白色 。

2. 幼虫

学名蛴螬，老熟幼虫体态肥胖，长约 20 mm，宽约 6 mm，体白色，头红褐色，静止时体形大多弯曲呈 C 形，体背多横纹，尾部有刺毛。

3. 蛹

长约 22 mm，宽约 10 mm，淡黄色或杏黄色。

4. 成虫

长椭圆形，背翅坚硬，体长约 20 mm，宽约 10 mm。羽化初期为红棕色，后逐渐变深成红褐色或黑色，全身披淡蓝灰色闪光薄层粉，前胸背板侧缘中间呈锐角状外突，前缘密生黄褐色体毛。腹部圆筒形，腹面微有光泽。

(二)生活习性

金龟子类的生活史较长，完成一个世代所需时间 1～6 年不等，在生活史中，幼虫期历时最长。常以幼虫或成虫在土中越冬。金龟子的发生为害与环境条件有着密切的关系。地势、土质、茬口等直接影响金龟子种群的分布，而大气、土壤温湿度的高低则直接决定金龟子成虫出土、产卵和幼虫的活动与为害。

(三)危害症状

其幼虫蛴螬可食害毛梾萌发的种子,咬断幼苗的根茎,断口整齐平截,常造成幼苗枯死。其成虫有些能食害毛梾林木的叶片和嫩芽,严重时仅留下枝干。

(四)主要分类

金龟子类是重要的农林地下害虫,其幼虫统称蛴螬。我国约有50余种,遍布全国各地,最重要的种类有大黑鳃金龟、暗黑鳃金龟、云斑鳃金龟和铜绿丽金龟。四种重要的金龟子除西藏和新疆外,全国各省区均广泛分布。金龟子类食性很杂,能为害多种植物,几乎能食害所有农作物、蔬菜、果林和苗木的地下部分。我国主要的金龟子有以下几类。

1. 大黑鳃金龟

大黑鳃金龟(Holotrichia diomphalia Bates)属鞘翅目金龟科。

1)形态特征

成虫:体长17~21 mm,宽8.4~11 mm,长椭圆形,体黑至黑褐色,具光泽,触角鳃叶状,棒状部3节。前胸背板宽,约为长的2倍,两鞘翅表面均有4条纵肋,上密布刻点。前足胫外侧具3齿,内侧有1棘与第2齿相对,各足均具爪1对,双爪式,爪中部下方有垂直分裂的爪齿。

卵:椭圆形,长约3 mm,初乳白后变黄白色;孵化前近圆球形,洁白而有光泽。

幼虫:体长35~45 mm,头部黄褐至红褐色,具光泽,体乳白色,疏生刚毛。肛门3裂,肛腹片后部无尖刺列,只具钩状刚毛群,多为70~80根,分布不均。

蛹:体长20~24 mm,初乳白的变黄褐至红褐色。

2)生活习性

(1)活动时间。在中国北方地区1~2年发生1代,以幼虫和成虫在土中越冬。5~7月成虫大量出现,成虫有假死性和趋光性,并对未腐熟的厩肥有强烈趋性,昼间藏在土中,晚8~9时为取食、交配活动盛期。

(2)繁殖。大黑鳃金龟的雌性生殖系统,包括一对卵巢、一对侧输卵管、中输卵管、生殖腔及受精囊和副腺等部分;雄性生殖系统,由一对精巢、一对输精管及由此膨大而成的储精囊、射精管和一对副腺组成。一般交配后10~15天开始产卵,卵产于松软湿润的土壤内,以水浇地最多,每雌可产百粒左右。卵期15~22天,幼虫期340~400天,冬季在55~150 cm深土中越冬,蛹期约20天。

(3)生长环境。蛴螬始终在地下活动,与土壤温湿度关系密切,一般当 10 cm 土温达 5 ℃时开始上升至表土层,13~18 ℃时活动最盛,23 ℃以上则往深土中移动。土壤湿润则活动性强,尤其小雨连绵天气为害加重。

2. 暗黑鳃金龟

暗黑鳃金龟属鞘翅目金龟科,分布在我国黑龙江、吉林、辽宁、河北、山东、山西、河南、湖北、湖南、江苏、浙江、江西、安徽、陕西、甘肃、青海、四川等 20 余个省(区、市)。

1)形态特征

成虫:圆形,体长 17~22 mm,宽 9~11.3 mm。初羽化成虫为红棕色,以后逐渐变为红褐色或黑色,体被淡蓝灰色粉状闪光薄层,腹部闪光更显著。唇基前缘中央稍向内弯和上卷,刻点粗大。触角 10 节,红褐色。前胸背板侧缘中央呈锐角状外突,刻点大而深,前缘密生黄褐色毛。每鞘翅上有 4 条可辨识的隆起带,刻点粗大,散生于带间,肩瘤明显。前胫节外侧有 3 钝齿,内侧生 1 棘刺,后胫节细长,端部 1 侧生有 2 端距;跗节 5 节,末节最长,端部生 1 对爪,爪中央垂直着生齿。小盾片半圆形,端部稍尖。腹部圆筒形,腹面微有光泽,尾节光泽性强。雄虫臀板后端浑圆,雌虫则尖削。雄性外生殖器阳基侧突的下部不分叉,上部相当于上突部分呈尖角状。

卵:初产时乳白色,长椭圆形,长约 2.61 mm,宽约 1.62 mm。膨大后,长约 3.2 mm,宽约 2.48 mm。孵化前可清楚看到卵壳内 1 端有 1 对呈三角形的棕色幼虫上颚。

幼虫:3 龄幼虫平均头宽 5.6 mm,头部前顶毛每侧 1 根,位于冠缝侧,后顶毛每侧各 1 根。臀节腹面无刺毛列,钩状毛多,约占腹面的 2/3。肛门孔为三射裂状。

蛹:体长 18~25 mm,宽 8~12 mm,淡黄色或杏黄色。腹部背面具 2 对发音器,位于腹部背面 4、5 节,5、6 节交界处中央。1 对尾角呈锐角岔开。

2)生活习性

此虫 1 年发生 1 代(东北 2 年 1 代),多数以 3 龄幼虫在深层土中越冬,少数以成虫越冬,翌年 5 月初为化蛹始期,5 月中旬为盛期,终期在 5 月底,6 月初见成虫,7 月中下旬至 8 月上旬为产卵期,7 月中旬至 10 月为幼虫危害期,10 月中旬进入越冬期。

成虫活动的适宜气温为 25~28 ℃,相对湿度为 80%以上,7~8 月间天气闷热或雨后虫量猛增,取食活动更盛。食性杂,食量大,有群集取食习性,食声可闻,故常将某一地段或某一些单株树的树叶吃光。夜里连续取食,天亮前返回树下或农作物田里，潜伏于土中。成虫的活动高潮也是交尾盛期，有多次交尾习性。雌虫交尾后，5~7 天产卵。卵经 8~10 天孵化为幼虫。1 龄幼虫平均 20.1 天，2 龄平均 19.3 天，3 龄平均 270 天。

幼虫对毛梾苗木的危害一般均较重，轻的死苗率达 40%，重的可达 93% 以上。幼虫的发生量与越冬虫基数多少有关。成虫产卵、卵孵化均与降雨量有很大关系。降雨量对初孵化幼虫的影响是在土壤含水量饱和时，此时幼虫死亡率提高。

3. 云斑鳃金龟

云斑鳃金龟属鳃角金龟科。在我国分布在甘肃(河西地区、天水、陇南)、宁夏、陕西、青海、新疆及东北、华北等地区。

1) 形态特征

成虫：体黑褐色，鞘翅布满不规则云斑，体长 36~42 mm，宽 19~21 mm。头部有粗刻点，密生淡黄褐色及白色鳞片。唇基横长方形，前缘及侧缘向上翘起。触角 10 节，雄虫柄节 3 节，鳃片部 7 节，鳃片长而弯曲，约为前胸背板长的 1.5 倍；雌虫柄节 4 节，鳃片部 6 节，鳃片短小，长度约为前胸背板的 1/3。胸部腹面密生黄褐色长毛。前足胫节外侧雄虫有 2 齿，雌虫有 3 齿。

卵：椭圆形，长约 4 mm，乳白色。

幼虫：老熟幼虫体长 50~60 mm。头宽 9.8~10.5 mm，头长 7~7.5 mm，前顶毛每侧 5~7 根，后顶毛每侧一根较长，另 2~3 根微小。头部棕褐色，背板淡黄色或棕褐色。胸足发达，腹节上有黄褐色刚毛，气门棕褐色，臀节腹面刺毛 2 列，每列 9~13 根，排列不甚整齐。

蛹：体长约 45 mm，棕黄色。

2) 生活习性

此虫 3~4 年发生一代，以幼虫在土中越冬。当春季土温回升 10~20 ℃时幼虫开始活动，6 月间老熟幼虫在土深 10 cm 左右做土室化蛹，7~8 月间成虫羽化。成虫有趋光性，白天多静伏，黄昏时飞出活动，求偶、取食进行补充营养。产卵多在沿河沙荒地、林间空地等沙土腐殖质丰富的地段，每个雌虫产卵十多粒至数十粒。初孵幼虫以腐殖质及杂草须根为食，稍大后即能取食树根，对毛梾幼苗的根为害很大，使树势变弱，甚至死亡。

4. 铜绿丽金龟

铜绿丽金龟属鞘翅目金龟甲科。我国东北、华北、华中、华东、西北等地均有发生。

1)形态特征

成虫:体长 19~21 mm,触角黄褐色,鳃叶状。前胸背板及销翅铜绿色具闪光,上面有细密刻点。稍翅每侧具 4 条纵脉,肩部具疣突。前足胫节具 2 外齿,前、中足大爪分叉。

卵:光滑,呈椭圆形,乳白色。幼虫乳白色,头部褐色。

蛹:体长约 20 mm,宽约 10 mm,椭圆形,裸蛹,土黄色,雄末节腹面中央具 4 个乳头状突起,雌则平滑,无此突起。

幼虫:老熟体长约 32 mm,头宽约 5 mm,体乳白,头黄褐色近圆形,前顶刚毛每侧各为 8 根,成一纵列;后顶刚毛每侧 4 根斜列。额中例毛每侧 4 根。肛腹片后部复毛区的刺毛列,列各由 13~19 根长针状刺组成,刺毛列的刺尖常相遇。刺毛列前端不达复毛区的前部边缘。

2)生活习性

在北方一年发生一代,以老熟幼虫越冬。翌年春季越冬幼虫上升活动,5 月下旬至 6 月中下旬为化蛹期,7 月上中旬至 8 月是成虫发育期,7 月上中旬是产卵期,7 月中旬至 9 月是幼虫危害期,10 月中旬后陆续进入越冬。少数以 2 龄幼虫、多数以 3 龄幼虫越冬。幼虫在春、秋两季危害最烈。成虫夜间活动,趋光性强。

成虫羽化后 3 天出土,昼伏夜出,飞翔力强,黄昏上树取食交尾,成虫寿命 25~30 天。成虫羽化出土迟早与 5~6 月间温湿度的变化有密切关系。此间雨量充沛,出生则早,盛发期提前。每雌虫可产卵 40 粒左右,卵多次散产在 3~10 cm 土层中。秋后 10 cm 内土温降至 10 ℃时,幼虫下迁,春季 10 cm 内土温升到 8 ℃以上时,向表层上迁,幼虫共 3 龄,以 3 龄幼虫食量最大,危害最重,亦即春、秋两季危害严重。老熟后多在 5~10 cm 土层内做蛹室化蛹。化蛹时蛹皮从体背裂开脱下且皮不皱缩,有别于大黑鳃金龟。

5. 东方金龟

东方金龟属鞘翅目金龟科。

1)形态特征

成虫:体长 7~8 mm,卵圆形。黑色或红褐色,有光泽,被黑灰色绒毛,触角褐色,由 9 节组成。

卵:椭圆形,长约 1 mm 左右乳白色,有光泽。

幼虫:老熟幼虫长 14~16 mm,头部黄褐色,胴部乳白色,多皱褶。

蛹:长 6~10 mm,黄色,头部黑褐色。

2）生活习性

以成虫在土中越冬，4 月下旬出土，5 月初至 6 月上旬为发生盛期，6 月为产卵盛期，卵成块产在被害植物根际表土中，6 月中下旬孵出幼虫，8 月中下旬老熟幼虫钻入地下 20～30 cm 处，做土室化蛹。成虫出现后即准备过冬。成虫有趋光性和假死性。

6. 小青花金龟

小青花金龟属鞘翅目金龟科。

1）形态特征

成虫：体长 12 mm 左右，暗绿色。头部黑色，触角和复眼黑褐色，前翅鞘上有黄白色斑纹，腹部两侧各有黄白色斑纹 6 个，尾部有 4 个。

卵：球状，白色。

幼虫：老熟幼虫头部较小，褐色，胴部乳白色，各体节多皱褶，密生绒毛。

蛹：裸蛹，白色，尾端为橙黄色。

2）生活习性

以成虫在土中越冬。翌年果树开花时，成虫大量出现。成虫白天活动，群集食害花絮。成虫食害花蕾和花，咬食花的花瓣、花蕊和柱头，将雌蕊和雄蕊吃光，导致只开花而不结果。严重时在 1 个花絮上可达 20 多头，下午活动最盛。成虫喜将卵产在荒草土地中。

（五）防治方法

（1）深耕翻土，促进幼虫蛹、成虫死亡。避免施用未腐熟的厩肥，减少成虫产卵。

（2）利用成虫具趋光和假死习性，成虫发生期采用黑光灯诱杀或振树捕杀，可兼治其他具趋光性和假死性害虫。

（3）成虫发生期的防治。可结合防治其他害虫进行防治。喷洒 2.5%功夫乳油或敌杀死乳油 8 000～8 500 倍液，对各类鞘翅目昆虫防效均好；40%氧化乐果乳油 600～800 倍液，残效期长，防效明显；50%对硫磷乳油，或杀螟硫磷乳油，或内吸磷乳油，1 000～1 500 倍液，或 90%敌百虫 1 000 倍液；50%杀螟丹可湿性粉剂，或 25%甲萘威（西维因）可湿性粉剂 600～700 倍液，40.7%毒死蜱乳油 1 000 倍液，10%联苯菊酯乳油 8 000 倍液等药剂，对多种鞘翅目害虫均有良好防效。同时可兼治其他食叶、食花及其刺吸式害虫。

（4）成虫出土前或潜土期防治。可于地面施用 25%对硫磷胶囊剂 0.3～0.4 kg/亩加土适量做成毒土，均匀撒于地面并浅耙，或 5%辛硫磷颗粒剂 2.5 kg/亩，做成毒土均匀撒于地面后立即浅耙以免光解，并能提高防效。1.5%对硫磷粉剂 2.5 kg/亩也有明显效果。

(5)幼虫期的防治。可结合防治金针虫、蝼蛄等其他地下害虫进行。采用措施如下:

①药剂拌种。此法简易有效,可保护种子和幼苗免遭地下害虫的为害。常规农药有 25%对硫磷或辛硫磷微胶囊剂 0.5 kg 拌 250 kg 种子,残效期约 2 个月,保苗率为 90%以上;50%辛硫磷乳油或 40%甲基异柳磷乳油 0.5 kg 加水 25 kg,拌种 400~500 kg,均有良好的保苗防虫效果。

②药剂土壤处理。可采用喷洒药液、施用毒土和颗粒剂于地表、播种沟或与肥料混合使用,但以颗粒剂效果较好。常规农药有:5%辛硫磷颗粒剂 2.5 kg/亩,或 3%呋喃丹颗粒剂 3.0 kg/亩,5%二嗪农颗粒剂 2.5 kg/亩,1.5%对硫磷粉剂 5 kg/亩,5%涕灭威颗粒剂 2 kg/亩。也可用 50%对硫磷乳油 1 000 倍液灌根,或用 50%对硫磷乳油 1 000 倍液加尿素 0.5 kg,再加 0.2 kg 柴油制成混合液开沟浇灌,然后覆土,防效良好。

③试用辛硫磷毒谷,每亩 1 kg,煮至半熟,拌入 50%辛硫磷乳油 0.25 kg,随种子混播种穴内,亦可用豆饼、甘薯干、香油饼磨碎代用。如播后仍发现危害,可在危害处补撒毒饵,撒后宜用锄浅耕,效果更好。此种撒施方法对蝼蛄效果更佳。

(六)注意事项

化学防治一要注意人、畜及环境的安全;二要保证产品安全,一定要注意农药的安全间隔期。

三、地老虎

地老虎属夜蛾科。世界约 2 万种,中国约 1 600 种。成虫口器发达,多食性作物害虫。种类很多,对林木造成危害的有 10 余种,其中小地老虎、黄地老虎、大地老虎、白边地老虎和警纹地老虎等危害尤为严重。均以幼虫为害毛株林木苗圃的实生幼苗。

(一)形态特征

地老虎,成虫体长 17~23 mm,翅展 40~54 mm 。头、胸部背面暗褐色,足褐色,前足胫、跗节外缘灰褐色,中后足各节末端有灰褐色环纹。前翅褐色,前缘区黑褐色,外缘以内多暗褐色;基线浅褐色,黑色波浪形内横线双线,黑色环纹内 1 圆灰斑,肾状纹黑色具黑边、其外中部 1 楔形黑纹伸至外横线,中横线暗褐色波浪形,双线波浪形外横线褐色,不规则锯齿形亚外缘线灰色、其内缘在中脉间有 3 个尖齿,亚外缘线与外横线间在各脉上有小黑点,外缘线黑色,外横线与亚外缘线间淡褐色,亚外缘线以外黑褐色。后翅灰白色,纵脉及缘线褐色,腹部背面灰色。

(二)生活习性

成虫的趋光性和趋化性因虫种而不同。小地老虎、黄地老虎、白边地老虎对黑光灯均有趋性;对糖酒醋液的趋性以小地老虎最强。卵多产在土表、植物幼嫩茎叶上和枯草根际处,散产或堆产。3 龄前的幼虫多在土表或植株上活动,昼夜取食叶片、心叶、嫩头、幼芽等部位,食量较小。3 龄后分散入土,白天潜伏土中,夜间活动为害,常将幼苗齐地面处咬断,造成缺苗断垄。

地老虎的越冬习性较复杂。黄地老虎和警纹地老虎均以老熟幼虫在土下筑土室越冬。白边地老虎则以胚胎发育晚期而滞育的卵越冬。大地老虎以 3~6 龄幼虫在表土或草丛中越夏和越冬。小地老虎越冬受温度因子限制:1 月 0 ℃(北纬 33°附近)等温线以北不能越冬,以南地区可有少量幼虫和蛹在当地越冬,而在四川则成虫、幼虫和蛹都可越冬。

(三)繁殖状况

影响地老虎发生的主要生态因素如下:

(1)温度。高温和低温均不适于地老虎生存、繁殖。在温度(30±1) ℃或 5 ℃以下条件下,可使小地老虎 1~3 龄幼虫大量死亡。平均温度高于 30 ℃时成虫寿命缩短,一般不能产卵。冬季温度偏高,5 月气温稳定,有利于幼虫越冬、化蛹、羽化,从而第 1 代卵的发育和幼虫成活率高,为害就重。黄地老虎幼虫越冬前和早春越冬幼虫恢复活动后,如遇降温、降雪,或冬季气温偏低,易大量死亡。越冬代成虫盛发期遇较强低温或降雪不仅影响成虫的发生,还会因蜜源植物的花受冻,恶化了成虫补充营养来源而影响产卵量。

(2)湿度和降水。大地老虎对高地老虎温和低温的抵抗能力强,但常因土壤湿度不适而大量死亡。小地老虎在北方的严重为害区多为沿河、沿湖的滩地或低洼内涝地以及常年灌区。成虫盛发期遇有适量降雨或灌水时常导致大发生。土壤含水量在 15%~20%的地区有利于幼虫生长发育和成虫产卵。黄地老虎多在地势较高的平原地带发生,如灌水期与成虫盛发期相遇为害就重。在黄、淮、海地区,前一年秋雨多、田间杂草也多时,常使越冬基数增大,翌年发生为害严重。

(3)其他因素。如前茬作物、田间杂草或蜜源植物多时,有利于成虫获取补充营养和幼虫的转移,从而加重发生为害。自然天敌中如姬蜂、寄生蝇、绒茧蜂等对地老虎的发生有一定抑制作用。

(四)主要危害

主要有小地老虎、黄地老虎、大地老虎等。分布最广、危害严重的是小地老虎。多食性害虫,主要以幼虫危害毛梾幼苗。幼虫将幼苗近地面的茎部咬断,使整株死亡,造成缺苗断垄。

(五)分类

1. 小地老虎

成虫:体长 16~23 mm,翅展 42~54 mm;前翅黑褐色,有肾状纹、环状纹和棒状纹各一,肾状纹外有尖端向外的黑色楔状纹与亚缘线内侧 2 个尖端向内的黑色楔状纹相对。

卵:半球形,直径约 0.6 mm,初产时乳白色,孵化前呈棕褐色。

老熟幼虫:体长 37~50 mm,黄褐至黑褐色;体表密布黑色颗粒状小突起,背面有淡色纵带;腹部末节背板上有 2 条深褐色纵带。

蛹:体长 18~24 mm,红褐至黑褐色;腹末端具 1 对臀棘。

2. 茴香地老虎

成虫:体长 16~23 mm,翅展 42~45 mm,体翅暗褐色,前翅前缘及外横线至中横线呈黑褐色,其中有肾形斑、环形斑及剑形斑,各斑均环以黑边。在肾形斑外,内横线里有 1 个明显的尖端向外的楔形黑斑,在亚缘线内侧有 2 个尖端向内的黑斑,3 个楔形黑斑尖端相对,易于识别。后翅灰白色,腹部灰色。

卵:扁圆形,高 0.38~0.5 mm,宽 0.58~0.61 mm,表面有纵横隆脊线。初产时乳白色,渐变淡黄色,孵化前呈褐色。

幼虫:末龄幼虫体长 37~50 mm,头宽 3~3.5 mm。体色较深,由黄褐色至暗褐色不等,体背面有暗褐色纵带,表皮粗糙,布满大小不等的小颗粒。头部黄褐至暗褐色。腹部 1~8 节,背面各节均有 4 个毛片,呈梯形排列,后 2 个比前 2 个大 3 倍左右,气门后方的毛片也较大,至少比气门大 1 倍多。臀板黄褐色,有 2 条较明显的暗褐色纵带。

3. 黄地老虎

成虫:体长 14~19 mm,翅展 32~43 mm;前翅黄褐色,肾状纹的外方无黑色楔状纹。

卵:半球形,直径约 0.5 mm,初产时乳白色,以后渐现淡红斑纹,孵化前变为黑色。

老熟幼虫:体长 32~45 mm,淡黄褐色;腹部背面的 4 个毛片大小相近。

蛹:体长 16~19 mm,红褐色。

4. 大地老虎

成虫：体长 20～23 mm，翅展 52～62 mm；前翅黑褐色，肾状纹外有一不规则的黑斑。

卵：半球形，直径约 1.8 mm，初产时浅黄色，孵化前呈灰褐色。

老熟幼虫：体长 41～61 mm，黄褐色；体表多皱纹。

蛹：体长 23～29 mm，腹部第 4～7 节前缘气门之前密布刻点。

5. 白边地老虎

成虫：体长 17～21 mm，翅展 37～45 mm；前翅的颜色和斑纹变化大，由灰褐色至红褐色，一种为白边型，前翅前缘有白色至黄色的淡色宽边；另一种是暗化型，前翅全部深暗无白色宽边。

卵：半圆球形，直径约 0.7 mm，初产时乳白色，孵化前呈灰褐色。

老熟幼虫：体长 35～40 mm，体表光滑，无微小颗粒；头部黄褐色，有明显“八”字纹。

蛹：体长 18～20 mm，黄褐色，腹部第 4～7 节前缘有许多小刻点。

地老虎在我国分布较普遍，在全国各地均以第 1 代发生为害严重。

（六）防治方法

1. 农业防治

防治地老虎一是清洁圃地，铲除杂草；二是实行秋耕冬灌、春耕耙地，结合整地人工铲埂等，可杀灭虫卵、幼虫和蛹。

2. 诱杀

用糖醋液或黑光灯诱杀越冬代成虫，在春季成虫发生期设置诱蛾器（盆）诱杀成虫。

3. 药剂

在幼虫 3 龄前施药防治，可取得较好效果。

（1）喷粉。用 2.5%敌百虫粉剂 2.0～2.5 kg/亩喷粉。

（2）撒施毒土。用 2.5%敌百虫粉剂 1.5～2 kg/亩加 10 kg 细土制成毒土，顺垄撒在幼苗根际附近，或用 50%辛硫磷乳油 0.5 kg 加适量水喷拌细土 125～175 kg 制成毒土，每撒施毒土 20～25 kg/亩。

（3）喷雾。可用 90%晶体敌百虫 800～1 000 倍液、50%辛硫磷乳油 800 倍液、50%杀螟硫磷 1 000～2 000 倍液、20%菊杀乳油 1 000～1 500 倍液、2.5%溴氰菊酯（敌杀死）乳油 3 000 倍液喷雾。

（4）毒饵。多在 3 龄后开始取食时应用，每亩用 2.5%敌百虫粉剂 0.5 kg 或 90%晶体敌百虫 1 000 倍液均匀拌在切碎的鲜草上，或用 90%晶体敌百虫加水 2.5~5 kg,均匀拌在 50 kg 炒香的麦麸或碾碎的棉籽饼(油渣)上,用 50%辛硫磷乳油 50 g 拌在 5 kg 棉籽饼上,制成的毒饵于傍晚在圃地内每隔一定距离撒成小堆。

(5)灌根。在虫龄较大、为害严重时,可用 50%辛硫磷乳油 1 000~1 500 倍液灌根。

四、椿象

椿象是六足亚门昆虫纲有翅亚纲半翅目蝽科动物。

(一)形态特征

椿象体长 1.7~2.5 cm。体色黑褐色;头部背侧后方具一对微小的橙黄色或橙褐色纵斑,触角最末一节末端 2/3 部分为橙黄色或橙褐色,部分个体在第二、三节尚有一段橙黄或橙褐色斑。前胸背板外缘有一枚尖锐的突刺,中央有一条横向的弧形橙黄色或橙褐色细斑。

上翅膜质部分深褐色。腹部局部露出在上翅外侧,各节具橙色系小斑点。后脚特别发达,尤其胫节基半段呈扁平的叶片状,这是本种最主要的辨识特征。身体腹面有许多黄色斑点;最大的特征是后脚胫节呈现叶片状。

上翅前半部呈革质,膜质部分在腹背交叠出三圆锥形。具有一个很发达的刺吸式口器。卵呈圆筒状,上方有一盖状物,常排列整齐地产在叶子上。陆生椿象具短鞭状触角;水生椿象多半具镰刀式前脚;两栖椿象的中后脚特别细长,乍看外形近似蜘蛛。

由卵孵化为若虫之后,便有着与父母相似的外观,只是个子比较小,没有长翅。之后长大变为成虫,并不需要经过蛹的阶段,成熟阶段基本上与若虫一样,有同样的口器,并吃同样的食物,属于不完全变态。

(二)生活习性

椿象一年发生 3~5 代,以卵在植物的枝内、树皮内或枯枝、残茬中越冬。翌年 3~4 月,平均气温达 10 ℃以上、相对湿度在 70%左右时,其卵开始孵化,4 月下旬羽化。树发芽后,幼虫即开始上树为害。5 月上旬和中旬树展叶期为危害盛期,5 月下旬以后,气温渐高,虫口渐少。

第 2 代至第 4 代,分别在 6 月上旬、7 月中旬和 8 月中旬出现,成虫的寿命为 30~50 天。6 月中旬到 7 月中旬是为害盛期,其飞翔力强,白天潜伏,稍受惊动便迅速爬迁,不易发现,清晨和夜晚,成虫爬到芽上取食。

成虫有趋光性,喜欢高温、多雨。25~30 ℃的气温和相对湿度 80%以上,适合卵孵化及繁殖。

(三)分布区域

我国主要分布于河北、河南、陕西、山东、北京、四川、重庆、湖南、湖北、云南、甘肃、广东、广西、江西和台湾等省(区),当然,其他地区有时也会遇到,河北、河南、陕西、山东较多。

(四)危害症状

成虫较少有成群密集在同一植物上觅食的情形。大部分陆生的椿象都是以吸食植物的汁液为生,也会将该植物作为它们的栖身之所。椿象吃东西时,都是使用如吸管般尖尖的刺吸式口器,穿透植物表皮而吸取汁液。它们吸食毛梾花蕾、花瓣、叶片、嫩叶、果实的汁液,使毛梾绿化美化效果大打折扣。

(五)防治方法

1. 人工防治

成虫和若虫早晚或阴雨天气多栖息于树冠外围叶片或果实上,可在早晨或傍晚露水未干不活动时进行捕杀。卵多产于叶面成卵块,极易发现,可在5~8月成虫产卵期间,及时摘除卵块。

2. 药剂防治

当虫口太多,不可能全靠人工防治来解决时,可用80%敌敌畏乳剂1 000倍稀释液或90%敌百虫晶体800~1 000倍稀释液喷雾。如在敌百虫液中加一些松碱合剂,可提高防治效果,能掌握在一、二龄若虫期防治,效果更好。

3. 天敌

有黄猄蚁、平腹小蜂、螳螂、蜘蛛等多种。

五、蝼蛄

蝼蛄(*Gryllotalpa* spps.)是节肢动物门昆虫纲直翅目蟋蟀总科蝼蛄科昆虫的总称。蝼蛄俗名拉拉蛄、地拉蛄、天蝼、土狗等。

(一)分布范围

蝼蛄在中国的分布很广,华北蝼蛄主要分布在北纬32°以北地区,包括东北、内蒙古、新疆、河北、河南、山西、陕西、山东、苏北等地。东方蝼蛄几乎遍及中国。

(二)种类

我国大陆上常见的分布较广的蝼蛄分别是华北蝼蛄、东方蝼蛄、金秀蝼蛄、河南蝼蛄,以华北蝼蛄和东方蝼蛄较普遍。

1. 东方蝼蛄

成虫:雄成虫体长约30 mm,雌成虫体长约33 mm。体浅茶褐色,前胸背板中央有一凹陷明显的暗红色长心脏形斑。前翅短,后翅长,腹部末端近纺锤形。前足为开掘足,腿节内侧外缘较直,缺刻不明显,后足胫节脊侧内缘有3~4个刺,此点是识别东方蝼蛄的主要特征,腹末具一对尾须。

若虫:初孵时乳白色,老熟时体色接近成虫,体长24~28 mm。

卵:椭圆形,长约2.8 mm,初产时黄白色,有光泽,渐变黄褐色,最后变为暗紫色。

2. 华北蝼蛄

成虫:雌成虫体长45~50 mm,雄成虫体长39~45 mm。形似东方蝼蛄,但体黄褐至暗褐色,前胸背板中央有1心脏形红色斑点。后足胫节背侧内缘有棘1个或消失(此点是区别东方蝼蛄的主要特征),腹部近圆筒形,背面黑褐色,腹面黄褐色,有尾须1对。

若虫:形似成虫,体较小,初孵时体乳白色,2龄以后变为黄褐色,5~6龄后基本与成虫同色。

卵:椭圆形,初产时长1.6~1.8 mm、宽1.1~1.3 mm,孵化前长2.4~2.8 mm、宽1.5~1.7 mm。初产时黄白色,后变黄褐色,孵化前呈深灰色。

(三)生物学特性

华北蝼蛄和东方蝼蛄均以成虫或若虫在土下越冬。华北蝼蛄3年完成一个世代,若虫13龄;东方蝼蛄1年1代或2年1代(东北),若虫共6龄。当气温下降,本地区大约在10月下旬开始向地下活动,一窝一虫,头部朝下,不群居,多在冻土层之下,地下水位之上,以成、若虫越冬,第二年当气温升高到8℃以上时再掉转头向地表移动。从4月下旬至5月上旬,越冬蝼蛄开始活动。在到达地表后先隆起虚土堆,华北蝼蛄隆起虚土堆约15 cm,较大,东方蝼蛄隆起虚土堆约10 cm,较小,此时是进行蝼蛄虫情调查和人工扑杀的最佳时机。5月上旬开始,此时地表出现大量弯曲虚土隧道,并在其上留有一个小孔,蝼蛄已出窝为害。正是这个阶段迁移造成苗根和土壤分离,根部失水,导致苗木死亡。5月中下旬经过越冬的成、若虫开始大量取食,满足其产卵和生长发育的需要,造成缺苗断条的现象。6月下旬至8月上旬,气温增高、天气炎热,两种蝼蛄潜入30~40 cm以下的土中越夏并产卵。华北蝼蛄雌虫钻入土中后,先挖隐蔽室,而后在隐蔽室里产卵。产卵50~500粒。东方蝼蛄产卵前雌虫多在5~10 cm深处做一鸭梨形卵室,每室一般产卵30~50粒 。8月下旬至9月下旬,越夏成、若虫又上升到土面活动取食补充营养,为越冬做准备。这是一年中第二次为害时期。

蝼蛄的活动受土壤温度、湿度的影响很大,气温在12.5~19.8 ℃、20 cm

土温在 12.5～19.9 ℃是蝼蛄活动适宜温度，也是蝼蛄危害期，若温度过高或过低，便潜入土壤深处；土壤相对湿度在 20%以上时活动最盛，<15%时活动减弱；土中大量施入未充分腐熟的厩肥、堆肥，易导致蝼蛄发生，受害也就严重。

初孵若虫有群集性，怕光、怕风、怕水，孵化后 3～6 天群集一起，以后分散危害。蝼蛄具有强烈的趋光性，在 40 W 黑光灯下可诱到大量蝼蛄，且雌性多于雄性。据观察，蝼蛄对水银灯也有较强的趋性。嗜好香甜食物，对煮至半熟的谷子、炒香的豆饼等较为喜好。对未腐烂的马粪、未腐熟的厩肥有趋性。喜欢在潮湿的土中生活。有“跑湿不跑干”的习性，栖息在沿河两岸、渠道河旁、苗圃的低洼地、水浇地等处。在产卵前，先挖隐蔽室，而后在隐蔽室里产卵。蝼蛄在夜晚活动、取食为害和交尾，以 21～22 时为取食高峰。

（四）主要危害

1. 食性与行为特性

蝼蛄不仅采食植物叶片，还采食根、茎。温度影响蝼蛄采食，20 ℃以下，随着温度降低，采食量逐渐减少，活动也逐渐减少，5 ℃时蝼蛄几乎不再活动，20～25 ℃有利于蝼蛄采食，高于 25 ℃，采食量又开始下降。

蝼蛄生活于土壤中，在土壤中挖掘洞穴，在挖掘洞穴过程中寻找食物，到了产卵期，就产卵于洞穴中。采用吸水脱脂棉作为介质代替土壤，蝼蛄可在其中挖洞、疾走和鸣叫，并在其中生长、产卵繁殖，完成各种行为活动。

2. 蝼蛄的危害

蝼蛄的危害表现在两个方面，即间接危害和直接危害。直接危害是成虫和若虫咬食毛梾幼苗的根和嫩茎；间接危害是成虫和若虫在土下活动开掘隧道，使苗根和土壤分离，造成幼苗干枯死亡，致使苗床缺苗断垄，育苗减产或育苗失败。

（五）防治措施

从整地到苗期管理，本着预防为主，深翻土地、适时中耕、清除杂草、改良盐碱地、不施用未腐熟的有机肥等，创造不利于害虫发生的环境条件。

1. 人工捕杀

在春季苏醒尚未迁移时，扒开虚土堆扑杀。

2. 用马粪鲜草诱杀

在苗圃步道间，每隔 20 m 左右挖一小坑，规格 30 cm×20 cm×6 cm，然后将马粪和切成 3～4 cm 长带水的鲜草放入坑内诱集，加上毒饵更好。次日清晨，可到坑内集中捕杀。另外，水可放入淡盐水，不用加药物，淡盐水对蝼蛄有很强的杀伤力。

3. 毒饵诱杀

用2.5%敌杀死乳油、50%辛硫磷乳油、90%美曲膦脂原药0.5 kg,加水5 kg,拌饵料50 kg。饵料煮至半熟或炒至七分熟,饵料可选豆饼、麦麸、米糠等,傍晚均匀撒于苗床上,也可用新鲜草或菜切碎,用50%辛硫磷乳油100 g加水2~25 kg,喷在100 kg草上,于傍晚分成小堆放置圃地,诱杀蝼蛄,注意防止家禽中毒。

4. 灯光诱杀

蝼蛄趋光性强,可用黑光灯、水银灯、频振诱虫灯、太阳能诱虫灯诱杀,效果较好,能杀死大量的有效虫源。晴朗无风闷热的天气诱集量最多。

5. 生物防治

在土壤中接种白僵菌,使蝼蛄感染而死,是以菌治虫的防治手段。保护利用天敌,红脚隼、戴胜、喜鹊、黑枕黄鹂和红尾伯劳等食虫鸟类是蝼蛄的天敌。可在苗圃周围栽植杨、刺槐等防风林,招引益鸟栖息繁殖,以利消灭害虫。

6. 化学防治

(1)土壤处理。做苗床前,用5%辛硫磷(粒剂)2.5 kg/亩拌细土撒于土表,再翻入土内,或用80%敌敌畏乳油100倍液拌碾碎炒香的豆饼制毒饵,撒于苗床土面;做完床,在苗床上喷50%辛硫磷乳油1 000倍液,用药量为0.75 kg/亩,在早晚使用,否则影响药效,因为辛硫磷乳油见光易分解失效。因此,在喷药后表层覆上步道土,残效期为1~2个月。用3%呋喃丹颗粒剂5 g/m^2,防治地下害虫对苗木不产生药害。

(2)种子处理。用50%辛硫磷乳油0.3 kg拌种100 kg,可防治蝼蛄等多种地下害虫,不影响发芽率。使用70%锐胜可分散性种子处理剂进行拌种,其种子表面有保护层,可有效地保护萌发种子不受侵害。

(3)发生期防治。当发现有成、若虫危害时,喷施有机磷或菊酯类杀虫剂。如土中根施3%氰菊酯颗粒剂、根灌50%辛硫磷乳剂1 000倍液防治,使用70%锐劲特(氟虫腈)悬浮剂2 000倍液灌床防治等。

六、金针虫

金针虫是鞘翅目(Coleoptera)叩甲科(Elateridae)昆虫幼虫的总称,多数种类为害毛株幼苗及根部,是地下害虫的重要类群之一。

(一)形态特征

金针虫成虫俗称叩头虫。金针虫主要有沟金针虫、细胸金针虫等。

沟金针虫末龄幼虫体长 20~30 mm,体扁平,黄金色,背部有一条纵沟,尾端分成两叉,各叉内侧有一小齿。沟金针虫成虫体长 14~18 mm,深褐色或棕红色,全身密被金黄色细毛,前脚背板向背后呈半球状隆起。

细胸金针虫幼虫末龄幼虫体长 23 m 左右,圆筒形,尾端尖,淡黄色,背面近前缘两侧各有一个圆形斑纹,并有四条纵褐色纵纹;成虫体长 8~ 9 mm,体细长,暗褐色,全身密被灰黄色短毛,并有光泽,前胸背板略带圆形。

(二)分布区域

沟金针虫主要分布于长江流域以北地区,其中又以旱作区域中有机质较为缺乏而土质较为疏松的粉沙壤土和粉沙黏壤土地带发生较重,是我国中部和北部旱作地区的重要地下害虫。细胸金针虫在淮河以北地区常年发生,以水浇地、潮湿低洼地和黏土地带发生较重。另两种金针虫在北方发生也较为普遍。

(三)发生规律

沟金针虫一般 3 年完成 1 代,老熟幼虫于 8 月上旬至 9 月上旬,在 13~20 cm 土中化蛹,蛹期 16~20 天,9 月初羽化为成虫,成虫一般当年不出土,在土室中越冬,第二年 3~4 月交配产卵,卵 5 月初左右开始孵化。由于生活历期长,环境多变,金针虫发育不整齐,世代重叠严重。细胸金针虫一般 6 月下旬开始化蛹,直至 9 月下旬。

金针虫随着土壤温度季节性变化而上下移动,在春、秋两季表土温度适合金针虫活动,上升到表土层危害,形成两个危害高峰。夏季、冬季则向下移动越夏越冬。如果土温合适,危害时间延长。当表土层温度达到 6 ℃左右时,金针虫开始向表土层移动,土温 7~20 ℃是金针虫适合的温度范围,此时金针虫最为活跃,土温是影响金针虫危害的重要因素。春季雨水适宜,土壤墒情好,危害加重,春季少雨干旱危害轻,同时对成虫出土和交配产卵不利;秋季雨水多,土壤墒情好,有利于老熟幼虫化蛹和羽化。

(四)危害症状

以幼虫长期生活于土壤中,主要为害毛梾种子和幼苗等。幼虫能咬食刚播下的种子,食害胚乳使其不能发芽,如已出苗可为害须根、主根和茎的地下部分,使幼苗枯死。主根受害部不整齐,还能蛀入块茎和块根。

(五)防治方法

1. 药剂防治

常用农药的拌种量:40%的乐果乳油 0. 5 kg 加水 20~30 kg 用于 200~300 kg 种子,或 50%辛硫磷乳油 0. 5 kg 加水 25~50 kg 用于 250~500 g 种子,或

40%甲基异柳磷乳油 0.5 kg 加水 40 kg 用于 400~500 kg 种子。

2. 农业防治

(1)改变地下害虫的适生环境。结合农田基本建设,适时翻耕,改造低洼易涝地,改变地下害虫的发生环境,这是防治的根本措施。

(2)除草灭虫。消除杂草可消灭地下害虫、成虫的产卵场所,减少幼虫的早期食物来源。

(3)灌水灭虫。在地下害虫发生时期,及时浇灌可有效防治。

(4)合理施肥。增施腐熟肥,能改良土壤,促进作物根系发育、壮苗,从而增强其抗虫能力。

第九章　毛梾资源的综合开发应用及相关研究

第一节　资源栽培区划

毛梾资源分布范围较广,分布区南北跨度约为 1 600 km,东西跨度约为 1 700 km。包括黄河流域、西南部暖温带落叶阔叶混交林区、北亚热带落叶常绿阔叶混交林区和中亚热带常绿落叶阔叶林区,以山东、河北、陕西、山西、河南五省分布相对集中,资源量大,为毛梾的主产区。毛梾的地理跨越较大,各分布区的地貌变化较大,但其分布不多,多散生于缓坡山地和丘陵间的田边地堰,贯穿于太行山、伏牛山等山脉的林区边缘,低山灌丛也有少量分布,平原区多为引种栽植。

一、栽培区划

康永祥、赵宝鑫等开展了毛梾栽培区划研究。制定了毛梾现有资源的栽培区划格局,将主要分布区划分为 4 个区和 7 个亚区,包括由渭河平原亚区和晋南盆地亚区构成的最适生区、由晋东南高原亚区、冀西山地亚区和鲁中南低山丘陵亚区组成的适生区、由晋中盆地和黄淮海平原构成的次适生区以及以豫西山地为主的非适生区。

(一)最适生区

本区包括渭河平原亚区和晋南盆地亚区,属暖温带半湿润气候,其生态、土壤、气候条件均很适合毛梾生长,果实成熟最早(8 月底至 9 月初),整体产量较高。

1. 渭河平原亚区

该亚区位于陕西中部区域,西起宝鸡,东至潼关,海拔 400~500 m,东西长 360 km,南北宽度不一。渭河自东横贯平原中部,两岸地势不对称,呈阶梯状增高,有明显的阶地和黄土台塬,宽广的阶地平原是关中最肥沃的地带。该区气候条件适宜,1 月平均温度在 0 ℃左右,7 月平均温度为 28 ℃,日均温 10 ℃以上可达 230 天,作物生长期长达 260 天,无霜期为 200 天,水量较充沛,降水量500~600 mm,降水天数80~90天,9月雨量最多,暴雨较少,年变率在10%以下。干燥度为1~12,为半湿润气候,环境气候较为稳定。该区所在的关中盆地地势平坦,土质肥沃,水源丰富,机耕、灌溉条件都很好,是陕西自然条件最好的地区。

自古以来,该亚区即为农业最发达地区之一,独特的农业气候适宜各类林果类发展。土壤以娄土、褐土和白墡土为主,土地疏松肥沃,土层较厚,有利于深根性植物生长,当年毛梾幼苗根长可达20 cm。该区人工栽植毛梾较多,多生长于海拔400~600 m,地势平坦且光照条件较好,整体冠形丰满,萌条生长较快,枝叶繁茂,结实量较高且林下幼苗更新较多。4月初即可展叶,8月底果实即可成熟,开花结实均较早,种子品质和形态均较为优良,但种仁含油率较低。该区虽偶有春旱、伏旱等灾害性天气,但基本避开毛梾幼果生长期,对结实影响极小,同时该区病虫害较少,可考虑优先发展毛梾良种能源林。

2. 晋南盆地亚区

该亚区位于山西省西南部汾河下游的晋南盆地和运城盆地。运城盆地位于中条山之北,海拔33~360 m,包括侯马、临汾、运城、河津等地。该区气候温和,具有温暖带大陆性半湿润季风气候特征。亚区内有较厚黄土层,地势平坦,气温条件好,日平均气温大于10 ℃的积温达4 479~4 650 ℃,夏季高温多雨,年平均气温10~14 ℃,1月均温为0.7 ℃,7月均温为29.2 ℃,年降水量500~600 mm,无霜期160~220天。土壤为褐土,土层厚且表层含有机质在0.7%~1.2%。当地传统习惯种植苜蓿、豌豆等豆科作物,与棉、麦倒茬轮作,使土壤肥力得以维持。该区适宜农作物的生长,素有"山西粮仓"之称。但降水较少,易发生春旱。

该亚区毛梾多分布于半山坡农田边缘,整体海拔较低,生长区内水肥条件优越,加之较厚的土层,均易于毛梾幼苗繁殖。其资源多分布于阳坡,生长良好、结实较早且产量较高。果实成熟期与关中平原区相差不大,虽也有旱情灾害,但基本不影响毛梾正常结实。该亚区交通便利,农业基础和技术较好,可以联合毗邻的渭河平原亚区,依托气候条件优势,大力发展毛梾能源林种植园和油品初级原料加工区。

(二)适生区

本区属暖温带半湿润大陆性季风气候,分为三个亚区,天然毛梾资源较多,果熟期在9月中旬至下旬,年际间产量差异较大,既是毛梾适宜生长的区域,也是野生毛梾全国分布的中心区域,部分地区仍延续着食用毛梾油的习惯。

1. 晋东南高原亚区

该亚区位于北纬 25°20′~26°，东经 111°30′~112°50′，为太行山、太岳山、中条山所环绕，山间多小盆地。该区包括沁水、长治、亚城、阳城、垣曲等地，地形地貌复杂，小气候明显 。干旱、冰雹、暴雨、大风、霜冻、干热风、连阴雨等灾害性天气频发，冬春连旱为困扰农作物生长的重要气候特点。该地区为“长日照地区”，年日照时数为 2 393~2 630 h。年均温 7. 9~11. 7 ℃，无霜期 185 天左右。年降水量为 626~674 mm，年降水日数为 90~98 天。土壤类型以褐土为主。在植物分布上，以油松、华山松、白皮松、辽东栎类为主要乔木，次生灌草丛生植被以连翘、拧条、忍冬、白羊草、野古草、胡枝子为主。

该地区有上千年的栽培利用历史，天然毛梾资源多留在该区，因此在人类活动频繁的浅山农田区仍偶有大龄古树存在，太行山脉及中条山脉也有次生林分布。次生林区多以幼龄为主，稀生于海拔 800~1 700 m 半阳坡密林及杂木林中，林区内毛梾少且零散分布，结实稀少且多为树冠上层结实，生长缓慢，树体纤弱，无成片纯林，林下几乎没有幼苗更新；农田区多生长于边缘埂堰处，根部常有部分外露，枯枝叶层较薄，冠形普遍较好，梾木褐斑病、灰斑病等病害较为普遍，但对结果产量影响不大。该区部分单株由于农户掠夺式采摘而严重破坏了冠形结构，破坏了树木繁殖能力，该区部分偏僻地区也有食用毛梾油的习惯。本区水热条件适中，春秋日照充足，有利于毛梾展叶和结实，适宜栽培中熟品种，然而，贫瘠的土壤和半干旱状况是毛梾自然更新的主要制约因素，常有春季初夏连旱发生，需重视储水灌溉。秋季降温较快，叶子早落现象明显，果实成熟较晚，结实量适中。该亚区地貌复杂，多为偏僻高原、山地、河谷等，宜于在其自然生长、排水较好的阳坡浅山区进行荒山造林。然而交通极不便利，严重阻碍毛梾油品的运输。因此，需要加大该区域的交通及经济基础建设。

2. 冀西山地亚区

此亚区位于太行山中南段，位于北纬 37°52′~38°24′，东经 113°40′~114°20′，属于暖温带大陆性季风气候，地面的高低气压活动频繁，冬季寒冷干燥；夏季炎热多雨；春季干旱、多风沙；秋季晴朗，寒暖适中。太行山受河流切割，多形成峡谷，成为亚冀交通孔道。山区石灰岩分布面积较广，森林破坏较严重。年均温 5. 9~13. 2 ℃，土壤为褐土，呈弱碱性，pH 为 7. 05 左右，春季降水偏少，季总雨量为 11. 0~41. 7 mm，夏季雨量分布不均，降水量为 145. 5~516. 4 mm。秋季多寒潮发生，总降水量为 401. 1~752 mm，时空分布不均，降水量变率大。山区雨量为 628. 4~752 mm。冬季降雪量偏多，总雪量为 10. 0~19. 2 mm，年日照时数为 1 916~2 751. 2 h，无霜期为 140~210 天，春夏日照充足,秋冬日照偏少。该区的毛梾伴生树种以漆树、桦为主,灌草以酸枣、荆条、黄背草、白羊草为主。

毛梾在该地区多集中分布于次生林交错区的半阴坡山区,果实较大,树冠整体偏大,部分果序有扭曲。该区虫害极其严重,据调查,受害严重的单株一枚叶片的害虫最多可达 15 只以上,必须加强苗木和林地管理,及时用药物进行虫害综合防治工作。受较大风沙天气影响,该区枯枝层较薄,幼苗更新极少,但现存资源的整体结实量较高,单株产量普遍可达 10 kg 以上。多数山区延续着食用毛梾果实油的习惯,果实采摘、压榨和除杂等初级加工技术较成熟。该区展为叶开花滞后,果实成熟较晚(10 月上旬),种子活胚率偏低,但成熟度较一致且果肉较厚,适合发展为食用油高产区。该区繁育工作难度较大,极易受低温和干旱影响,必须加强管护措施的技术支持,但对于花期及幼果期出现的霜冻和旱害概率小,对结实单株危害不大。该亚区地处于毛梾适宜分布区的北缘,可以作为毛梾的南种北引区选育早熟品种,宜在低海拔的开阔山地平原交错区发展毛梾种苗培育基地。

3. 鲁中南低山丘陵亚区

该区域位于山东中南部大部分山地和丘陵地区,中低山面积占山东省山地的 1/4,以泰山、鲁山、沂山、蒙山为主,地处暖温带,属湿润的温带季风气候,四季分明,雨热同期。春旱不太严重,但夏季多暴雨。雨季时常伴有山洪暴发,造成严重水土流失,是水土保持的重点地区。该区海拔较低,在 200~500 m,年均温 12~14 ℃,年平均降水量 650~810 mm,最热月份为 7 月,平均气温 26 ℃,最冷月份为 1 月,平均温度为-2 ℃,年日照时数 2 600 h 左右,无霜期 180~220 天,相对湿度 60%左右。土壤为棕壤土,温度适中,有机质含量较高,土层较厚,质地黏重,有明显的淋溶作用。该区植被为暖温带落叶阔叶林及针阔叶混交林,毛梾伴生树种多以枯木、柿树、君迁子为主,并伴有黄荆、菝葜、天南星等灌草生长。

该亚区留存较多毛梾古树群,更新的毛梾资源多在杂木林或灌丛中生长,大部分散生单株资源分布于农田,在沂源、泰山、青州等地有少量毛梾人工林栽植。该亚区开花结实受坡向影响较大,其中,博山地区多分布于半阴坡或阴坡的次生林中,树干较高,开花和结实较早(9 月中旬),但结实较少;沂源及青州开花结实相对较晚(9 月底),多生长于丘陵及低山农田,阴坡结实极少而阳坡产量较高。该亚区整体海拔偏低,结果期持续较长,大小年现象明显,变异类型较丰富,现有谷种子、豆种子、毛种子等多种变异类型,种仁含油率以青州较高而沂源和博山较低。该亚区土壤有机质含量较高,土层较厚,适合毛梾人工栽培繁育,然而,连年的病虫害及水土流失较严重,甚至影响到幼苗更新和繁育,在栽培管理中应加强有效的保护措施。该亚区变异丰富、交通运输发达,有利于开展毛梾优良种苗的调拨,适宜在光照充足的丘陵及浅山区引种栽植。

(三)次适生区

1. 黄淮海平原亚区

该亚区位于中国华北地区,包括黄泛平原、海河平原、淮北平原,跨越河北、山东、河南、江苏、天津等省市。该亚区属于南温带半湿润季风气候,地势低平,大地地貌形态上主要包括山前洪积-冲积扇形平原、冲积平原及海积平原。黄淮海平原是我国政治、经济、文化的中心地带,也是我国重要的工业和农业生产基地。该亚区季风型气候使平原农业发展较好,但旱涝灾害频繁。黄淮海平原从北到南,年平均降水量为 500~800 mm,年日照时数为 2 000~2 900 h,大于 10 ℃积温为 2 200~4 900 ℃,太阳总辐射量为 469~611 kJ/cm^2。从年平均值看,能够维持天雨型农业(依靠降水进行农业生产),但由于该区降水主要受太平洋季风的强弱和雨区进退的影响,地区上分布不均匀,季节间和年际间变化更为剧烈,常以暴雨或特大暴雨的形式出现。季节间的先旱后涝,涝后又旱,年际间的旱涝,多年间的连旱连涝,是长期以来农业生产极不稳定的基本原因。该亚区土壤为复黏土沉积物质,土层深厚,土质肥沃,已是中国小麦、棉花、花生、芝麻、烤烟等作物种植面积最大的农业区,也是温带果品苹果、梨、柿和核桃、板栗、红枣等的主要产区。

该亚区经济发达、城市化建设较快,毛梾原始植被遭到破坏,仅有部分单株作为“四旁”树零星分布于村落间和城乡交错带,自然更新较差,偶有引种栽植,该区多为平原,地势平坦,土层肥沃,可以大面积发展毛梾能源林生产基地,同时,该区交通发达、经济便利,木本油料资源的综合开发方面优势明显。然而该区旱涝灾害较多,同时部分地区存在土壤盐渍化现象,栽培时有必要采取科学措施保障良好的排涝和灌溉条件,对盐渍化土壤和次生盐渍化进行防治。

2. 晋中盆地亚区

晋中盆地也称太原盆地,位于山西中部,北起黄寨的石岭关,南至灵石的韩侯岭,东西两侧以断层崖与山地相接,盆地呈东北—西南分布,长约 150 km,宽 30~40 km,包括整个汾河中游,面积达 5 000 km^2。年降水量在 400 mm 左右,年平均气温为 8~12 ℃,大于 10 ℃积温为 3 000~3 500 ℃,年日照时数在 1 810~2 300 h。本区农业生产水利化、机械化水平较高。农业生产精作,是山西农业高产区。该亚区以棕壤和褐土为主,土地肥沃,水源丰富。然而,该区暴雨、冰雹、干旱、寒潮等灾害性天气频发,严重影响农业生产。

该亚区为毛梾资源分布的北部边缘区，毛梾资源不多，仅零散分布于丘陵和黄土台地沟壑间，常因过度干旱和土壤贫瘠不结实，同时叶片常落且多发生病害，整体长势较差。该亚区野生资源、栽培条件较差，应注意毛梾野生资源的保护并及时开展繁育工作，栽培时需加强花期和果期的灌溉与土壤底肥的施入。

（四）非适生区（豫西山地区）

该区位于河南省，西起秦岭入河南段的灵宝南部，东到嵩山，东南到方城北，包括熊耳山、嵩山（由黄河南岸至伏牛山）、崤山。该区属于暖温带半湿润半干旱地区，气候温和，热量和降水量偏少。年平均气温 12.8～14.2 ℃，降水量为 600～800 mm。春末与晚秋季节大部分地区有霜冻，季风气候明显，其不稳定性表现在年降水量的时空分布不均，往往全年的降水量主要集中在夏季，约占全年降水量的 45%，降水的不稳定性极易引起旱涝灾害。该区是河南省次生林分布最集中的地区，土壤多以棕壤为主。

该区毛梾分布较分散且多生长于海拔 1 100～1 400 m 的次生林区，乔木以槲栎、栓皮栎为主，灌草以盐肤木、连翘、荚蒾、荩草、唐松草为主。气候湿润且温度较低，春末秋冬的霜冻很大程度上影响毛梾的开花和结实，加之夏季暴雨不断且多生长于岩石环境，病害较为严重，产量波动大，急需实施灾害监测和病虫害防治措施。该区的偏远山区一直保留着食用毛梾油的习惯，随着生活水平提高，目前该区基本食用商品油。该区山地岩石较多，土层较薄，潮湿环境易造成严重病害，因此不利于进行毛梾人工栽培，但该区的毛梾油初级加工技术基础较好。

以毛梾资源分布和适生条件为基础，结合地貌、地形划分对其进行了主产区的栽培区划，分为 4 个栽培区及 7 个亚区，基本包括了毛梾资源的集中分布区。其中，最适生区（汾渭平原）的毛梾生长良好，树形美观，结实最早，种子的综合品质最好，故可以作为毛梾的早熟高产栽培示范区；豫西山地区多处于寒冷山区，海拔较高，易受严酷气候环境和较差的立地条件限制，因此不宜发展毛梾栽培工作，将其划为非适生区和灾害监测区；鲁中南低山丘陵区变异类型丰富，同时土壤肥力较好，整体产量较高，可以作为以毛梾的种植、育种、油料加工为主的综合产业基地；冀西山地区作为北缘可以作为南种北引区；晋东南亚区则是毛梾野生分布相对较多的地区，栽培利用历史悠久，可以作为天然资源更新繁育区。

通过对各区生态环境和生长状况调查发现，毛梾集中分布于我国南温带和北亚热带区域，这些区域的气候和水分条件对毛梾影响不大。然而，毛梾适宜栽植于弱碱性土壤中,矿质元素和土壤肥力均对毛梾生长和结实影响很大,生长于肥沃、疏松、湿润适中的土壤环境中往往结实较早、丰产,石缝或土层较薄的立地环境易造成结实稀疏,树干矮小。同时,光照、海拔对于毛梾的结实和生长也存在较大影响,生长于阴坡的密林区结实均较小甚至不结实;在光照较好的山坡丘陵或开阔农田,生长结实较多且稳定;高海拔地区结实受阻,往往树冠相对窄且树体矮小,低海拔地区结实正常且树形优美。因此,毛梾栽植应注意立地环境的选择,同时应通过苗木和林地抚育管理增强树势,提高抗病虫害能力,进而有效提高产量。

由于各区的毛梾栽培利用时期不一致,各区经济条件和技术水平差异较大,因此有必要结合毛梾资源特点,因地制宜地发展各区特色的栽培模式。对于毛梾适生区应该大面积发展种植园或良种能源林,并结合当地的经济条件和发展水平及交通状况,配套建设毛梾能源初级加工产业链,对非适生区则应做好灾害防治及栽培评估工作。各区优良资源则有必要积极开展引种繁殖,保证资源的优化利用。毛梾栽培区划为现有资源合理开发提供了可行性依据,这对今后毛梾产业的区域化发展和资源优化配置有着更为深远的意义。

二、自然变异现象与类型

自然条件下,毛梾地理分布范围广,所处环境千差万别。在我国分布区主要跨越温带和北亚热带,其生长地貌复杂多变,生态环境及物候差异明显,适生范围广且分散不连续,这些都有利于种群隔离而基因交流受阻,长期适应不同气候环境条件,最终形成了丰富的变异类型。在长期自然选择过程中,形成了生长、形态与结实特征差异的自然类型,在树皮、冠形、叶、花、果穗、果实、种子等方面具有丰富的遗传变异,尤其是果实及种子的变异是人类开发利用的重要经济性状之一,一定程度上加快了物种的传播能力及分布格局。

(一)毛梾形态变异

赵宝鑫对分布区毛梾种实、叶片、果序等形态变异进行了观察研究。毛梾形态性状在群体间和群体内存在极其丰富的遗传变异。群体间变异小于群体内变异。种实形态中,种实与果皮厚度变异较大,而种子直径变异较小;叶面积变异程度较高,叶长变异较小;果序形状变异最大而果序宽变异最小。各类形态性状变异程序的依次大小顺序为:果序>叶片>种实>树皮。

1. 形态变异指标体系

针对毛梾变异复杂、形态多变的特点,结合经济林的优选目标、优先指标、形态变异的相关文献,对果实、果序、叶片、树皮等功能部位制定出符合毛梾形态变异研究的性状指标体系(见表9-1)。

表9-1 毛梾变异指标体系

性状类型	部位	性状名称	研究目标
种实性状	果实	果实横径 果实纵径 果形指数(果实纵横比) 果实百粒重	果实外部形态变化 果实综合品质
	果皮	果皮厚重	果肉的形态变化
	种子	种壳厚度 种子直径 实壳比 种子百粒重	种壳的地理变异 种子大小的变化 含油潜力指标 种子综合品质
果序性状	果序 果序指数(果序高宽比)	果序宽 果序高 果序柄基径	果序形态变化
叶片性状	叶长 叶面积	叶片 叶形指数(叶长宽比)	叶片形态变化
树皮性状	树皮	树皮指数 (2倍皮厚与胸径之比)	树皮变异情况

2. 形态变异特征

据调查发现,毛梾在花、种实、叶片、枝条、树皮、果序类型、果实大小、果穗大小及开花结果习性等均存在很大程度上的变异。

(1)花变异。

毛梾为两性花植物,雌雄同花,雄蕊按数量多为4个,少数变异为5个,而退化的雄蕊可变异为花瓣状形态。

(2)叶变异。

叶变异更为丰富,颜色有红色、紫色和褐色,叶片有茸毛或无茸毛;叶形态方面有叶片长、短,叶片面积大、小,叶片偏狭长或偏圆形。

(3)枝条变异。

无论是结果大树,还是幼树或苗木,植株之间当年生嫩枝的颜色都有差异,多数植株枝条呈红色(紫红、深红或浅红),少部分植株呈黄色或浅绿色;

部分枝条变异为连接状态。

(4)树皮变异。

树皮类型按形状可分为块状和条状,按深度可分为深裂和浅裂;树皮颜色有黄绿色、灰褐色、褐色;树皮木栓层有厚有薄。

(5)果柄变异。

果柄颜色有深红、淡红和黄色等类型。果柄基径有大有小,果序有宽有细,有的较开展,有的较紧凑。

(6)果序变异。

果序形态有开心形和扭曲形、聚伞形等多种类型。

(7)果穗变异。

果穗长、短和挂果数多少存在差异。

谭运德等对河南省毛梾种质资源调查发现,自然在生长状态下的毛梾绝大多数果穗长度 12 cm,直径 8~10 cm,每果穗挂果数 30~40 个。但调查中发现有果穗长度≥20 cm、直径≥15 cm、每果穗平均挂果数超过 60 个(部分超过 70 个)的大穗型单株。采集的优良单株果实平均单果穗鲜果重最大达 18.9 g。

(8)种实变异。

种实形态存在显著差异,其中果实形状上可大致分为近圆形、椭圆形和扁圆形;果实结构中,果皮、种壳厚度有厚有薄,果实直径有大有小,果皮和种壳厚度呈反向变化趋势,果皮和种子直径反向协调变异。

谭运德等对河南省毛梾种质资源调查发现,毛梾在自然生长状态下,多数植株果实直径为 4 mm 左右,且同株果实大小基本一致。但在同一林分内发现存在果实直径≥6 mm(个别≥7 mm)的大果型单株和≤4 mm 的小果型单株。采集的毛梾鲜果百果重最大达 29.2 g,最小仅 14.7 g。

康永祥等调查发现,部分地区群众根据果实特征和果熟期将其归类命名,进而划分出不同变异类型,如山东青州根据毛梾果实变异特征和类型,称豆种子、谷种子、毛种子、紫种子、油种子,山西阳城称伏椋子、秋椋子等。

(二)开花结果习性差异

毛梾果实成熟期及一致性方面的差异。谭运德在济源调查发现,同一山坡同海拔的盛果期毛梾树,虽然多数植株的果实处于变色期,成熟期基本一致(预计 9 月下旬成熟),但也有部分早熟型单株,其中有 1 株 8 月底果实成熟,已全部脱落;有 2 株 9 月上旬果实完全成熟并有 60%以上果实自然脱落。同时发现有 2 株存在果花同生现象(同株果实成熟期极不一致,可同时看到花、幼果和成熟果)。

(三)结果枝率和当年生枝条长度变异

据康永祥等对陕西杨凌73株同龄单株观察和测量,结果枝率和当年生枝条长度变异系数最大,分别为39.2%和30.4%,变异幅度分别为10%~44%和58~142 cm,结果枝率和当年生枝条长度在不同的毛梾单株之间有较大的差异,可作为毛梾高产单株的选优参与指标。

毛梾形态变异丰富,形态变异是特种遗传变异的表现形式,也是由基因型和环境条件共同作用的结果。毛梾各形态性状变异的不一致造成了各性状差异丰富多样,一方面,可能由于地理隔离和环境选择不同,加之群体间基因交换的概率减少,逐渐形成各自相对比较稳定的群体表型特征;另一方面,由于不同表型性状受不同基因型控制,最终引起不同程度的表型分化差异。

总体来说,地理位置相差越大,性状差异越大,毛梾多数形态性状的变异受区域不同生态环境影响而变得相对复杂,同时,群体内不同性状的差异水平也不一致。

(四)变异规律研究分析

赵宝鑫等对毛梾形态变异进行研究、分析,探讨了毛梾的形态性状地理变异规律。研究确定了6个省份的9个具有代表性的群体,基本包括了毛梾现有主要天然分布区。

1. 各性状的测定方法

在已选定的陕西杨凌、河南卢氏、山东博山、山东沂源、山东青州、河北井陉、山西阳城7个天然群体内选取生长健康的结实单株进行调查和采种,每个群体测定30个单株,要求株间距离至少在50 m以上,尽量避免采种株间的亲缘关系。群体内单株按照东、南、西、北4个方位于树冠中部均匀采集一定数量的种实、果序、叶片,并进行分类测定。

(1)种实性状。采集单株适熟而完整的果实,混匀并随机挑选30粒,用游标卡尺逐粒测定种孔方向纵轴长度及其垂直方向横轴长度,分别记为果实纵径和果实横径;剥去果皮和种壳,分别测量种子直径与种壳厚度;计算出果实纵横径比作为果形指数;将果实直径(纵横径平均值)与种壳厚度比值定义为实壳比;以果实直径与种子直径差值的一半作为果皮厚度。精度均为0.01 mm。

(2)重量性状。对群体内按单株随机取100粒新鲜果实进行称量,测得果实百粒重,测量精度0.001 g,重复10次;采集每个群体混合果实大约1 000 g,经去皮、清洗和干燥后,随机取100粒种子进行称量,测得种子百粒重,每个群体重复 10 次,测量精度 0.001 g。

(3)叶片性状。每个单株随机选取新鲜健康的叶子 30 枚,用游标卡尺测定每片叶子的最长处和最宽处作为叶长和叶宽,精度 0.01 mm;用 SHY-150 型号叶面积仪对已测定长、宽的叶片逐一测定叶面积,精度 0.000 1 mm^2;将以上指标记录整理,计算出叶片长度比作为叶形指数。

(4)果序性状。每个单株选取 30 个健康完整的果序,测定其果序柄基部的直径作为果序柄基径;将果序最宽处记为果序宽;测定果序的第一分叉点至中轴方向果序梢端的距离,记作果序高;计算果序高与果序宽的比值定义为果序指数。以上数据精度均为 0.01 mm。

(5)树皮性状。利用自制针尺实测胸径处的树皮深度,每株重复测 10 次,精度 1 mm,将树皮深度的 2 倍与实测胸径之比定义为树皮指数,由于树皮深度与胸径为单位不同,本次对树皮指数计算时将树皮深度单位统一为 cm 后乘以固定系数 10。

2. 结论与讨论

(1)毛梾形态变异丰富。

形态变异是特种遗传变异的表现形式,也是由基因型和环境条件共同作用的结果。目前,国内关于植物表型多样性研究较多,不同植物的平均表型分化系数在 6.44%~54.29%,群体间变异较小而群体内变异较大,毛梾的平均表型分化系数为 19.88%,与其他植物相比,群体间的分化程度处于中等水平,17 个形态性状中的 13 个性状在群体间和群体内的差异大多数达到极显著水平,仅有种子直径、果序柄基径和果序宽、树皮深度在群体间差异不明显,说明这 4 个性状的地理变异较小。毛梾的种实性状不论在群体内还是群体间均存在广泛差异,其变异特点受特种遗传特性、种子着生位置及其接受营养物质等多方面的影响,这与目前国内学者大多数种实性状表型多样性研究结果一致,其中果形指数和果实百粒重的表型分化系数较高(Vst>35%)。而叶片的形态变异也较为丰富,表型分化系数为 16.58%~30.53%;果序形态和树皮形态变异相对较小,表型分化系数基本上处于低水平(Vst<10%),遗传分化程度相对较低。各形态性状变异的不一致造成了各性状差异丰富多样,一方面,可能由于地理隔离和环境选择不同,加之群体间基因交换的概率减少,逐渐形成各自相对比较稳定的群体表型特征;另一方面,由于不同表型性状受不同基因型控制,最终引起不同程度的表型分化差异。

(2)形态性状内部规律。

通过种实性状相关性发现,毛梾种实性状间均存在较为密切的联系。果实横径与果实百粒重之间的相关性较高,可以将果实横径作为间接反映百果质量的重要指标;果皮厚度、种壳厚度均与实壳比存在显著正相关性和负相关性。从结构上讲,种壳分隔了果皮和种仁,其厚度决定二者的相对比例,进而间接影响果实含油量,同时,薄壳的种子更有利于萌发;实壳比是果实直径与种壳厚度的比值,反映了单位种壳的相对果实大小,可以作为毛梾选优的重要指标,为选择薄壳大粒的优良类型提供选择依据。

各类性状间相关分析发现,树皮指数与种实、果序多数性状均存在较好的相关性,这说明树皮指数可以作为毛梾优选的综合评价指标;果序高、果序宽和果序指数均与多数种实性状存在显著相关性,这反映了果序形态的空间布局对于种实结构形态发育和变异的必然联系;叶片也与果序和种实形态中部分性状存在显著相关性,从某种意义上讲,叶子是种子植物制造有机养料的重要器官,对于植物体在开花结实阶段的营养供给有着重要作用。因此,叶片也可以一定程度上反映部分果序与种子形态特征。

(3)形态性状的生态、地理分布规律。

各性状相关研究表明,毛梾的大部分形态指标与生态因子相关性并不高,这可能与局部小气候和发育、遗传效应有关,因为特定的表型是基因型和发育所处的特定环境条件相互作用的结果,各群体生存气候条件差异,易造成不连续变异。但与此同时,部分形态性状仍呈现一定的梯度规律性:种子直径与经度呈显著负相关($r=-0.759$),种壳厚度不仅与纬度有显著相关性($r=-0.829$),也与年降水量、年均温度在显著相关关系($r=0.787$、-0.772);果皮厚度与纬度呈极显著相关($r=0.945$);实壳比与经度和纬度均存在显著相关性($r=0.925$、0.865)。随着纬度的增加,温度逐渐下降,种壳厚度变小而果皮变厚,实壳比呈现随纬度和经度双向变化趋势。而种壳厚度还与降水量呈显著性正相关,由此分析,在高纬度地区,较厚果皮含有更多的油脂,有利于抵御低温的环境,在含油果皮缓慢分解的同时,较薄种壳有利于打破种壳的束缚并增强透气性,从而快速促进种子萌发,最终经过长期自然选择保留了果皮较厚而种壳较薄这一变异特征;而种壳厚度也与降水量有着密切关系,湿润的土壤环境更易滋生霉菌而致使种子发生霉变,影响种子自然更新能力,较厚的种壳可以起到保护的作用;而随着经度的增加,叶面积增大,种子直径变小,这表明在低经度的干旱地区,水分及热量的分布不均会使得叶片相对较小,产生这种变异特性有助于减小蒸腾,同时,大种子比小种子具有更高的萌发率,具有较大种子的植物一般也具有较低的叶面积指数。由聚类分析可知,毛梾形态特征具有明显的地理区域特征,基本能够反映区域间的形态差异和地理分布格局,同时,也反映了毛梾的形态变异的地理不连续变化,对于种源的区划和优良种源的选择有着积极的意义。

从毛梾自然变异情况观察可以看出,其种质资源的形态变异十分丰富,开展优良种质资源的选育潜力很大。比如很有可能从大果型和大穗型单株中选育丰产型良种,也有可能从开花期长的类型中培育出适宜园林绿化的优良品种,但现有形态变异是否具有遗传稳定性,还需要经过子代和无性系测定。

第二节　毛梾资源的综合开发应用

一、毛梾的综合应用

毛梾为综合价值很高的木本植物,全身都是宝,除果实油用外,叶和树皮还可提栲胶,花量大,是一种优良的密源,木材花纹美观、细致均匀、纹理直、材质坚硬、握钉力强、车旋性能好,有良好的胶接性和涂饰性,可用作高级家具,用于室内装饰、工艺美术,制作胶合板、农具,以及制浆和造纸。毛梾寿命较长,可达 300 年以上,树枝叶茂密、树姿优美、花量大、抗病虫害能力强,是优良的园林树种,孤植、丛植均能自然成景,可作为城市园林、新农村及通道绿化美化的主要树种之一。同时毛梾适应性强,耐干旱贫瘠,属速生深根植物,是荒山绿化和水土保持的生态先锋树种。毛梾树冠浑圆,枝叶繁茂,对 SO_2 和煤烟有较强抗性,可作为预防大气污染的环境树种和环境监测树种。

二、种子加工与应用

毛梾果实含油率高达 41.3%,果肉和种子均含有可食油脂,出油率 15%,是我国重要的木本油料树种之一。毛梾种子油属半干性油,碘值 104.2、皂化值 198.1、硬脂酸 1.6%、十六碳烯酸 3.2%、油酸 33.6%、亚油酸 38.0%,其碘值、不饱合脂肪酸、脂肪酸甲酯等方面均符合生物柴油的原料标准,在生物质能源领域应用前景广阔,是生产生物柴油不可多得的理想树种。毛梾油的酸价偏低,其脂肪酸含量明显高于花生油和豆油,在食用开发和提取工业用油方面发展前景良好。

(一)采收时间

毛梾果实一般 9~10 月成熟,成熟期因品种和产地有所差异。毛梾果实成熟与否的依据为核果由绿色变为紫黑色至黑色并发软,这时应及时采摘,黑色核果为成熟饱满的种子。果实成熟后应及时采收,尽可能不要等果实自行脱落后再在地上捡拾，因为此时果实过熟，种子内的油脂已经有部分转化，榨出的油的质量没有成熟时摘果的好。

（二）采摘方法与预处理

果实采收方法主要有两种：一是果实成熟时，在树冠下铺垫塑料膜，然后将果穗敲打脱粒，除去果枝和果柄，得到果实；二是利用枝剪、高枝剪人工采摘果穗，除去果枝和果柄，取得果实。采摘果穗时应避免折下果枝，防止影响第二年产量。果实采收后不能暴晒，要将果实堆沤几天，等果皮变软后，在清水中搓揉，漂去果皮和果肉等杂质，用清水把种子冲洗干净，放在通风阴干处晾干后用于榨油。种子晾干后应及时榨油或加工处理，以免影响出油率。种仁比种子出油率高，出油率分别为56.5%和42.5%。

（三）植物油脂的提取方法

1. 物理压榨法

物理压榨法是最古老、最常用且最健康的油脂提取方法，物理压榨即是物料在机械挤压的情况下，组织结构被损坏，油脂从细胞中流出，从而得到油脂的一种提取方式。早年间多以人力压榨和螺旋式压榨、杠杆式压榨为主，后又发展为动力压榨机、连续式螺旋压榨机，液压式压榨机简单易行，好操作，所需动力较少，节省能源。

我们常说的压榨法又可以温度为依据将其分为热榨和冷榨两种。热榨法是在温度较高的条件下进行的，得油率高但是油脂酸价偏高，品质较差。这是因为高温会使得油脂中的脂肪氧化酶、多酚氧化酶等酶类物质发生变化，从而引发脂肪成分变化，进而影响油脂的品质。冷榨法是在低温条件下进行的，一定程度上保存了植物油脂原有的品质，更多地保留了其天然芳香气味。

2. 酶提取法

先将物料进行机械破碎，后利用生物作用对油料物质的细胞壁进行破坏，并使得蛋白质水解，从而得到油脂。酶提取法制取油脂有很多优点，比如条件温和、消耗能源少、提取工艺简单、蛋白质稳定性较好等。

3. 酸热法

将微生物细胞壁用盐酸浸泡，细胞壁会变得疏松，在沸水中加热并进行快速冷冻，待细胞壁被彻底损坏后，用有机溶剂进行提取，可从微生物中得到油脂。酸热法大多用于进行微生物中油脂的萃取。

（四）油脂加工

1. 油脂的脱胶

水化脱胶的目的是除去毛油中的磷脂。脱胶温度、时间、水化时间等均可影响油脂的脱胶效果。近年酶法脱胶备受关注，这是因为酶法脱胶绿色环保、节能高效。而近年兴起的膜法脱胶在原基础上简化了工艺，减少了成本，更加绿色环保。总之，现代社会更加崇尚自然绿色环保的脱胶技术，为人类提供健康的油脂。

2. 油脂脱酸

脱酸目的是除去油脂中的游离脂肪酸，是油脂加工精炼的重要步骤。一般常用碱溶液来进行，以此中和游离脂肪酸。加碱量是影响碱炼效果的重要因素，碱溶液的浓度也起到至关重要的作用，太稀则容易引起乳化现象，太浓则会引起粗油的迅速损失，沉淀形成硬块。

3. 油脂脱色

油脂的色泽是消费者在选购商品时必然很在意的一项重要感官指标，也是在油脂的精炼工艺中特别需要控制的指标。脱色对油脂来说是非常重要、必不可少的环节，也是使产品达到食用要求的保障。油脂的脱色步骤主要在精炼的工序进行，脱胶、脱酸、脱臭等工序均可起到一定的脱色作用。油脂的脱色方法可分为物理法和化学法。对于一些颜色较深的油脂，单纯依靠吸附脱色的方法很难达到预期效果，此时可以采用二次碱炼的方法进行脱色。经过二次碱炼处理后的油脂中还含有残余的皂角和色素，经预热后加入脱色剂，可以进一步达到脱色的目的，提升油脂的品质。

4. 油脂脱臭

油脂加工过程中，脱臭步骤是尤为重要的一步，它影响成品的气味。一般的间歇式脱臭工艺时间大约在 5 h，但半连续式脱臭及连续式脱臭工艺常控制在 18~88 min。在脱脂过程中，不仅需要增大真空度、升高油脂温度、延长脱臭时间来保证脱臭效果，还应该在脱臭前进行预处理，严格控制各种指标，保证脱臭的正常进行，脱臭温度起到关键作用，但也不能过高，如果温度过高则有可能使得色泽加深、酸价升高等，难以保证油脂制品的质量。

5. 油脂脱蜡

油脂的脱蜡是最后一步工艺，但也相当重要。一般采用冷却、结晶等方法使得油脂中的高熔点蜡质析出，经过离心分离等步骤从油脂中去除。

(五)毛梾籽油压榨

毛梾籽油来自于毛梾籽，即对毛梾籽进行压榨，再用溶剂浸取等一系列操作后所获得的油脂类物质。毛梾的果肉和种仁均含油脂，果含油量 31.8%~41.3%，含糖 2.9%~5.8%，蛋白质 1.3%~1.5%，出油率 25%~30%，果肉出油率约 15%。毛梾籽油可做食用油或者生物柴油使用，是我国重要的木本油料之一。经压榨取的的毛梾籽油颜色较深,经碱炼、脱色后色泽透亮,不饱和脂肪酸含量高。在我国豫西三门峡市卢氏县就有村民压榨毛梾果实得到油进行食用,用压榨法制取的油略有臭味及涩口感。现代的压榨法是工业化自动操作,主要特点是投资小、设备简单、操作方便,用机械压榨的方法把油从油料中挤压出来,能完全保证油品的营养不流失,所得毛梾油品质好,色泽较浅,精炼过程脱色效果好,酸值低、易精炼。毛梾籽油压榨生产工艺流程如下:

毛梾籽→清选除杂→破碎→蒸炒→压榨→毛油→精炼→成品油

↓

饼(粕)

梁栋、吴秋分别利用气相色谱与质谱联用技术(GS-MS)对毛梾籽油的化学成分进行定性分析,得到毛梾籽油主要含有油酸、异油酸、亚油酸、棕榈酸、棕榈烯酸、硬脂酸、不饱和硬脂酸等成分(见表9-2)。

表9-2　毛梾籽油主要组成成分分析

序号	相似度	名称	分子式	含量(%)
1	94	棕榈烯酸	$C_{17}H_{32}O_2$	3.64
2	97	棕榈酸	$C_{14}H_{34}O_2$	30.12
3	97	亚油酸	$C_{19}H_{34}O_2$	29.00
4	97	油酸	$C_{19}H_{36}O_2$	27.84
5	91	反异油酸	$C_{19}H_{36}O_2$	6.38
6	88	十五烷	$C_{15}H_{32}$	0.11
7	82	二十烷	$C_{20}H_{42}$	0.16
8	86	硬脂酸	$C_{19}H_{38}O_2$	2.02
		未知物	—	0.73

毛梾籽油属于半干性油,相关物理常数如下:碘值104.2、皂化值198.1、硬脂酸1.6%、亚油酸38.0%、十六碳烯酸3.2%,其碘值、不饱和脂肪酸等方面均符合生物质柴油原料标准,在生物质能领域应用前景广阔,是生产生物柴油的理想树种。

吴秋利用索氏提取法,以得率为指标,从山东万路达有限公司提供的10种毛梾籽中选出最适宜批量培养的种实。以此油料种实为原料进行了如下研究:进行了溶剂浸提工艺的研究和超临界CO_2萃取工艺研究;分析并对比了溶剂浸提、超临界萃取、热榨、冷榨提取方式下油脂的色泽、得率、状态及酸价等指标；对溶剂提取的毛梾籽油进行脱胶预处理；进行二次碱炼辅助脱色工艺研究，将碱炼与脱色同时进行；利用气相色谱质谱联用仪分析毛梾籽油的毛油、脱胶油、脱酸油、脱色油的成分，以此来研究毛梾籽油在精炼过程中各成分的稳定性。主要得出以下结论：①用有机溶剂正己烷提取毛梾籽油的最佳工艺参数为料液比 1∶5，时间 115 min，温度 65 ℃，此时得率为 37. 12%，色泽较深，类似于棕黑色。②超临界 CO_2 萃取毛梾籽油时，各因素对得率影响顺序为：压力>温度>乙醇添加量>高压泵频率；最佳的提取方案为 B2A2D1C1，即最优参数为压力 16 MPa，温度为 40 ℃，频率 21. 3 Hz，料液比为 1∶0. 9。此时颜色浅黄，无杂质，透明，优质品质较好，吸光度为 0. 203，得率为 38. 85%。③有机溶剂提取所得样品得率高达 37. 12%，但色泽较深，吸光度为 0. 720，因此后续加工复杂。热榨法和冷榨法得到的油脂均有大量杂质，色泽接近黑色，不予采用。超临界萃取所得样品得率最高，为 38. 85%，吸光度为 0. 203，色泽较好，酸价较低，为 8. 45，后期步骤简单，但前期投入过大，设备难以清洗，维修不便。经与合作方商议，最终选择溶剂浸提法来进行提取。④二次碱炼辅助脱色过程的最佳工艺条件为：先进行脱胶预处理，再加入 KOH 溶液进行碱炼辅助脱色，碱炼时两次加碱量比例为 1∶1，浓度为 0. 8 mol/L，碱炼温度为 65 ℃。二次碱炼辅助脱色完成后进行白土脱色，在 70 ℃的条件下，加入 4. 5% 的脱色剂，以 320 r/min 的速度搅拌 60 min。经此工艺，油脂酸价由脱胶油的 10. 92 降至 0. 256，吸光度由脱胶油的 0. 720 降至 0. 198，此指标达到我国植物油通用卫生标准中规定的二级油标准。⑤精炼过程四个阶段中的毛梾籽油主要成分均为棕榈酸、棕榈油酸、硬脂酸、油酸、反异油酸、亚油酸等，无有毒有害成分。毛油中棕榈酸（30. 12%）、油酸（27. 84%）、亚油酸（29. 00%）、棕榈烯酸（3. 64%）、反异油酸（6. 38%）和硬脂酸（2. 02%）以及微量的十五烷（0. 11%）和二十烷（0. 16%）。随着精炼过程的进行，十五烷酸、二十烷酸的稳定性较差，脱胶后即被除去，棕榈烯酸、油酸、亚油酸这几种不饱和脂肪酸的相对含量基本均处于平稳状态，硬脂酸和棕榈酸均缓慢上升，稳定性尚可。因此，认为毛梾籽油精炼时稳定性较好，营养丰富，无有毒有害成分产生。

（六）毛梾籽油料的应用

在食用方面，毛梾籽油应用已有上百年的历史，在其丰产区早已有村民将其作为食用油使用，其油料无化肥、无农药，天然健康，颜色深，不饱和脂肪酸含量高，毛梾籽油的使用价值已高于花生油和豆油，目前国家已将毛梾籽油列为食品商用油，具有极高的药用价值和营养价值。除此之外，也可将毛梾籽油加工为工业用油，可用作链条、齿轮等一些机械零部件的润滑油，其油渣也可用作饲料或肥料。不仅如此，毛梾籽油还可制备成生物柴油，是一种优良的绿色能源，具有良好的环保性和可再生性，对推动节能减排、控制城市污染状况等有较大作用。当然，由于毛梾籽油具有较高的保湿性，可加工作为化妆品行业的好填料。毛梾果实中因含有丰富含油量，是其价值的主要体现，在盛产期内一棵毛梾树可产 100 kg 左右的毛梾籽，故在民间被人称颂"一棵毛梾，一亩油料田"。

据了解，毛梾籽油中主要含有棕榈油酸、棕榈酸、亚油酸、油酸、异油酸等，其中棕榈油酸和异油酸是 ω-7 的重要成分，也是毛梾籽油的独特成分，且含量高达 36%以上。ω-7 是不饱和脂肪酸，在高温下比较稳定，长期食用对人的心脑血管内壁有较强的消炎功效，同时对血管内的粥样黏稠物有较强的冲刷功效，从而大大降低心脑血管、高血压、心脏病等的发病概率。

（七）生物柴油应用

生物柴油具有优良的环保特性。主要表现在由于生物柴油中硫含量低，使得二氧化硫和硫化物的排放低，可减少约 30%；生物柴油中不含对环境造成污染的芳香族烯烃，因而废气对人体损害低于普通柴油。检测表明，与普通柴油相比，使用生物柴油可降低 99%的空气毒性，降低 94%的患癌率。由于生物柴油含氧量高，使其燃烧时排烟少，一氧化碳的排放与普通柴油相比减少约 10%，生物柴油不仅生物降解性高，而且可再生，兼容性好。在汽车运行中抗爆性良好，排放值符合洁净柴油标准，无毒，生化分解性良好；同时，燃烧充分，具有较好的低温发动机启动性能和较好的润滑性能，是典型的绿色能源。

（八）毛梾籽油在精细化工中的应用

油脂不仅大量用于食品工业，而且还是重要的工业原料。由于油脂属于再生性资源。其产品具有优良的生物降解性及多样性，在能源紧张的今天，它较之石油产品更富有竞争力。世界每年生产约 6 000 万 t 油脂，用于工业的约占 22%。而在美国用于非食用的油脂占 35%~40%。以油脂为原料的精细化工产品主要有黏合剂、农用化学品、溶料、工程塑料、纤维软化剂、塑料添加剂、表面活性剂、合成润滑剂等。

由于毛梾籽油属半干性油，因此是具有广泛用途的工业用油，其开发的系列产品可望打入精细化工市场。但目前来讲，主要是用作肥皂、油漆和润滑油的原料。

（九）药籽饼粕的综合应用

毛梾种子榨出生物柴油的同时，还能得到油饼作为生物肥料或家禽、家畜的精饲料,也可以帮助农民发展畜牧水产业,促进农林牧副业全面发展。

毛梾籽饼粕是一种营养价值相当高的无毒饲料。当然,籽饼亦可作肥料。但直接作肥料其营养成分的利用率是很低的。应先作为饲料,然后再用家畜的粪便作为肥料,效果最佳。

(十)毛梾籽油企业标准的发布

在首届全国毛梾产业发展学术研讨会期间,山东省万路达园林科技有限公司发布"毛梾籽油"企业标准,这意味着我国又一款木本油料食用油毛梾籽油进入标准化生产。由于技术和认识等方面的原因,毛梾籽油的生产一直以来都是一片空白。山东万路达园林科技有限公司经过与齐鲁工业大学合作,积极研发,终于攻克多方面的技术难题,成功生产出了毛梾籽油,填补了国内空白。由于国家没有相应的国家标准来约束毛梾籽油生产中的各个环节,因此亟待制定企业标准,来规范毛梾籽油在生产中的操作。制定本标准后,通过科学的检验检测方法,对毛梾籽油各项指标进行全方位的监测,规范生产过程,合理工艺流程,对于我国毛梾籽油的规范化生产起到了重要的调节作用。该企业标准是依据《中华人民共和国食品安全法》制定的,内容包括范围、规范性引用文件、术语和定义、分类、技术要求、生产加工中卫生要求、检验方法、检验规则等。

三、木材材性及应用

王传贵等研究了琅琊山毛梾木材的材性。采集、制作及木材物理力学性质的测试均按中华人民共和国国家标准《木材物理学性质试验方法》(GB 1927~1943—91)进行。木材解剖特征根据1989年世界木材解剖家学会的木材解剖特征标准进行观察记载。木材化学成分根据造纸原料化学成分分析,中华人民共和国国家标准GB 2677.2~2677.10—81~89进行分析。木材电学、热学性质采用常用的方法进行测试。

(一)木材通性

树皮浅黄色至黑褐色,深纵裂,裂片长条状,呈块状或片状脱落。横截面上,外皮黄褐色至暗灰褐色,厚约5 mm,层状结构;内皮灰栗褐色,厚约2 mm,石细胞肉眼可见。潮湿木材常产生灰白色霉变。韧皮纤维不发达,不易剥离。心边材区别略明显,边材为泛红的黄白色、红褐色或浅红褐色。生长轮略明晰,宽度均匀至略匀,平均宽3.5 mm。散孔材,管孔单生,稀为复管孔,小而多,分布均匀。轴向薄壁组织略可见,傍管型,环绕早材导管。木射线细,肉眼略可见,每毫米7~9根,径切面上射斑纹明显可见,红褐色。原木表面细纱纹,断面近圆形,髓心小,圆形,质略软。木材纹理直行,材质较重、硬,有光泽,无特殊气味和滋味。

(二)木材化学成分

在每株毛株样木树冠下、干中央及胸高处各截取圆盘一枝，测定其化学成分：水分 11.31，灰分 0.72，冷水抽提物 5.12，热水抽提物 6.62，1%GaOH 抽提物 20.76，苯醇抽提物 2.59，多糖 23.48，木素 19.52，综纤维素 83.67，硝酸乙醇纤维素 41.36。毛株与其他已测树种相比较综纤维素的含量较高，木素含量较低。

(三)木材物理力性质

毛株木材物理学性质属中至大级。木材的密度对木材的导热系数影响较大，一般随着密度增加，导热系数也呈增加的趋势。所以，毛株木材的导热系数与密度相近的树种的木材导热系数相比是比较低的。

(四)加工性质及用途

毛株木材材质坚硬，加工较困难，尤其是手工加工则更难。用锋利的刀具加工，切削面很光滑，否则，加工面不易光洁。木材握钉力强，有良好的胶接性和涂饰性。由于毛株木材的干缩差异较大，干燥时易开裂，因此干燥时间较长，但若调整好干燥工艺条件，可以避免开裂等缺陷。木材耐腐性偏低，使用时若与土壤接触，易腐朽和虫蛀。

毛株木材花纹美观，尤其是独特的材色，很适合于做高级家具和室内装饰、工艺美术制品，也可做纺织器材(纱、纬管等)、胶合板及农具。其纤维形态特征尚适于制浆和造纸。

四、综合开发现状

20 世纪 50 年代以后，石油危机的爆发，对世界经济造成巨大影响，国际舆论开始关注世界“能源危机”问题。专家预言，世界石油资源将要在一代人的时间内枯竭，容易开采和利用的储量已经不多，剩余储量的开发难度越来越大，到一定限度就会失去继续开采的价值。煤炭资源虽比石油多，但也不是取之不尽的。代替石油的其他能源资源，除煤炭外，能够大规模利用的还很少。太阳能虽然用之不竭，但代价太高，并且在一代人的时间里不可能迅速发展和广泛使用。在世界能源消费以石油为主导的条件下，再加上石油、煤炭和天然气等化石能源的不可再生性和环境恶化效应，迫使人类不得不重新审视和调整化石能源发展战略。于是可再生的生物质能源成为人类 21 世纪能源研究发展的热点。正是因为如此，世界各国都对利用秸秆、粮食、垃圾等生物质能发电技术加强了研究开发力度。其中，以大豆、油菜籽、油棕、毛株等“石油植物”为原料的生物柴油技术也出现研究高潮，这将减少包括中国在内的许多国家对石油的强烈依赖。

毛梾用途多、分布广，在我国大部分地区的荒山荒坡上都适宜生长，且种子含油率高，是我国发展植物再生新能源的良好物质基础。2005 年以来，我国加大了生物质能源开发力度，出台一系列扶持政策，加强国际与行业间合作，设立专项研究与产业化项目，推动我国生物质可再生能源产业快速发展。其中，由于燃油生产技术的突破，毛梾木本生物质柴油已进入工业生产阶段，相对于以油菜、花生等油料作物为原料的生物燃油生产，木本生物质燃油产业开发，是以山地资源为对象，不与粮食生产争地，不需要每年种植，节省劳力与投资，符合我国能源、区域发展战略布局与多种相关产业开发政策，尤其是林业生态与林业产业、山区综合开发等多种发展目标，更加符合国情，因此得到了更高程度的关注。

随着我国经济的持续增长和人们生活水平的普遍提高，全国燃油供应问题凸显。从 1993 年开始，我国已成为石油净进口国。生物柴油市场需求潜力很大，目前中石油、中石化、中粮油等大型企业已逐步介入木本生物质燃油开发之中，山东、山西、陕西、河南、河北等多个毛梾自然分布较集中的大省已成为全国重点发展省份。

（一）毛梾树种发展优势和推广策略

1. 毛梾荒山造林意义重大

毛梾是我国重要的油料、乡土树种，也是优良的生态树种，它生命力极强，固土能力强，耐火，耐冲刷，在土层厚度 20 cm 左右的贫瘠山坡上都能正常生长结果，在石滩、石缝、岸边、山坡等立地条件极差的地方都有毛梾大树分布，生长结果良好，结实丰富，种实有较高经济价值。

在我国立地条件极差的地方都有毛梾大树分布，其极强的耐干旱瘠薄能力，是干旱山区生态建设的优良树种，受到人们的普遍重视，并在林业生态建设实践中做出了巨大贡献。实践证明，毛梾造林成活率特别高，春、夏、秋、冬季（未上冻前）都可造林（春、夏季须截干造林），封山育林、人工造林等营造林措施都非常适宜毛梾树种的推广。总之，毛梾树种推广对荒山区绿化意义重大，特别是在立地条件较差的荒山坡地大力营造毛梾林意义更大。近几年对毛梾造林季节和方式的研究与推广应用，使毛梾造林技术在原来大田裸苗植苗造林和种子直播造林的基础上得到进一步拓展。

2. 毛梾可作为园林绿化树种广泛应用

毛梾是城市及风景区的优良绿化美化树种。其芽、叶、果均具上等的观赏价值,开阔、浑圆的树冠,繁茂、秀丽的树形,全身天然香气四溢,更增添了其美妙、神秘之感。可在城市园林、行道绿化美化中作为造景树孤植、丛植、群植、林植,也可在“四旁”绿化及庭院美化中采用。

3. 毛梾资源综合利用前景广阔

毛梾在我国有悠久的栽培利用历史,其食用、药用、化工等应用价值已受到社会各界的高度关注,社会影响也愈来愈大,其巨大的潜力有待社会各界挖掘,综合利用前景广阔。

4. 毛梾作为植物再生能源地位显赫

毛梾果实含油量很高,其油又非常适合转化生物柴油,毛梾生物能源林预期经济收益高。利用其果实提炼生物柴油是很多专家看好的毛梾产业发展方向,目前生物柴油提炼技术已经成熟,随着其推广应用,会带动毛梾产业的快速发展。

5. 研发毛梾良种新品系

我国毛梾自然资源丰富,据有关专家在毛梾栽培区对毛梾的树形、发枝力、果穗、果实、种子等性状调查和统计分析,该区毛梾多态型类型种类繁多,其性状变异幅度大,为选择优良类型和遗传改良提供了丰富的种质资源。毛梾良种选育应在充分改造和利用现有资源的基础上,根据不同利用目的,针对性地选择毛梾良种类型,培育毛梾优质良种新品系;加速丰产栽培研究进程,以达到优质、速生、丰产的目的,为其综合开发利用提供质优量足的能源林原始材料。

6. 加大科技研发和推广力度

深化毛梾树种研究及其综合开发利用研究,加大其研究成果的宣传、推广和应用,大大提高其综合利用程度。

(二)综合开发存在的问题及发展对策

1. 存在问题

(1)造林质量差。

①造林苗木使用不规范,苗木规格小。但近年来由于造林任务重,苗木相对短缺,有的为节约造林成本,采用小苗造林,小苗由于组织较幼嫩,木质化程度低,根系发育相对较差,造林后抗逆性较差,致使成活率和保存率较低,且苗木生长缓慢。

生产中使用高标准成品大苗,可快速提高苗木实际年龄,便于推广良种、稳定树势、保持稳定的丰产林相结构、实现早果丰产、组织实施标准化管理。提高毛梾造林质量是基地建设中首要解决的问题。

②整地质量差。造林质量差的另一方面表现在整地质量差,如采用小穴、小鱼鳞坑整地,有的甚至造林前不进行整地,造成幼林生长极其缓慢,很难实现早结果、早丰产、提高经济效益。

③栽植密度不适宜。毛梾为喜光植物,生长较缓慢,如果密度过大,造成树体光照不良,进而影响花芽分化和结实;密度过小,致使光照利用率低,不利于早期丰产。

④栽后管理粗放。有的造林地雨季栽植后不采取遮阴、树盘覆草等简单的减蒸保湿措施;休眠期栽植后不进行补水、覆膜、树盘覆草等;栽植当年及以后1~2年树体较小时,树盘内不除草,致使杂草与幼树争肥争水严重。而栽植当年和以后1~2年管理粗放导致成活率和保存率低。雨季栽植栽后如不进行遮阴、树盘覆草等减蒸保湿措施,夏季的高温强光很易造成幼苗死亡。

(2)林分类型多样,单位面积生产水平与效益过低。

目前,我国毛梾林地主要有生态林和林油一体化的经济林。长期以来,多数生态林一直处于放任生长状态,林分的水平结构、垂直结构和年龄结构不合理,脱落的种子一部分长出小苗,致使同一林地树龄差异很大,大树中夹杂着3~4年生的小树;同时,由于郁闭度的原因,相同树龄的树冠大小相差悬殊,树木生长势弱,结果能力低,种子质量差,病虫危害严重。林油一体化的毛梾林在造林中,由于造林质量差造成成活率和保存率低,不得不年年补植,这样造成新建幼林树龄和树体生长情况参差不齐。林分总体生产水平与效益过低。

(3)抚育管理粗放。

由于过去毛梾生产的经济效益并不高,致使对其重视不够,生产中多数处于放任生长的状态,农民很少或根本不对其进行抚育管理,且关于毛梾需肥水特性、整形修剪、花果管理、病虫害防治等方面的研究和推广很少,农民无从下手,造成对毛梾的抚育管理处于非常粗放的状态。因此,政府应与有关科研部门结合,加强对毛梾丰产栽培管理配套技术的研究与攻关,从而根本扭转毛梾自然生长见效慢、产量和效益低下的被动局面,最大限度地发挥毛梾的生态、能源和经济优势。

(4)采收方法落后。

毛梾的采收方法大部分产区采用折枝法,即将果穗与着生果穗的枝条一同折断。这种方法尽管采摘方便、对树体更新复壮起一定作用,但由于在9月下旬至10月初的秋季去掉大量枝叶,严重影响树体储藏营养的积累和花芽的进一步发育,造成树势衰弱和花芽因营养不足而脱落;另外,折枝还造成树体结构遭到破坏,严重时可使树体残缺不全。由于存在以上问题,使得我国毛梾生产处于相对落后的状态,产量低而不稳,大小年结果现象非常严重,甚至出现一年结果、二年无果的现象。

(5)良种选育繁育不过关,未能实现品种化。

长期以来,毛梾在我国大部分地区处于自然生长状态,天然次生林较多,树体生长比较缓慢,品种十分混杂,良莠不齐,种子产量和质量较差;近年虽然结合能源林建设,各地相应加大了毛梾人工造林面积,但毛梾良种选育、繁育技术现状滞后,现有良种使用和推广程序混乱,人工造林基本采用当地种源繁育实生苗进行造林,苗木生长缓慢,不能充分发挥该树种优势,毛梾栽培未能实现品种化,给产业化利用造成一定困难。

(6)产业化基础差。

中华人民共和国成立前和中华人民共和国成立初期,毛梾一直作为重要木本粮油树种进行栽培利用,随着生活水平的不断提高,群众已不再食用毛梾油,近几年来,种子市场行情不稳。毛梾木材群众主要用作农用工具杆或烧柴用。毛梾新的用途没有开发,产业开发尚处于起始阶段,毛梾的经济效益没有得到发挥,群众对栽培管理毛梾积极性不高。

(7)基地建设中技术瓶颈问题亟待解决。

基地建设中的关键性技术问题未能得到根本解决,一些技术性难题处于试验阶段,没有成熟配套的技术支持。如基地生产模式建设,低产林改造工程,海拔500 m以上建毛梾混交林,山地坡度大于30°应营建不同密度纯林或混交林等。同时,产业化储藏加工配套市场体系建设不完善、技术规程不齐全、生产技术配套还不完善等一系列制约因素已成为生物质能源林毛梾基地建设的技术瓶颈。

(8)资金投入不足,阻碍了毛梾能源林基地建设进程。

科研项目难以立项,导致许多技术难题无法克服。目前,示范林基地建设局限于苗木费的解决,但示范工程的管理与后期研究工作经费缺乏,无法将现有成果捆绑集中在示范基地推广转化。基地的后续管理工作经费以及市场经营与产后加工等资金还没有着落,也缺乏规划和项目库的建立,造成产前与产中、产后、市场准入脱节。还有许多分项技术难题亟待进行科研攻关。作为能源林的毛梾生产基地,不仅要解决生态问题,更要解决基地建设的质量与效益发挥问题,还要解决产后储藏加工等一系列工程问题。

2. 解决途径

(1)科学规划布局。

科学规划布局是毛梾科学发展的基础。在毛梾生物质能源林发展中,必须坚持因地制宜、适地适树的原则，根据气候、土壤条件，山坡的坡向、坡位，水分等条件，依照发展规划，科学布局。现有林改造与营造相结合，能改则改，能营则营；多营造混交林，少营造纯林。毛梾能源林基地的建设规模、建设地点应与加工利用企业的布局相衔接。

（2）高标准建园。

一是选用高规格苗木，雨季造林应选用苗木个体稍大一些的容器苗，容器规格要适当大一些。

二是高规格整地，造林前1~2个季节即进行整地，使整地与造林之间有一个降水较多的季节，以利于尽可能多地蓄积雨水。同时进行高规格整地，穴状整地规格应不小于60 cm×60 cm；16°~25°的坡地可进行带状整地，沿等高线进行，整地宽度40~100 cm，深50~60 cm，带长根据地形确定，带的方向沿等高线保持水平，带宽依造林株行距而定。鱼鳞坑整地适用于干旱、半干旱地区的坡地，鱼鳞坑长径沿等高线方向展开，鱼鳞坑为半月形坑穴，外高内低，长径0.8~1.5 m，短径0.5~1.0 m，深度50 cm以上，埂高0.2~0.3 m。

三是合理密植，适时间伐与补植。毛梾油料林造林密度依立地条件和管理水平而定，一般为（2~3）m×（3~4）m，每亩70株左右，肥沃地密度小些，瘠薄地密度大些；肥水管理条件好的密度小些，反之大些；管理水平高的密度大些，水平低的密度小些。行向山地沿等高线，平地为南北向。对于密度过大的林油一体化经济林，应根据生产要求进行适当间伐；而对于密度过小的生态林，应根据具体情况进行补植，并将成年林地中自然生长的过多的幼树移出，使林分密度结构趋于合理。

（3）科学管理，实现稳产、优质、高效栽培。

一是应该加大对放任生长的天然次生林的抚育管理。通过中幼林抚育改造、促进成花成果、土肥水管理、低产林改造等技术推广，采取去弱留强、去劣留优的措施，逐渐淘汰劣种，改善林分质量，增加优良品种比例。促其早果、丰产。

二是在人工造林中严格把关，科学栽植。栽植后精心管理，提高成活率和保存率，对成活率没有达到合格标准的造林地，应及时进行补植，补植时应选用同龄苗木，以保持林地树体整齐一致。

三是要尽快扩大优质人工林面积，调整毛梾天然林与人工林的林分比例。将毛梾作为重要荒山造林先锋树种大力推广，进一步扩大优质人工林面积，实现毛梾规模化、集约化生产经营。

四是加强害虫防治。造林时，除选用抗虫良种外，应注意及时清园，及时摘除虫果并收集落地虫果集中烧毁，同时适时进行药物防治。

（4）强化科技服务。

科学技术是第一生产力。大力发展毛梾生物质能源，必须有成熟、先进的技术作保障，尽管有些科研单位在毛梾良种繁育、培育技术等研究上取得了一定成果，但这些研究还处于初级阶段，还不能很快投入生产。林木生物质能源方面的研究需要加大研究力度。综合多个部门联合攻关，利用林业技术推广系统将新技术、新成果迅速推广。争取使毛梾资源早日得到利用，毛梾能源林基地早日产生效益。

①加快毛梾良种选育和推广进程。

培育和发展毛梾能源林，当务之急是以良种选育、丰产栽培技术的研究与推广为突破口，加大科技攻关力度，根据培育目的，尽快推出一批早实、丰产、稳产、抗性强、优质的新品种应用于生产，填补毛梾良种培育遗传稳定性研究技术领域空白，加速良种品种选育培育、丰产栽培的研究与推广应用进程。

同时，大量营造毛梾良种人工林，采用密植矮化、丰产栽培模式，促其早果、丰产，使毛梾便于采摘、集约化管理，从而提高毛梾能源林产量和效益，尽早形成良种品系优选—苗木培育—基地建设（推广利用）—生产加工—上市销售一体化发展产业链。使这一生态能源树种尽早发挥其经济、生态效益和社会效益。

②研究推广毛梾快繁技术，以尽快实现毛梾品种化。

进行采种、育苗、造林试验，研究毛梾的种子繁育、扦插和组培等快速繁育技术，为毛梾资源的产业化应用提供基础。无性繁殖是大量繁殖优良品种苗木的基础。无性繁殖在毛梾品种化过程中尤为重要。毛梾无性繁殖应以嫁接为主。

栽培发展毛梾应在立地条件较好、交通便利的地块建立良种繁育基地，大量繁殖良种苗木，再用良种苗木建立无性繁殖高标准丰产园，以尽快实现毛梾品种化、基地化发展。

③加强毛梾开发利用研究。

加强毛梾综合开发利用研究与推广，可有力地推动毛梾产业的健康快速发展。对其根、茎、叶、芽、花及其果实品质的化学分析、研究以及综合开发利用状况的深度不够，是今后重点深化研究的方向之一。此外，对其现有研究成果的利用、普及程度还远远不够，导致毛梾资源综合利用率不高，不能在食品、工业、化工、医疗等各个行业大显身手，发挥其巨大的经济效益和社会效益，这也是各级科技部门重点工作之一。

(5)实现毛梾的集约化经营。

毛梾作为生产生物柴油的原材料,光靠山区种植远远不够,必须走规模化发展的道路。应大力发展毛梾栽培,增加林分稳定性,逐步形成区域性生态能源林基地。

定向经营毛梾油料林,需要在一整套技术规范下,实现良种高效集约化经营,促进毛梾作为生物质新能源的开发,充分发挥该树种的生产潜能。包括毛梾种子的采集与储藏、园地选择与整地施肥、春秋的播种育苗、栽植方法及栽后管理等。并选择主产区建立毛梾收购加工厂,以需求带动供给,实现高效经营,使有限的资源得到充分利用,从而调动林区群众积极性,自觉保护林木资源,扩大和巩固造林成果;吸引社会投资,形成新的龙头企业,在提供就业岗位的同时提高农民收入,改善社会环境,促进林业的可持续发展。

(6)加大投资力度。

发展生物质能源是解决当今社会能源短缺和环境污染不断加剧的有效途径。各级政府、林业行政主管部门和科技部门应加强对基地建设的支持与科技攻关资金投入,切实解决毛梾生产经营中存在的主要问题,真正使毛梾产业化、市场化,使生物质能源林毛梾基地化建设与综合开发利用从一开始就沿着健康良性的发展道路顺利实施,并取得预期效果。从而促进当地农民增收,改善农民的生活和当地的生态环境,增加生物柴油原料供应,有力推动我国生物质能源产业的快速发展。

(7)推出优惠政策。

一个产业的发展,政府引导作用十分重要,真正的大发展需要通过政策及时引导、社会广泛参与,毛梾生物质能源产业也不例外。毛梾生物质能源产业(生物柴油)作为新兴产业,因其原材料及生产工艺的限制,目前尚不具备价格优势,因此国家出台了相关财政补贴及税收扶持政策。

另外,可以结合当前的林权制度改革制定出台一些优惠政策,如:对用于发展毛梾生物质能源林的荒山荒地采取优惠承包的办法,吸引社会资金参与;对农户发展毛梾生物质能源林的,前期给予适当的补贴;对于新建生物柴油生产厂的企业,可以在国家相关扶持政策的基础上,再加大扶持力度。

五、相关研究

自20世纪70年代开始,我国便有学者对毛梾进行研究,近10年来,有关毛梾的研究逐步活跃,尤其是在对毛梾的自然分布、形态特征、生物学与生长特性、微观结构、种子处理及播种、扦插、嫁接、组织培养与容器育苗、人工造林与栽培管护、优良单株选择、种子油利用及其他应用开发等方面填补了多项国内空白,取得了一系列研究成果,也指出了今后毛梾资源开发利用方面的研究方向。

(一)毛梾的研究进展

毛梾的相关研究较少,国内研究主要为树种栽培方面,关于毛梾的研究才开始起步,各方面管理较为落后,在无土栽培技术和油脂精炼、加工等方面仍然缺少深入系统的研究。重新认识梾木属资源,开发并利用它为人类社会服务,提出创新型建议非常必要。我国毛梾还未形成批量培养,没有发展成产业化规模,在各项工作中比油茶等传统的油料树种都弱。国内仅有梁栋等利用气相及质谱分析毛梾种油发现,毛梾籽油中含有棕榈酸、硬脂酸、棕榈烯酸、油酸、异油酸、亚油酸等。吴秋等利用索氏提取法,以得率为指标,选出最适宜批量培养的种实,再以毛梾籽种实为原料分别进行溶剂浸提、超临界 CO_2 萃取、热榨、冷榨工艺研究,分析多种提取方式下油脂的色泽、得率、状态及酸价等指标变化。再对提取的毛梾籽油进行脱胶、脱色等处理,以此研究毛梾籽油的稳定性。徐丽娟等以毛梾籽为原料,用超高压辅助的方法来提取毛梾籽油,探究压力、保压时间和温度对毛梾籽油得率的影响,单因素试验后用 Box-Behnken 来优化,得到最优工艺条件:压力 300 MPa,保压时间 8 min,温度 60 ℃。然后探究超高压提取毛梾籽油的稳定性,用过氧化值的变化来比较常压和超高压提取的毛梾籽油的稳定性,超高压组比常压组的毛梾籽油过氧化值低,常压组毛梾籽油过氧化值的稳定天数为 4 天,超高压组前 8 天都变化很小,说明了超高压组更稳定。

国内外研究基本限于分析其活性物质的成分及作用机制等方面。Ki Hyun Kim、Sang Un Choi、Young Choong Kim 等从毛梾茎和茎干中用甲醇提取 12 种新的甘遂烷型三萜类化合物,其对 A559SK-OV-3、SK-MEL-2 和 XF598 细胞株有明显的细胞毒性活性。Yon-Suk Kim、Jin-Woo Hwang、Seo-Heo-Hee Kang 等采用各种天然抗氧化剂试验方法评估了毛梾提取物的潜在抗氧化能力。毛梾的抗氧化对提升健康有很大的潜力,应大力开发其抗氧化潜力。Ki Hyun Kim、Young June Shin Sang Un Choi 等在对韩国药性成分的研究中,用甲醇从毛梾茎以及茎皮中提取的一种活性成分对一些癌症细胞系有细胞毒性作用。用水和乙醇从毛梾中提取的抗氧化物质与天然的抗氧剂进行对比,发现其提取物中含有很高的多酚和黄酮类物质,各种基团(自由基、羟基、烷基)清除活性都比较高。这些结果表明,毛梾提取物含有各种抗氧化物质,并能提高细胞活性,阻止活性氧生成。综观国内外关于毛梾的研究,文献少之又少,且基本以栽培和活性物质的提取为主。毛梾籽油的提取工艺及成分分析、理化指标分析、精炼工艺和稳定性分析急需研究。

(二)毛梾领域相关研究

1. 毛梾生物生态与生理学特性相关研究

(1)西北农林科技大学康永祥等对毛梾的生物学特性开展研究,以陕西省杨凌区、河南省卢氏县汤河镇、山东省淄博市沂源县东里镇亳山林场和山西省阳城市横河林场15~20年生健康毛梾单株为研究对象,进行形态特征、开花结实习性和物候期的观察研究。其研究结果表明:①毛梾单株大小年现象普遍,约占调查单株的58.9%;毛梾结果枝率和当年生枝条长度变异系数最大,分别为39.2%和30.4%,变异幅度分别为10%~44%和58~142 cm,可作为毛梾高产单株选优参考指标。②进入结果盛期后,每结果枝上可着生16~54个花序,每个花序可生长73~133个白色小花,而坐果率仅为2.63%~13.7%。③毛梾物候期依种源地先后顺序为:陕西>山东>山西>河南,但总体来讲,毛梾属于先叶后花植物,各物候期的持续时间与当地的小条件关系密切,前后相差7~15天,有些可能更长。④毛梾具有2次开花现象,虽然整齐度低、花量少,但在生产中具有重要意义,是今后无霜期较短地区育种研究的方向之一。

(2)安徽农业大学王传贵等对毛梾林材的微观结构进行了观测研究。发现毛梾林材属单管孔,分布均匀,形状为卵圆形和椭圆形,少数为圆形,有稀少侵填体,管孔导管分子长130~950 μm,弦向直径以50~80 μm居多,壁厚为1.7~3.3 μm。纵切面上,管间纹孔式互列至对列,穿孔底壁为梯状穿孔,未见导管螺纹加厚,具缘纹孔。木射线异胞,多列,极个别为单列,多列射线有2~6个细胞宽,5~46个细胞度,单列射线高1~19细胞,横卧细胞较直立和方形细胞矮,胶质丰富,木纤维壁厚平均约为3.6 μm,弦向直径多数为15.0~22.5 μm,均长1 428 μm,以离管型为主的轴向薄壁组织,多为星散状,少星散聚合状,少数轴向薄壁组织为傍管型的稀疏管状,鲜见有边缘型者。

(3)李汝娟等对毛梾细胞学进行研究。其研究结果表明,毛梾细胞核型为$2n=22=8\ sm+14st(0-2SAT)$,第1对染色体明显长于其他染色体,为st染色体,短臂上有时可见1~2个随体。染色体最长与最短之比为2.04,有20条染色体(3b、11a2条染色体臂小于2)的臂比大于2,占90.91%,属3B核型,染色体长度分布范围1.86~3.79 μm,总长度为27.18 μm。这为今后毛梾生理学方面的研究提供了方向。

(4)山西省林业科学研究院张娜对毛梾腋芽诱导关键因子研究与培养体

系优化试验研究。以毛梾幼嫩茎段作为外植体,对灭菌剂及灭菌时间、采集时期、基本培养基、植物生长调节剂、pH 值等腋芽诱导的影响因素进行研究,建立毛梾茎段外植体高效腋芽诱导体系。研究结果表明:①采用 0.1% $HgCl_2$ 灭菌 4~5 min 是最佳灭菌剂和灭菌时间。② 4~5 月是外植体较为理想的采集时期;1~3 月是最佳采集时期,采用当年生枝条水培后的幼嫩茎段。③MS 培养基是茎段腋芽诱导的最佳基本培养基。④MS 培养基添加 0.5~1.0 mg/L BA、0.1 mg/L NAA 与 0.1 mg/L IBA 时,腋芽诱导率最高,分别达 85.5%和 84.4%。⑤最佳 pH 值为 5.8。⑥光照培养环境更有利于毛梾腋芽诱导及生长。结论:水培后的幼嫩茎段外植体经 0.1%$HgCl_2$ 灭菌 4~5 min 后,培养在 MS 添加 0.5~1.0 mg/L BA、0.1 mg/L NAA 与 0.1 mg/L IBA,是毛梾腋芽诱导的最佳培养体系。

(5)江苏省林业科学研究院金陵科技学院园艺学院李冬林等对毛梾种子低温层积过程中内源激素的变化及其与发芽的关系试验研究,以分析毛梾种子内源激素与发芽的关系,了解种子休眠的内在机制,应用酶联免疫吸附测定法(ELISA)研究了毛梾种子低温层积过程中内源激素含量的动态变化情况。结果表明,IAA 在层积处理初期剧烈降低,层积处理持续一段时间后 IAA 含量显著升高,但层积处理后期 IAA 含量下降,IAA/ABA 比值的变化也出现了同样的趋势;种子中的 ABA 在层积处理前期较高,但随着处理时间的延长其含量趋于下降;GA1/3 的变化相对较为平稳,尽管有一定的波动,但整体呈逐渐增高的趋势;ZRs 含量变化幅度很小,接近一条直线;iPAs 含量的变化幅度相对较大,在整个处理期内呈"M"形曲线变化。相关分析结果表明,IAA 含量与 IAA/ABA 比值呈极显著的正相关($p<0.01$);ABA 含量与 ZRs/ABA 比值呈极显著的负相关($p<0.01$),与 iPA/ABA 比值呈显著的负相关($p<0.05$)。发芽试验结果表明,种子经层积处理后其发芽率与发芽势均明显上升,且均随处理时间的延长而增加,而未经层积处理的种子其发芽率为 0;层积处理 180 天毛梾种子的发芽率与发芽势最大,分别为 41.34%、36.13%。文中据此推断,要解除毛梾种子的深休眠,最好对其低温层积处理 150 天以上。

(6)西北农林科技大学林学院李娜等开展毛梾 ISSR-PCR 反应体系的建立研究。以毛梾叶片为试材,通过单因素 2 次循环试验对毛梾 ISSR 反应体系进行优化,建立了毛梾 ISSR-PCR 的最佳反应体系和扩增程序。结果表明,PCR 反应体系总体积为 25 μL,其中 10×Buffer 2.5 μL,模板 DNA 用量 50 ng,Taq DNA 聚合酶用量 1.5 U, Mg^{2+}浓度 2.0 mmol/L,引物浓度 0.6 μmol/L,dNTPs 浓度 0.15 mmol/L;扩增程序:94 ℃ 预变性 5 min;94 ℃ 变性 50 s,

48.8~59.1 ℃退火 60 s,72 ℃延伸 1.5 min,38 个循环;最后 72 ℃延伸 10 min。在此基础上,从 100 条 ISSR 通用引物中筛选出 17 条多态性好、稳定性高的引物,并优化了它们的退火温度。这一优化体系的建立,为开展毛梾种质资源鉴定、遗传多样性及分子育种方面的研究提供了技术依据和参考。

(7)西北农林科技大学林学院康永祥等开展毛梾天然群体种实表型多样性研究。通过对全国毛梾主要自然分布区种实性状的大量调查及测算,研究毛梾种实性状的自然变异特点和地理变化规律,为毛梾全国选优策略和栽培区划的制定提供科学依据。以毛梾主要分布区的 9 个具有代表性的群体为研究对象,对种子直径、种壳厚度、百果质量等 9 个种实性状进行了系统比较分析,采用巢式设计方差分析、多重比较、相关分析、聚类分析等数学方法,探讨毛梾种实在群体间及群体内的表型多样性。研究结果表明,毛梾种实性状在群体间及群体内存在丰富的变异,群体间平均表型分化系数为 23%。果皮厚度、种壳厚度、实壳比的变异系数分别为 27.42%、25.03%和 25.19%,而种子直径的变异系数仅为 9.61%。9 个表型性状之间多数呈极显著或显著相关。果皮厚度与纬度呈显著正相关($R=0.808$),种壳厚度与纬度、降水量均有显著相关性($R=-0.892$、0.787),实壳比则与经、纬度呈显著相关($R=0.815$、0.850)。利用群体间欧氏距离进行 UPGMA 聚类分析表明,毛梾群体可以划分为 3 类。结论:群体间种实性状变异小于群体内变异,果皮与种壳的变异较大,而种子直径的稳定性较强。杨凌和青州的变异程度较其他群体高且杨凌种子的综合品质最好,边缘群体与中心群体差异较为明显。在空间分布上,实壳比与经、纬度呈双向变异模式,果皮厚度、种壳厚度与纬度显著相关,种壳厚度与年降水量呈显著正相关。

(8)山东省林业科学研究院山东省林木遗传改良重点实验室王开芳等开展毛梾 SSR-PCR 反应体系优化及引物筛选研究。为了确定毛梾 SSR-PCR 最佳的反应体系,本研究采用 $L_{16}(4^5)$ 正交设计试验方法对毛梾 SSR-PCR 反应体系的各影响因素进行了优化筛选,利用改良 CTAB 法提取毛梾叶片基因组 DNA 为模板,对模板 DNA、dNTPs、Mg^{2+}、引物、Taq DNA 聚合酶 5 个因素的用量进行了 4 个水平的优化筛选试验。研究结果显示,适用于毛梾的 SSR-PCR 最佳反应体系为:总体系 20 μL,dNTPs 浓度 0.25 mmol/L,Mg^{2+}浓度 1.25 mmol/L,模板 DNA 用量为 75 ng,Taq DNA 聚合酶 1 U/20 μL,引物浓度为 0.5 mmol/L。利用优化后的反应体系对毛梾 SSR 引物进行筛选,可从 34 对引物中筛选出 9 对具有多态性的 SSR 引物,进一步验证了毛梾 SSR-PCR 反应体系具有较好的稳定性和可重复性。本研究为毛梾的种质资源分析、分子标记辅助育种、遗传多样性分析等方面的进一步研究提供了技术支持。

(9)哈尔滨师范大学王宇婷开展中国山茱萸科及其相关类群果实形态学及系统学研究。以中国山茱萸科8属27种3变种的果实和种子以及五加科6属7种果实作为材料,观察了果实及种子的外部形态,毛状体类型,以及采用形态学观察法、GMA半薄切片法及聚类分析法深入研究了果实和种子的内部结构。结果显示,所研究的物种分为3个类群。Group 1(五加科):果实由2心皮构成,两侧压扁,果棱明显,具多细胞毛状体,中果皮有油管,且含有结晶,内果皮由纤维构成,彼此分离,具腹束。Group 2(青荚叶属):果实类型为浆果,果棱明显,无毛状体,内果皮由石细胞及纤维构成,且彼此分离,有腹束。Group 3(桃叶珊瑚属、灯台树属、草茱萸属、山茱萸属、四照花属、梾木属以及鞘柄木属):果实类型为核果或聚合状核果,果棱不明显,具单细胞毛,无腹束。山茱萸科同五加科果实结构有很大区别。前者的中果皮无油管,内果皮由石细胞或由石细胞及纤维共同构成,无腹束。这些特征不存在于五加科,因此支持将山茱萸科移出伞形目。青荚叶属果实的特征不同于山茱萸科其他类群,支持将青荚叶属独立成科。广义梾木属的一些类群的果实特征是特有的。灯台树属的中果皮有木化细胞;草茱萸属果皮中无单宁物质;四照花属的外果皮细胞外壁突起,且具有单宁;山茱萸属内果皮具有特殊的分泌细胞。这些特征不存在于其他类群,支持将它们移出广义梾木属。桃叶珊瑚属与鞘柄木属具有同山茱萸科物种相似的果实与种子形态结构,支持二者从广义梾木属移出,并位于山茱萸科。本文完善了中国山茱萸科及部分五加科物种的形态学,为山茱萸科的经典分类学及分子系统学的研究提供形态学依据,显示了果实的结构对山茱萸科系统学研究具有十分重要的价值,并为进一步深入研究山茱萸科分子系统学提供了形态学基础。

(10)安徽农业大学王传贵等开展毛梾的木材材性及用途试验研究。研究琅琊山产毛梾的生长习性、解剖特征、物理力学性质、化学成分和用途。采集安徽省琅琊山森林公园天然次生林中3株毛梾,树龄分别为26~34年,胸径分别为13~23 cm,树高分别为10.6~11.6 cm。制作及木材学性质的测试均按中华人民共和国国家标准《木材物理力性质试验方法》(GB 1927~1943—91)进行。木材化学成分根据造纸学成份分析,中华人民共和国国家标准GB 2677.2~2677.10—81~89进行分析。木材电学、热学性质是采用常用的方法进行测试。试验结果表明,毛梾木材材质优良,适于家具、纺织器材、造纸、工艺美术以及建筑等方面使用。

2. 毛梾优树选择相关研究

(1)山东农业大学梁栋开展能源树种毛梾种质资源调查与优树选择研究。以山东省毛梾资源为研究对象,开展了毛梾种质资源调查、毛梾优树选择以及毛梾种实品质研究,以期对毛梾遗传育种提供理论依据,并为毛梾能源林建设提供良种。本研究在野外广泛调查的基础上,用综合评分法制定了适合山东省毛梾优树选择的标准和方法。采用方差分析、相关分析、多重比较、聚类分析等统计分析方法,探讨了毛梾种实性状的变异规律,主要研究结果如下:①毛梾在山东分布广泛,主产区鲁中南山地丘陵地带,但总体野生资源分布不多,多散生于偏僻的缓坡地带和丘陵间的田边堤堰,低山灌丛有少量分布,平原区多为引种栽植。鲁中南丘陵区散生较多毛梾古树,泰山、沂源、青州保留少量人工林。山东省毛梾主要分布在海拔 200～800 m,其中大部分在海拔 200～600 m。毛梾在山东分布特点如下:分布区域广而集中,多呈散生或孤岛状分布,野生毛梾对生境适应性较强,受人为因素干预严重。②以候选优树的选优指标(单序果数、结果枝率、果实百粒重、果实含油率、种子百粒重、冠高比、冠型指数)作为基础,采用综合评分法制定了散生毛梾优树选择的方法和标准,选出优树 28 株,实现了山东省毛梾优树资源的初选,为毛梾散生单株条件下的优树选择提供了科学依据,并得到了较好的选优效果。③对种实性状方差分析发现,果实含油率、种仁含油率、种子直径、种子百粒重、果实百粒鲜重、果实百粒干重 6 个性状在优树间差异达极显著水平。对各优树的种子性状进行多重比较发现,济南、莱阳、烟台优树在种子百粒重上表现良好,而泰山优树的含油率较高,总体而言,泰山采集的种子综合性状较为优异。相关分析表明,种子百粒重、果实百粒重、种子直径之间存在显著相关性,种仁含油率与种实含油率之间在 0.05 水平上有较强的相关性。通过聚类分析发现,山东地区毛梾性状没有表现出明显的地域差别,种源差异性不大,基本可以将山东地区作为一个种源进行研究。④毛梾种实油中含有饱和脂肪酸 2 种(棕榈酸、硬脂酸)和不饱和脂肪酸 8 种(棕榈一烯酸、油酸、异油酸、亚油酸、亚麻酸、花生一烯酸、芥酸、二十四碳一烯酸)。二十碳链以下的直链脂肪酸为主要成分,占 95.6%。毛梾种实油脂肪酸组成简单而且高度集中,有利于毛梾油的加工利用。

(2)西北农林大学赵宝鑫等对毛梾优树选择进行试验研究。以山东沂源县唐山风景区林场 30 年生的毛梾为研究对象进行选优研究,采用优势木对比法和主成分分析法相结合,根据单位面积结实量、单序果数、果实直径等 9 个数量性状的权重,制定出综合选优评分体系和优树入选的最低分数限。其研究结果表明,入选优树性状优良程度较高,其中,结果枝率、面果重、单位面积结实量、单序果数的平均增益均达到25%以上,选择效果较好,具有一定的科学性和可操作性。对毛梾的育种和良种繁育有重要的现实意义。

(3)山东省林业科学研究院李善文等开展毛梾优树选择研究。以山东省毛梾资源为研究对象,在野外广泛调查的基础上,初步选出候选优树45株。以选择油用毛梾为目标,根据毛梾的生物学特性选择了受年龄影响较小、相对稳定的性状作为选优性状,包括单序果数、结果枝率、果实百粒干质量、果实含油率、种子百粒质量、冠高比、冠形指数、果实成熟一致性和抗病虫害能力9个性状。利用这些性状的均值、标准差和极差建立毛梾优树综合评分法,从候选优树中选出毛梾优树21株。建立的综合评分法为毛梾优树选择提供了科学方法,取得了较好的选优效果。

3. 毛梾种子处理及繁殖相关研究

(1)临沂市林科院朱东方等开展硫酸处理毛梾种子播种育苗技术研究。通过用不同浓度的硫酸对毛梾的种子进行处理后播种,选择出较为合理的硫酸浓度,对于毛梾的播种育苗具有指导意义。结果表明,用50%硫酸处理的毛梾种子,发芽率较高。

(2)西北农林科技大学康永祥等开展毛梾种子萌发特性及其解除休眠技术研究。主要对毛梾(Cornus wateri)种子的萌发特性和解除休眠技术进行了探讨。采用称重、测量、解剖等方法,研究种子形态结构、吸水特性,TTC法研究种子活力,内含物测定,通过白菜种子萌发实验,研究萌发抑制物的存在。采用低温层积、变温层积、水浸处理相比较的方法,研究种子休眠打破技术。研究结果表明,毛梾为综合休眠型种子,以机械处理和温水浸种打破种子休眠确定毛梾种子存在机械障碍引起的休眠,以低温层积和变温层积确定存在生理休眠。采用不同处理方法比照,结果表明,采用野外低温层积催芽效果最好,发芽率达46.7%。发芽率为直接播种的114倍。发芽时间提前了110天。变温层积以25 ℃ 40天转入0~4 ℃ 40天处理效果最好,发芽率达22.3%。

(3)西北农林科技大学康永祥等的毛梾种子萌发特性及幼苗生长规律研究。对毛梾种子萌发及幼苗生长规律进行了研究,为种子的繁育提供理论依据。采用称重、测量、解剖、TTC法及内含物测定等方法,分别对不同种源地种子形态结构、活力、内含物含量进行测定,研究不同种源间种子萌发特性差异。采用低温层积、激素处理、不同基质处理相比较及定株观测的方法,研究解除种子休眠的有效技术及毛梾幼苗生长节律。结果表明,6个种源地间以陕西杨凌种源为最优种源,河南种质资源最差;陕西杨凌种源采用室外低温层积催芽效果最好,发芽率达 46.7%(为直接播种的 114 倍);使用激素处理以 150 mg/L GA3 的处理最为有效(发芽率达到 48.43%);发芽基质以蛭石最好。毛梾幼苗 2 个生长高峰期分别为 5 月下旬到 6 月上旬和 7 月底到 8 月上旬。

(4)西北农林科技大学张丹等的毛梾初代培养影响因素研究。以毛梾茎段为外植体,研究了不同消毒方式、不同基本培养基类型、不同取材时间和不同激素组合对毛梾初代培养的影响。结果表明,0.1%氯化汞 10 min 取得了比较理想的消毒效果,污染率和褐化率均较低;MS 培养基为较适宜的初代培养基,其萌发时间、生长状况均优于其他培养基;外植体在 MS+6-BA 0.5 mg/L+NAA 0.1 mg/L+IBA 0.1 mg/L 上生长最好。

(5)西北农林科技大学张丹对毛梾组织培养影响因素的研究。随着能源的日益匮乏,开发新能源也成为全球关注的一大问题。为了解决当前的资源紧缺问题,也为了着眼于未来,如何开发新能源提上了全球和我国的日程。木本油料植物能源有几大优点:清洁可再生、环境效益显著、资源潜力巨大、不与粮食生产争地,是新能源发展的一个重要方面。而毛梾种子产油率很高,是一种非常适合作为能源植物的树种。国内外对毛梾的研究及应用相对较少,其多种价值尚未开发利用,主要原因是繁殖比较困难。目前,毛梾的繁殖方式主要是种子繁殖,但种子繁殖率低,常有隔年出苗的现象,出苗不齐,分株系数较低,繁育时间长;扦插繁殖已经有一套比较完备的技术,但是存活率还是很低,影响因素比较复杂,极难生根,对外界环境的要求比较严格。组织培养由于其操作简单、繁殖迅速等几大优势,极大地缩短了木本植物的生长周期,加快了木本油料作物工厂化生产的进程。本试验通过对影响毛梾组织培养的影响因素进行探索和分析,寻求毛梾组织培养最适宜的培养条件,旨在为今后建立稳定而高效的毛梾组织培养技术体系提供依据和参考。以毛梾茎段、叶片等为外植体,系统研究了组培过程中无菌材料的建立,初始培养的影响因素。研究结果表明,毛梾茎段适宜的消毒方法是 75%酒精处理 0.5 min,0.1%氯化汞处理 10 min;水培新抽出的纸条,种子先获得无菌苗再进行组培,都能降低毛梾的污染率,尤其以直接培养无菌苗方式为最好;MS 培养基更适合毛梾的生长;在 4、5、6 月这三个月取材效果是最理想的;6-BA 对毛梾茎段的诱导显著,NAA、IBA 不显著,最适宜的激素组合是 0.5 mg/L 6-BA、0.1 mg/L NAA、0.1 mg/L IBA;培养基中添加 30 g/L 的蔗糖,pH 为 5.5~6,培养效果是最好的;种胚进行培养萌发率达到 89%;无菌苗的叶片培养极易形成愈伤组织。

(6)河北农业大学陈立晴的毛梾种子后熟生理及育苗技术。为揭示毛梾[Cornus wateri (Wanger.) Sojak]种子后熟生理,提出打破种子休眠的措施,培育优质壮苗,以毛梾种子为研究对象,对种子后熟过程中营养物质含量、代谢酶活性、保护酶活性及丙二醛含量、内源激素含量变化等进行了研究,并系统总结了毛梾育苗技术。主要结果如下:①毛梾种子层积前、4 ℃层积处理 60 天、4 ℃层积处理 100 天、4 ℃层积处理 110 天的可溶性糖含量分别为 1.70 mg/g、2.33 mg/g、1.36 mg/g 和 1.66 mg/g,其中 4 ℃层积处理 60 天时比对照(以未进行 4 ℃层积处理的种子作对照)高出 36.6%。②毛梾种子在层积前的淀粉含量最高,为 5.25 mg/g,层积 110 天时淀粉含量降至最低 3.62 mg/g,与对照相比降低了 33.24%。③毛梾种子层积前、4 ℃层积处理 70 天、4 ℃层积处理 90 天、4 ℃层积处理 110 天的可溶性蛋白含量分别为 18.96 mg/g、30.83 mg/g、20.57 mg/g 和 26.81 mg/g,其中 4 ℃层积处理 70 天时比对照高出 62.66%。④毛梾种子后熟过程中,内源 GA3、IAA 含量逐渐增加,未经 4 ℃低温层积处理的种子 GA3、IAA 含量最低,分别为 86.56 ng/g、64.37 ng/g,层积 110 天其含量分别增至 220.58 ng/g、150.68 ng/g。⑤未经 4 ℃低温层积处理的种子淀粉酶和脂肪酶活性最低,分别为 0.56 mg/(g · min)、16.14 μg/(g · h),层积结束时(层积 150 天)种子内淀粉酶和脂肪酶活性最高,分别为 2.63 mg/(g · min)、64.95 μg/(g · h),分别比对照提高了 369.64%、302.4%。⑥超氧化物歧化酶(SOD)、过氧化物酶(POD)活性随着后熟的进程而不断上升。种子层积前 SOD、POD 活性分别为 16.58 OD 值/g · FW 和 7.35 OD 值/g · FW,到层积结束时(层积 150 天)种子内 SOD、POD 活性分别为 40.88 OD 值/g · FW、19.62 OD 值/g · FW;CAT 活性先上升后下降,种子层积前为 14.56 mg/g · FW,4 ℃低温层积 140 天时达最大值 42.91 mg/g · FW,之后 CAT 活性降至 35.7 mg/g · FW,但仍比对照高 145.2%;丙二醛(MDA)含量随着层积时间的延长而逐渐下降,层积 120 天时 MDA 含量为 1.10 nmol/g · FW,层积结束时(层积 150 天)丙二醛含量为 0.61 nmol/g · FW。⑦大田育苗于 3 月 30 日播种,4 月 20 日开始出苗,至 11 月初落叶时,一年生苗高平均达 57 cm;容器育苗毛梾种子于 4 月 13 日播种,5 月 7 日开始出苗,出苗后容器苗生长健壮,至 8 月中旬容器育苗平均苗高达到 30.6 cm,已经能够用于雨季造林。

(7)北京林业大学省部共建森林培育与保护重点实验室暴甜等开展毛梾优良无性系组培体系建立研究。近年来,毛梾作为油料树种,其果实油用价值被逐步开发利用,但因优株材料数量有限,传统的实生苗繁殖变异系数大,而无性繁殖技术尚不成熟,繁殖系数低,难以满足短期内提供大量苗木的需求,因此需要建立毛梾组培体系,达到快速繁殖目的。目前,对毛梾组培的研究仅到初代培养,污染率高、诱导率低,生产中无法应用。本试验以结果盛期的优良单株为试材,选用一年生休眠枝水培出的新梢为外植体,进行毛梾优良无性系组培技术研究。结果表明,最佳消毒方式为 2%次氯酸钠消毒 15 min,污染率 4.4%;最适基本培养基为 DKW 培养基,试管苗生长良好,叶片健康舒展;继代培养采用 DKW+6-BA0.5 mg/L+NAA0.2 mg/L+GA3 0.5 mg/L 为宜,增殖系数为 15.56,平均苗高 6.22 cm;生根培养采用 1/2DKW+NAA0.2 mg/L 为宜,生根率为 62%(最高可达 74%),平均根数 6.5,平均根长 2.9 cm;移栽时选用经过高压灭菌后的蛭石∶珍珠岩∶草炭1∶2∶1基质,可达到 94.4%的成活率。

(8)河南省安阳市园林绿化科研所王永周等开展对毛梾沙藏催芽技术研究。对不同沙藏深度(30 cm、50 cm、70 cm、90 cm)及不同沙藏环境(实验室、配电室、苗圃地)中毛梾种子的发芽率、发芽势、发芽指数等指标测定。研究结果表明,沙藏深度 50 cm 的毛梾种子的发芽效果最好,其发芽率、发芽势、发芽指数分别为 35.27%、28.13%、14.54;实验室较其他 2 种环境的发芽效果好,其发芽率达 50.6%。由此表明,沙藏诱发了毛梾种子的生理适应机制,适当沙藏有利于毛梾种子的萌发。

(9)杨亚萍等进行容器育苗试验研究。以草炭土、炭化稻壳、珍珠岩、蛭石为原料,进行基质配比,进行容器育苗试验。其试验结果表明,不同配比基质,其苗木在苗高、地径、根条数及生物量差异显著,其中以草炭土∶炭化稻壳=5∶5的基质为优选基质;1 年生容器苗在生长期内有 2 个生长高峰,其高生长期为 99 天。

(10)西北农林科技大学薛利艳等的毛梾全光照喷雾嫩枝扦插繁殖试验研究。在全光照喷雾条件下,通过正交试验 $L_{16}(4^5)$ 研究了植物激素种类、处理时间、激素质量浓度、扦插基质以及插穗长度对毛梾嫩枝扦插的影响。其研究结果表明,5 个因子中除插穗长度对生根指数的影响为显著外,其他因子对生根效果都有极显著的影响作用,各因子的主次效应为:处理时间>激素>扦插基習>激素质量浓度>插穗长度。在全光照喷雾条件下,试验毛梾嫩枝扦持最佳组合为:选用 16 cm 长的插穗,用 100 mg/L NAA 浸泡 1 h,扦插枯基质为河沙。毛梾嫩枝扦插以皮部生根为主,属于皮部生枝类型。

(11)西北农林科技大学薛利艳等开展毛梾硬枝扦插正交实验研究。在大田条件下通过正交实验 $L_9(3^4)$,研究取穗部位、生长调节剂、生长调节剂浓度、处理时间 4 个因素对毛梾硬枝扦插的影响。结果表明,生长调节剂的影响极其显著,取穗部位和处理时间的影响显著,处理浓度的影响不显著,各因素的主次效应为:生长调节剂>处理时间>取穗部位>处理浓度,在大田条件下该次试验毛梾硬枝扦插最佳组合为：选用枝条中部的插穗，用 200 mg/L NAA+IBA(1∶1)混合生长调节剂浸泡 2 h 进行试验。

(12)西北农林科技大学负玉洁等开展毛梾硬枝扦插和嫁接繁殖技术研究。分别对影响毛梾扦插生根的插穗规格、母树年龄、基质种类、激素种类及深度待因素和对影响嫁接成活的嫁接时间及砧木进行系统研究。其研究结果表明，生长调节剂以 200 mg/kg NAA 处理插穗生根效果最好，重要率为 33%；插穗以母树年龄为 1 年生的枝条中部 10 cm 插穗的生根效果最佳；扦插基质以蛭石∶泥炭∶河沙比例为1∶1∶3最佳；夏季嫁接以红瑞木为砧木的成活率可达 83%以上。

(13)张丹等对毛梾组织培养育苗进行了研究。分别从初代组织培养消毒、培养基选用、外植体采集时间及植物激素 4 个方面进行毛梾组织培养研究。其研究结果表明，以 0.1%氯化汞溶液对初代组织培养消毒 10 min，污染率和褐化率均较低；以 MS 为初代培养基，其萌发时间，生长状况较好；外植体在 MS+6-BA 0.5 mg/L+NAA 0.1 mg/L+IBA 0.1 mg/L 上生长最好。

(14)山西省林业科学研究院张娜的毛梾扦插及嫁接技术初探。研究不同生长调节剂、嫁接时间、砧木对毛梾嫁接繁殖的影响。研究结果表明，萘乙酸和 ABT1 生根粉对于毛梾扦插苗的生根效果明显；夏季对毛梾进行嫁接，效果优于春季(萌动前)嫁接，红瑞木作为嫁接砧木的嫁接效果明显优于光皮树。

(15)西北农林科技大学薛利艳对毛梾扦插繁殖技术及其生根机制研究。毛梾为山茱萸科梾木属植物，它具有抗性强、耐薄瘠、分布广等优点，不仅是优良的用材、防护和观赏树种，更是能提炼生物柴油的重要的油料树种。对毛梾的扦插繁殖技术以及其生根机制进行了研究。①扦插繁殖技术的研究。毛梾硬枝扦插正交试验结果表明，在所取的 4 个因素中，各因素的主次效应为：生长调节剂>处理时间>取穗部位>处理浓度。在大田条件下本次试验毛梾硬枝扦插最佳组合为：选用枝条中部的插穗，用 200 mg/L NAA+IBA(1∶1)混合生长调节剂浸泡 2 h 进行试验。毛梾全光雾嫩枝扦插正交试验表明，5 个因素的主次效应为：处理时间>激素种类>扦插基质>激素浓度>插穗长度，在全光照喷雾条件下本次试验毛梾嫩枝扦插最佳组合为：选用 16 cm 长的插穗，用 100 mg/L NAA 浸泡 1 h，扦插在河沙中。毛梾嫩枝扦插以皮部生根为主，属于皮部生根类型。毛梾嫩枝扦插随机区组试验表明：插穗直径为 0.4～0.8 cm 扦插效果较好；两年生母树的插穗扦插效果较好；在所选的 4 个扦插时间中，7 月 22 日扦插的效果最好；留 2～3 片半叶的插穗比留全叶和不留叶片的扦插效果好。②生理生化技术的研究。本试验结果表明,外源生长调节剂可以使插穗中可溶性糖的含量大于对照,从而促进插穗的提早生根。同时,在硬枝和嫩枝扦插生根过程中,在愈伤组织发生和生根期,可溶性糖含量均呈下降趋势。在愈伤组织和不定根的发生时,激素处理的插穗淀粉降解的速度远大于对照的。可溶性蛋白出现先升高后下降再上升趋于平稳的趋势。对 IAAO (?)和 POD 的活性的研究发现,扦插初期 IAAO 和 POD 均呈升高趋势,随着不定根的伸长,POD 活性逐渐下降。生长调节剂处理的 IAAO 活性呈现先升高后降低的趋势,对照的则处于总体上升的趋势。

(16)山东省临沂市林业科技推广中心化黎玲等开展功能性能源植物毛梾的开发应用与繁育技术研究。毛梾是集观赏、水保、用材、油料、医药于一体的功能性珍贵乡土树种,系中国特产,具有良好的适应性与应用性,以及较高的栽培、研发价值。文章从其形态、分布、特性、价值及繁育诸方面进行分析探讨。研究结果表明,毛梾外果皮富含油脂,透水性差;内果皮骨质坚硬,角质层、栅栏组织发达,致使种壳不透水、不透气,这是造成毛梾当年播种难以出苗的主要原因;毛梾种看起来内胚乳富含脂肪,不易分解,吸水性差,代谢缓慢,这是造成毛梾难以出苗发芽的又一主要原因。毛梾树种为综合休眠性种子,种胚对种子休眠主要为生理休眠。因此,种子不经特殊处理,一般需要 2~4 年才能发芽,出苗率低。要达到当年壮苗丰产,就必须进行特殊技术处理。本试验中采取多种方法,其中最有效的方法是将种子脱皮后,室外混沙储藏 60 天,取出后冷冻 30 天(-5~0 ℃),在室内进行暖气催芽,利用热胀冷缩原理,促使种子尽快吸水发芽,出苗率达 70%以上。

(17)西北农林科技大学陈绵开展毛梾开花结实规律及促进成花成果措施研究。以山茱萸科梾木属毛梾作为研究对象,在陕西杨凌、山东沂源、河南卢氏和山西阳城分别建立试验点,对毛梾的生物学特性和落花落果规律进行研究,并试图探索提高其产量的措施。通过对各样地的物候期观察和采取一定措施提高坐果率,得到以下结论:①结果枝率和当年生枝条长度变异系数最大,分别为 39%和 30%,变异幅度分别为 10%~44%和 58~142 cm,相对株高、胸径、分枝角度和当年生枝条基径,这两个性状在不同的毛梾之间有较大的差异,有利于选育优良高产植株。②进入盛花期后,每个结果枝上着生 16~54 个伞房状聚伞花序,花序高 3.44~5.59 cm,花序直径 4.8~12 cm,每个花序有 73~133 个白色小花,果实直径 6.0~7.53 cm,种子直径 4.52~5.54 mm,果皮厚度 0.46~1.30 mm,种壳厚度 0.74~0.96 mm,坐果率为 2.63%~13.70%,千粒重为 220 g~260 g,毛梾单株平均年产量可达 10~30 kg。③通过对毛梾各时期的果实各部分干鲜重测量,发现果实于6月23~29日和7月12~27日这两个时间段为鲜重增长高峰,其他时间趋于平稳;果仁和果壳鲜重基本趋于平稳;果皮鲜重则稳定上升;从干重角度来看,果皮和果壳里的有机物在持续快速增;果仁6月23日至7月6日为水分积累时期,7月6日至8月13日为有机物大量积累时期。④通过对标记的73棵树进行2008~2010年连续三年的结实量观察,用A、B、C、D、E分别表示结果数量的极繁、繁多、中等、少量结果和不结果,相邻两年的级差之和为总级差,T检验结果为总级差≥4.52时,结实量在0.05水平上差异明显。结果显示,58.9%的毛梾连续两年的结实量存在显著差异,也可说明,毛梾的大小年现象普遍存在。⑤对陕西杨凌、山东沂源毫山林场、河南卢氏县汤河镇和山西阳城的横河林场四个地区进行毛梾生境和物候期的观察,在纬度基本相同的情况下,对毛梾的物候期影响最大的是其生境中的光照和通风条件。毛梾物候期分为两个大的阶段:营养生长期和生殖生长期。营养生长期的物候先后顺序为:陕西>山东>山西>河南,生殖生长期的物候先后顺序为:陕西>山西>山东>河南。虽然4个试验地区各物候阶段开始和结束时间不一致,但4个地区萌动期、现蕾期、展叶期、开花期持续时间基本相同,持续20~30天,核果成熟期和脱落期持续7~14天。⑥通过采取人工措施,可以有效提高毛梾的产量。0.3%尿素能提高产量14.25%,且效果最稳定,继而与环剥搭配能提高保果效果;各类激素处理方式中,10 mg/L赤霉素、20 mg/L赤霉素和40 mg/L 2,4-D提高坐果率效果明显,其中40 mg/L 2,4-D提高幅度最大,达112.96%。由此可见,人工采取措施能有效提高产量,对毛梾的大规模生产有一定的帮助。

(18)西北农林科技大学林学院陈绵等开展油料树种毛梾的保花保果措施研究。以西北农林科技大学校园内的健康成年毛梾单株为试材,通过对其进行为期2年的开花结实规律及物候期的观察,发现毛梾自然环境下坐果率仅为9.27%,产量低且不稳定。通过隔离花粉,激素和微量元素喷洒处理结果枝,环剥,疏花、疏果等措施,研究提高毛梾坐果率的最佳方法。结果表明,40 mg/L 2,4-D处理结果枝对提高坐果率最显著,能提高产量112.94%,10 mg/L赤霉素处理后提高产量70.33%,环剥+0.3%尿素+疏果提高产量60.84%。通过人工方法对结果枝进行处理,可以有效提高毛梾单株产量。

(19)甘肃省小陇山林业科学研究所杨亚萍开展毛梾木不同配方比基质容器育苗的试验研究。结果表明,不同基质上生长的苗木在苗高、地径、一级侧根数、二级侧根数、单株干生物量差异显著,筛选出泥炭土:炭化稻壳=5:5的配比基质是培育毛梾木容器苗的优选基质;1年生容器苗高生长期99天,在生长期内有两个生长高峰,生长量占全年生长量的 37%。

4. 毛梾造林与栽培管理相关研究

(1)20 世纪 70 年代,西安植物园木本油料研究组利用移栽播种苗时修剪下来的多余根,按根的长短和粗细分成长为 3 cm、6 cm、9 cm、12 cm,粗为 0.3 cm、0.4 cm、0.5 cm、0.7 cm、0.9 cm 等 12 个处理,进行了毛梾插根设育苗试验。研究结果表明,除根长 3 cm 的根条不能成活外,其余根条均能生长成活,且成苗率高达 70%以上,其中以根长 12 cm、根粗 0.9 cm 根条生根效果最好。

(2)长安县南五台林场分别于 1973 年和 1975 年春季在秦岭北坡海拔 930~950 m 的山坡中下部,采用 2 年生全苗和截干进行造林试验。成活率分别为 40.91%和 87.68%,截干造林比全苗造林的成活率提高 46.77%;新梢生长量上,截干造林的新梢年生长量为 22.35 cm,而全苗造林的新梢年生长量则为 5.30 cm,截干造林比全苗造林的新梢生长量提高 321.69%。密度配置上,依据立地条件不同,种植密度也不尽相同,如关中地区通常采用 3 m×3 m、3 m×4 m 和 4 m×4 m 进行成片造林,最密的可为 2.5 m×3 m,最稀的有按 4 m×8 m 进行栽植;在“四旁”造林中,多采用单行纯林或单行株间混交,株距为 2 m 或 4 m。

(3)陕西省林业研究所油树组为了总结油树植苗造林的经验教训,探讨决定油树造林成败的主导因素,于 1974 年对陕西省关中渭南、咸阳、宝鸡三地区的 12 个重点县进行了油树造林技术进行了初步调查,同时结合对油树生长结实情况进行了定位观察。油树适应性强,无论山地、平川、沟坡和“四旁”均可生长,但在土壤干燥瘠薄或水土流失严重的山坡上造林,幼树生长发育受到一定限制。油树造林地宜选择在地势比较平坦、土壤深厚肥沃的山麓、沟坡和“四旁”,这是树生长发育、稳产高产的基本条件。立地条件差,油树生长衰弱,也是造成病害侵袭的原因。油树造林随起苗,随整地,随栽植。有的地方在山地造林时,先年秋季进行鱼鳞坑整地,翌春栽植,成活率达 70%以上。栽植时期多在春季 3 月中下旬进行,也有在秋季栽植的。调查表明,油树 3~4 年生苗木,春、秋季栽植,成活率分别为 90.48%和 97.78%。在春季干旱多风的情况下,抓住早春有利时机,土壤刚解冻,苗木开始萌动以前栽植,是提高造林成活率的有效措施。栽植造林采用 2~3 年生苗栽植效果最好。苗龄不宜过大过小,苗龄过大,势必留床过久,随着苗体生长而形成苗木拥挤,引起分化和生长停滞,起苗困难,根系不易保护。同时,苗龄过大,苗木的可塑性降低,因而对环境条件的适应能力也减小,使造林成活率受到影响。苗龄过小,苗木低矮,栽后易遭人畜和灾害性气候破坏,加之油树极易萌发侧枝,若修枝抚育不及时,常形成丛生状态,影响及时郁闭成林。按照不同的立地条件,采用适宜的造林方法,是提高造林成活率的重要因素。在土壤比较瘠薄、气候干旱、风大风多的情况下,采用截干造林。根据油树的特性、造林地条件、经营措施,确定适当的造林密度,不仅可以满足油树生长发育对一定营养面积的要求,而且能够使林木获得充分的地力,提高单株和单位面积产量,同时,还有利于粮间作和林地土壤管理。成片造林时,株行距一般采用 3 m×3 m、3 m×4 m、4 m×4 m,最小 2.5 m×3 m,最大 4 m×8 m;"四旁"植树中,多采用单行纯林或单行株间混交林,株距 2 m 或 4 m。油树一般 5 年生时,有少量开花结果;6 年生时,结实率可达 14.85%~33.33%;7 年生时,结实率可达 70%~100%。11 年生油树株产鲜果 4.75~16.50 kg,15 年生株产鲜果 3~35 kg。其结实量曲线上升,有大小年现象。

(4)河南省信阳市林业科学研究所张英姿等的毛梾油料灌木林繁育与营造技术研究。在海拔 300 m 以上,土层深厚的阳坡或半阳坡山区,进行毛梾栽植管护试验。从种子繁育、扦插繁育、苗期田间管理方面介绍毛梾苗木繁殖技术,并从造林地选择与整地、栽植、营林管理方面总结其营造技术。采用头年冬季整地,整地规格为 35 cm×35 cm×40 cm,翌年春季造林,株行距为 2 m×3 m,造林后待苗木长至 2 m 处截去主干,控制主梢生长,采用细长纺锤形修剪,形成矮化树冠结构,一年抚育 2 次,控制主枝延伸生长和加粗生长过快,苗木生长效果较好。

(5)安阳市园林绿化科研所王永周等开展毛梾穴盘育苗与栽培技术试验研究。于 6~9 月,在白色塑料容器内沙藏催芽毛梾种子,12 月以后,毛梾种子陆续裂壳露白,挑拣露白的毛梾种子,在温室内穴盘播种育苗。4~5 月将穴盘苗在圃地分栽,当年毛梾苗高度、地径分别比露地播种苗高 50%、30%以上。穴盘苗在苗圃地分栽培养,苗木生长整齐,生长量大,质量好。温室内穴盘育苗播种早,出苗早,当年苗木生长期比露地播种苗长 3 个月左右,生长量大。在 7~8 月,用穴盘苗雨季荒山造林,省水省力,成活率高达 90%以上,实现了当年育苗,当年荒山造林。

(6)甘肃林业职业技术学院吕志鹏对甘肃陇东南地区毛梾栽培技术试验研究。从毛梾的生物学特性、经济价值、栽培技术等方面介绍了毛梾的特性及栽培技术,对毛梾在甘肃的大面积栽植具有指导意义。造林多在 3 月中下旬进行,随起苗,随栽植。山地造林则宜在上一年秋,采用长 1.5 m、宽 1 m、深 40~60 cm 的大鱼鳞坑整地,次春栽植,效果较好。秋季也可造林。春季造林宜早,土壤刚解冻,苗木尚未萌动时造林最好。一般采用 2 年生苗。如苗龄小,小苗又多时,可采用截干造林,能显著提高成活率。截干后头两年应及时修枝抹芽,每年 6~8 月抹芽 2~3 次,以培育明显主干,促进幼树生长。毛梾造林以木本油料为主要目的,故造林密度宜适当稀些,并应根据水肥和管理条件而有所不同。水肥条件好,管理比较细致的地方,一般为 6 m×6 m 或 6 m×8 m,每公顷不超过 300 株,山地条下可采用 4 m×6 m 或 5 m×5 m,每公顷不超过 450 株。

5. 毛梾综合利用相关研究

(1)山东省林业科学研究院王开芳等对毛梾 SSR-PCR 反应体系优化及引物筛选研究。为了确定毛梾 SSR-PCR 最佳的反应体系,采用 $L_{16}(4^5)$ 正交设计试验方法对毛梾 SSR-PCR 反应体系的各影响因素进行了优化筛选,利用改良 CTAB 法提取毛梾叶片基因组 DNA 为模板,对模板 DNA、dNTPs、Mg^{2+}、引物、Taq DNA 聚合酶 5 个因素的用量进行了 4 个水平的优化筛选试验。结果显示,适用于毛梾的 SSR-PCR 最佳反应体系为:总体系 20 μL,dNTPs 浓度 0. 25 mmol/L,Mg^{2+}浓度 1. 25 mmol/L,模板 DNA 用量为 75 ng,Taq DNA 聚合酶 1 U/20 μL,引物浓度为 0. 5 mmol/L。利用优化后的反应体系对毛梾 SSR 引物进行筛选,可从 34 对引物中筛选出 9 对具有多态性的 SSR 引物,进一步验证了毛梾 SSR-PCR 反应体系具有较好的稳定性和可重复性。本研究为毛梾的种质资源分析、分子标记辅助育种、遗传多样性分析等方面的进一步研究提供了技术支持。

(2)山东农业大学秦悦毛梾油的水酶法提取及其性质研究。毛梾作为一种高效木本油料树种,果皮与种仁都含有丰富的油脂,果实整体含油量高达 36%,其不同部位的油脂脂肪酸组成及含量略有不同。本实验以毛梾果实为原料,利用索氏提取法测定的脂肪含量为标准,油脂得率为指标,用水酶法提油技术分别提取毛梾籽仁油与毛梾果皮油,优化提取工艺条件,获得最佳工艺参数;测定并比对水酶法提取的毛梾油与压榨法、有机溶剂浸提法提取到的油脂酸价、过氧化值与色泽、气味、滋味等理化指标,对比毛梾果皮油与毛梾籽仁油中的脂肪酸差异,为优质毛梾油的高效提取提供新的途径。主要研究结果为:①水酶法提取毛梾籽仁油工艺确定将毛梾籽仁从毛梾果实中分离出来,烘干粉碎,以油脂得率为指标,从纤维素酶、果胶酶、α-淀粉酶、中性蛋白酶、木聚糖酶中选取最佳酶试剂为中性蛋白酶,研究不同提取温度、时间、料液比对毛梾油得率的影响,在单因素实验的基础上采用正交实验方法,对工艺参数进行进一步优化,最终得到水酶法提取毛梾籽仁油的最佳工艺参数为:蛋白酶添加量为 1%,酶解温度为 40 ℃,酶解时间为 2 h,料液比为 1:5,根据此条件验证实验油脂得率为35.0%。②进一步对单一中性蛋白酶进行复合酶实验,分别与纤维素酶、果胶酶等进行复配,研究对油脂得率的影响。进一步进行破乳实验,冷冻解冻破乳实验油脂得率为37.0%,二次破乳实验油脂得率为36.2%,加热破乳实验油脂得率为35.9%,冷冻解冻破乳油脂得率提升明显。③水酶法提取毛梾果皮油工艺确定毛梾果皮烘干粉碎后,以得率为指标,选取纤维素酶为最佳酶试剂,固定酶添加量为1%,在以提取时间、提取温度、料液比为单因素实验基础上利用响应面法对实验条件进行优化,得到最佳工艺条件及其参数:酶解温度为48 ℃,提取时间为3.5 h,料液比为1∶4。在这个工艺条件下毛梾油得率达到32.8%。④水酶法提取的毛梾油理化指标测定分别测定水酶法提取的毛梾果皮及籽仁油的气味、滋味、水分及挥发性物质、酸值、过氧化值、碘值,并与有机溶剂法和压榨法获得的毛梾油对比,结果表明,水酶法提取到的毛梾果皮油酸值为2.56、过氧化值为2.17、碘值为123.2,毛梾籽仁油酸值为0.27、过氧化值为2.25、碘值为117.3。水酶法提取的毛梾油符合国家食用油标准。利用气相色谱-质谱联用(GC-MS)分析对比毛梾籽仁油与毛梾果皮油脂肪酸组成及含量,结果显示,毛梾籽仁油主要脂肪酸成分为亚油酸(58.53%)、油酸(22.10%)、棕榈酸(11.14%)、异油酸(3.69%)、异硬脂酸(2.56%)、棕榈油酸(1.98%)。毛梾果皮油中脂肪酸主要成分为亚油酸(23.54%)、异油酸(20.55%)、油酸(19.39%)、棕榈酸(14.95%)、棕榈油酸(14.88%)、亚麻酸(3.11%)、硬脂酸(2.04%)。与有机溶剂法获得毛梾油相比脂肪酸含量略有差异,有效成分ω-7不饱和脂肪酸(棕榈油酸和异油酸)主要存在于毛梾果皮油中,含量高达35.43%。

(3)山东农业大学陶梦哲开展毛梾果皮黄酮的提取及其性质研究。毛梾的果实和种子可以榨油,供食用和药用,但榨油后产生大量油饼造成资源浪费。近几年来,有关毛梾分布范围、种植栽培、生物学特征等方面的研究逐渐增多,但对毛梾的深加工产品进行的研究还很少。因此,若将毛梾果肉或者榨油后的油饼充分利用,不仅能节约资源,还能拓展毛梾的应用领域,而且可以大大降低生产成本。因此,毛梾果皮中黄酮的提取及利用具有深远意义,同时也具有广泛的开发前景。以脱脂的毛梾果皮为原料,对其中的黄酮进行提取纯化,探究其稳定性和抗氧化活性,主要研究结果如下:①采用超声波辅助提取的方法,探究甲醇浓度、料液比、提取温度和提取时间对毛梾果皮黄酮得率的影响,进行单因素和正交试验,得到最佳提取工艺条件为:甲醇浓度60%、料液比1∶30、提取时间60 min、提取温度80 ℃,此工艺条件下黄酮得率为2.23%。②通过静态吸附和解吸试验,确定了NKA-9作为毛梾果皮黄酮纯化的最佳树脂。通过动态吸附和解吸试验,得到 NKA-9 吸附毛梾果皮黄酮的最佳条件为:用 60%乙醇作为洗脱液,上样液 pH 值为 5、上样液浓度为 0.128 mg/mL、洗脱速率为 1 mL/min。③通过紫外光谱分析,毛梾果皮黄酮在 364 nm、256 nm 和 217 nm 处有吸收峰,与黄酮类化合物的理论吸收峰基本一致。通过傅里叶红外光谱分析,结果表明,1 517.87~1 741.87 cm^{-1} 处有芳环的骨架振动峰和羰基的 C ═ O 伸缩振动峰;1 300~1 140 cm^{-1} 处有 C—O 和 C—C 振动峰,推断有苯酰基 Ar—CO—,是黄酮吸收带 II 的结构;891.60 cm^{-1}、825.30 cm^{-1}、719.70 cm^{-1} 有芳环的弯曲振动峰。通过液质联用技术初步分析,毛梾果皮中的黄酮为槲皮素和山奈酚。④对毛梾果皮黄酮进行稳定性试验的研究表明,毛梾果皮黄酮的热稳定性较好,能耐受较高温度,但不具有良好的耐光性,在室内散射光和室外强光下不稳定,避光条件下相对稳定。葡萄糖、蔗糖、氯化钠等食品添加剂对毛梾果皮黄酮基本没有影响,可以选择柠檬酸作为毛梾黄酮的护色剂。金属离子 Na^{+}、K^{+}、Zn^{2+} 的存在,对毛梾果皮黄酮的稳定性及色泽基本无影响,但 Fe^{3+} 和 Fe^{2+} 会使毛梾果皮黄酮的颜色变深,所以应该避免与 Fe^{3+} 和 Fe^{2+} 的接触。毛梾色素在 pH 为 2、4、6 时较稳定,但在 pH 为 8 时颜色开始变深,黄酮可能发生了变性。⑤探究了毛梾果皮黄酮的抗氧化活性,结果表明,毛梾果皮黄酮具有一定的 DPPH 自由基、羟自由基、超氧阴离子自由基清除能力和还原能力,其中羟自由基清除能力较强,其羟自由基清除率从 16.02%能增加到 41.56%。

(4)齐鲁工业大学食品科学与工程学院徐丽娟等对超高压对毛梾籽中脂肪酶活性的影响试验研究。研究结果表明,超高压影响脂肪酶的活性,可以通过控制压力、保压时间、温度和 pH 值等条件来改变脂肪酶活性,从而改善食品品质。探究压力、保压时间、温度和 pH 值对脂肪酶活性的影响,采用响应面法得出提高脂肪酶活性的最佳工艺条件为:压力 200 MPa,保压时间 10 min,温度 40 ℃,pH 7.5。

(5)齐鲁工业大学食品与生物工程学院吴秋等对超临界 CO_2 萃取毛梾籽油及 GC-MS 分析研究。毛梾作为一种新型木本油料,果实含油率可达 36%~38%。毛梾籽油不饱和脂肪酸含量丰富,其中棕榈烯酸较为稀有,而棕榈烯酸主要来源于鲸油和鱼肝油等贵重深海鱼类油脂。毛梾籽油味道香浓,脂肪酸含量丰富,但是色泽极深,传统的白土、活性炭已经不能起到很好的脱色效果。研究结果表明,以乙醇作为夹带剂进行超临界 CO_2 萃取毛梾籽油,实现了“边提取边脱色”,解决了传统溶剂提取后溶剂残留这一困扰的同时省去了脱色步骤。在进行了压力、时间、温度的单因素,选出合适条件后进行正交优化,综合考虑油脂提取率、色泽、状态等确定最优参数为压力 16 MPa、温度 40 ℃、频率 21.3 Hz,料液比为 1∶1.1 g/mL,此时提取率为 38.9%,吸光度为 0.203,颜色浅黄,无杂质,透明,品质较好。GC-MS 分析得到其主要成分有棕榈酸、棕榈油酸、硬脂酸、油酸、亚油酸等。

(6)齐鲁工业大学食品科学与工程学院吴秋等对毛梾籽油的溶剂提取工艺研究。毛梾是一种新型木本油料,耐盐碱、耐干旱,含油量高达 36%~38%,其油脂可供食用或作高级润滑油,油渣可作饲料和肥料。实验结果表明,用有机溶剂正己烷提取毛梾籽油,通过料液比、时间、温度的单因素试验,然后进行正交试验,优化提取工艺参数为料液比 1∶7 m/V,时间 115 min,温度 65 ℃,此时提取率高达 37.1%。

(7)齐鲁工业大学吴帅等开展大孔树脂纯化毛梾色素的研究。以经过物理压榨去油后的毛梾种为原料,采用超高压法提取得到毛梾色素的粗提液。通过静态吸附和静态吸附动力学曲线,确定 NKA-9 为毛梾色素纯化的最佳树脂。在动态试验中,通过单因素试验和正交试验,确定动态吸附的最佳条件:上样液色素 pH 值为 6,上样液吸光度为 0.7,吸附时间为 20 h,吸附温度为 30 ℃。选用体积分数为 70%的乙醇作为洗脱剂,流速为 0.5 mL/ min 时洗脱效果较好。通过光谱特性和纯化前后色价的比较,证实纯化过程较好地保留了色素的原有成分和性质,提高了色价。

(8)河南省林业科学研究院丁鑫等的河南不同分布区毛梾果实形态及脂肪油差异性分析。对济源、洛阳、三门峡 3 个不同分布区的毛梾果实和种子的形态特征及脂肪油进行了测定分析。结果表明:①3 个分布区毛梾果实的纵径、横径和百果质量均有极显著差异,且均为:济源>三门峡>洛阳。②毛梾果实中的粗脂肪含量高于种子,说明其果皮中含有较高的粗脂肪,且不同产地的毛梾果实及种子之间粗脂肪含量存在显著差异,果实的粗脂肪含量由高到低依次为:济源>三门峡>洛阳。③毛梾果油中的脂肪酸组成主要为二十碳链以下的直链脂肪酸,主要是十六碳和十八碳的脂肪酸,组成成分简单而且集中,但酸值较高,对其后续的生产加工将造成一定的影响。因此,培育低酸值的毛梾品种意义重大。毛梾果油含有大量的亚油酸,也可作为食用油原料加以利用。

(9)中国科学院植物研究所袁立明等的毛梾油中嗅味及非皂化物成分研究。对毛梾 Swida(Cornus) walteri Wanger 果实油的 28 种嗅味成分以及非皂化物中的 C_{12}~C_{31} 共 20 种碳氢化合物,β-胡萝卜素、木栓酮、西米杜鹃醇、β-谷醇甾、5,8,22-麦角三烯甾醇、5,24(28)-豆甾烯醇、7,24(28)-麦角二烯甾醇、Δ^7-燕麦甾醇,22-二氢菠菜甾醇、菜油甾醇进行分离鉴定。其中木栓酮、西米杜鹃醇为首次从油中分离报道。

(10)齐鲁工业大学吴帅的毛梾籽下脚料中色素的提取、纯化分析及稳定性研究。以榨油后的毛梾下脚料为原料,选择超高压法、微波辅助提取法和超声波辅助提取法对毛梾色素提取,对三种提取方法综合比较,得到优选的毛梾色素提取方法,然后对色素粗提液纯化,研究稳定性并做成分的初步测定。以乙醇为毛梾色素提取试剂,测量毛梾色素提取液在 380~620 nm 处的吸光值。得到毛梾色素的紫外可见吸收光谱图,确定 540 nm 为其最大吸收波长。通过单因素试验和正交试验,得到超高压法提取毛梾色素的最佳工艺条件:乙醇浓度 50%,液料比 1:40,保压时间 20 min,提取压力 200 MPa。超声波辅助提取法提取毛梾色素的最佳工艺条件:乙醇浓度 50%,液料比 1:40,提取时间 30 min,超声功率 120 W。微波辅助提取法提取毛梾色素的最佳工艺条件:乙醇浓度 70%,液料比 1:40,提取时间 20 s,微波功率 350 W。对三种不同提取方法进行综合比较,与其他两种方法相比,超高压法具有自己独特的优势,是毛梾色素提取的优选方法。在色素的纯化和检测方面,通过静态吸附和解析实验,选择 NKA-9 为毛梾色素纯化的最佳树脂。通过单因素试验和正交试验,得到 NKA-9 树脂动态吸附毛梾色素的最佳条件:上样液 pH 值 6,上样液吸光度 0.7,吸附时间 20 h,吸附温度 30 ℃。同时研究了影响洗脱效果的两个重要因素乙醇浓度和解吸流速,实验表明,选用体积分数为 70%的乙醇溶液,流速为 0.5 mL/ min 较为合适。通过光谱特性和纯化前后色价的比较,证实了纯化过程在去除杂质的同时很好地保留了色素的原有成分,同时色价显著提高。通过对毛梾色素的稳定性研究表明,毛梾色素是一种热稳定性和光稳定性色素,酸碱度严重影响其稳定性,常见的食品添加剂和金属离子对其影响较小。首次使用液相质谱技术对毛梾色素成分进行初步检测,得到毛梾色素的主要成分可能为槲皮素,同时还可能含有花青素等其他色素。

(三)毛梾研究相关成果——毛梾离体培养快速繁殖研究

研究起止时间:2014-01~2016-12

第一完成单位:山西省林业科学研究院

成果类别:中国科技项目创新成果——应用技术

成果简介:毛梾为山茱萸科梾木属落叶乔木,集中分布于山西、山东、陕西、河南等地。毛梾果实含油率达 31.8%~41.3%,果皮含油率达 24.9%~25.7%,是重要的生物质能源树种;其耐干旱、耐瘠薄,适应性强,根系强大,在高山、平川、沟坡、河滩或土壤瘠薄的山区及微碱性土壤上均能生长,是绿化荒山和水土保持的良好树种；树形优美，可作为良好的通道和城市绿化树种。目前，毛梾的繁殖方式主要是种子繁殖，但种子萌发率低，出苗不齐，存在隔年出苗的现象，繁育时间长，而且易产生变异，不易保持品种的优良特性；虽可采用扦插繁殖，但其存活率低，生根非常困难，又受到季节和资源的限制；嫁接的成活率也较低，不适宜进行大规模繁殖。因此，非常有必要探索一种行之有效的方法对毛梾进行繁育。建立和完善毛梾离体快繁体系是解决目前毛梾苗源严重不足的有效途径，对毛梾能源林的建立有重要意义。本研究通过对影响毛梾组织培养的因素进行探索和分析，筛选毛梾组织培养快速繁殖最适宜的培养条件，旨在建立完善的毛梾离体再生体系，为快速繁殖毛梾、实现生物质能源树种的推广具有重要的理论及实践意义，也为开展其他林木组织培养提供技术借鉴。

1. 关键技术及创新点

(1)毛梾茎段腋芽诱导试验，筛选出毛梾最佳腋芽诱导培养基和培养条件。

(2)毛梾试管苗增殖培养试验，筛选出毛梾试管苗的最佳增殖培养基和培养条件。

(3)毛梾试管苗生根培养试验，筛选出毛梾试管苗的最佳生根培养基。

2. 毛梾离体快繁具备的优点

(1)可用较少的外植体，在较短时间和有限的空间内提供大量遗传性状稳定、优质的毛梾种苗并降低生产成本。

(2)可打破传统的种苗生产对外界气候的依赖性，实现周年生产，缩短育苗周期。

3. 预期的经济、社会效益

毛梾离体再生体系的建立研究可组建一支专业的山西省林木植物组织培养技术团队，为促进山西省林木植物组织培养发展做出巨大贡献。另外，毛梾耐干旱瘠薄，适应性强，根系发达，在高山、平川、沟坡、河滩、石质山区及微碱性土壤上均能生长，具有防风固沙、防止水土流失、美化环境、调节气候、保持生态平衡等作用，社会生态效益显著。

为响应国家发展生物质能源的号召，现各地都在因地制宜的发展能源林，预计到2020年，将培育专用能源林1 300多万 hm^2。目前我国尚有宜林荒山荒地5 400多万 hm^2，盐碱地、沙地、矿山、油田复垦地等近1亿 hm^2 边际性地适宜发展特定的能源林，其中相当一部分可发展毛梾能源林。毛梾能源林的快速推广将会刺激市场对毛梾种子和种苗的极大需求，而种苗的严重不足，则会导致其价格节节攀升。而通过毛梾组织培养繁殖方法可以节约成本,经济效益显著。根据亩栽毛梾 110 株计算,对不同繁殖方法条件下的推广成本进行了统计比较,离体快繁法按 55 元/亩,每亩可节约成本 110~165 元。与传统繁殖方法相比,离体快繁技术可大大降低毛梾推广成本,其经济效益可观。

4. 推广应用前景

毛梾是集园林绿化、荒山造林、木本油料、生物质能源等于一体的多功能乡土树种,用途广泛,具有极高的研究和开发价值,发展潜力巨大。近年来,北京已将毛梾列为深度开发的乡土植物,山东省把毛梾列为重点发展树种,山西省已把毛梾作为珍贵乡土树种进行开发利用。但毛梾种子繁殖困难,扦插和嫁接成活率低。作为多功能的乡土树种,生产中对毛梾苗木需求量大。通过对毛梾进行离体培养快速繁殖技术研究,可有效解决毛梾育苗瓶颈,能在短期内提供大量优质毛梾苗木,并初步探索出林木组培的基本规律,为今后开展林木组织培养提供技术借鉴,同时也为林业生产应用开辟了新的方法和途径,推广应用价值较大。

(四)毛梾研究相关专利

1. 一种毛梾叶中黄酮提取方法

中国专利:CN106074665B,2016-08-08　公开日:2019-08-20

申请人:齐鲁工业大学　　发明人:王成忠、赵晓红

摘要:本发明公开了一种毛梾叶中提取黄酮方法,以毛梾树叶为原材料,将前处理好的毛梾叶喷洒 3%~5%的水置于真空冷却箱中冷却,冷却到 0~-2 ℃,冷却时间 10~15 s,用-45~-50 ℃冷媒进行冻结,冻结时间 10~15 min,然后干燥,先期加热板温度 25~26 ℃,干燥程度达到 85%~90%后,提升加热板温度到 55 ℃左右,干燥时间 15~20 min。将干燥粉碎的毛梾叶粉进行闪式提取,提取剂为 70%乙醇、1%盐酸甲醇、1%的 β-环糊精水溶液,提取时间为 60~120 s,提取电压为 110~200 V,料液比 1 g :10~50 mL,然后离心分离,旋转蒸发浓缩得提取物。提取物再用乙醇洗涤除盐、浓缩得到黄酮。

主权项:一种毛梾叶中黄酮提取方法,其特征在于包括以下步骤:①挑选新鲜、无虫害的毛梾叶,清洗去除表面灰尘和杂质,将前处理好的毛梾叶喷洒水后置于真空冷却箱中进行冷却一段时间,然后用冷媒进行冻结,冻结完成后移入干燥室,干燥时先期加热板低温,后期高温去除结合水,干燥后毛梾叶用粉碎机粉碎为毛梾叶粉。②干燥后的毛梾叶粉末 10 g 置于闪式提取器中,以 70%乙醇、1%盐酸甲醇、1%β- 环糊精的水溶液作为提取剂进行闪式提取,提取后将滤

液在离心机中离心,用萃取剂对提取物进行多级萃取,合并萃取液于旋转蒸发仪中浓缩后得到毛梾提取物。③烧杯中加入1 g毛梾提取物、21 mL无水乙醇、30 mL蒸馏水、混合盐,磁力搅拌后静置分层,将得到的上相在旋转蒸发仪中减压浓缩除去乙醇和水,得到的浓缩液再用无水乙醇进行洗涤溶解,除去混合盐对黄酮纯度的影响,最后对萃取物减压浓缩得到高纯度的黄酮。

2. 改性蛭石基润滑脂的制备方法

中国专利:CN109652173A,2018-11-01 公开日:2019-04-19

申请人:苏州玖城润滑油有限公司 发明人:吕方敏、张菊

摘要:本发明提供了改性蛭石基润滑脂的制备方法,涉及润滑脂领域。改性蛭石基润滑脂的制备方法包括以下步骤:从毛梾种子中提取毛梾油脂,对毛梾油脂进行环氧化,得到环氧毛梾油脂,将环氧毛梾油脂作为基础油和改性蛭石粉末混合,快速搅拌,保持快速搅拌状态,加入助分散剂充分分散5 min,然后加入抗氧剂和防锈剂继续分散15 min,经研磨均匀化后得到改性蛭石基润滑脂。本发明制备的润滑脂性能优良,具有很好的高温性能、胶体安定性、机械安定性、防锈性和抗水性。

主权项:改性蛭石基润滑脂的制备方法,包括以下步骤:步骤一,将毛梾种子洗净,烘干,粉碎至过40目筛,取毛梾种子粉末置于烧杯中,加入石油醚,进行超声提取,共提取3次,抽滤,合并滤液,将滤液旋转蒸干石油醚,得到毛梾油脂;步骤二,在三口烧瓶中加入毛梾油脂和甲酸,水浴加热,在连续剧烈搅拌下滴加双氧水,滴加完后,进行保温反应,反应终止后,静置除去水层,油层用软水洗涤后,减压蒸馏,脱除水分后即得环氧毛梾油脂;步骤三,将环氧毛梾油脂和改性蛭石粉末混合,快速搅拌,保持转速加入助分散剂充分分散5 min,然后加入抗氧剂和防锈剂分散15 min,经研磨均匀化后得到改性蛭石基润滑脂。

3. 一种利用毛梾优树嫩枝扦插繁育的方法

中国专利:CN109644708A,2019-02-26 公开日:2019-04-19

申请人:山东省林业科学研究院 发明人:王开芳、刘翠兰等

摘要:本发明公开了一种利用毛梾优树嫩枝扦插繁育的方法,是通过利用毛梾优树当年生、半木质化枝条的中上部嫩枝为插穗,应用3种激素不同质量浓度溶液和1种消毒液处理插穗,扦插设施及基质配制,扦插与插后管理,诱导毛梾插穗生根以及提高插穗生根率的繁育方法,生根率达到92.7%,有效解决了利用毛梾嫩枝扦插繁育生根率低的技术问题,实现了毛梾优良种质快速繁殖的目的。应用本发明方法短时间内能提供毛梾大量优质扦插苗,达到规模化育苗的标准,可满足国内对毛梾优质种苗的需求。

主权项：一种利用毛梾优树嫩枝扦插繁育的方法，步骤包括：①插穗选择；②生根激素配制；③插穗处理；④扦插设施及基质配制；⑤扦插与插后管理；⑥生根苗炼苗移栽。其特征在于：步骤①所述插穗选择的方法是：在每年 5 月下旬至 6 月中旬时间段，选择健壮、无病虫害的毛梾优树，剪取当年生、半木质化枝条的中上部嫩枝作为插穗，修剪枝条使其平均长度为 10～13 cm，制得插穗；其中，所述修剪枝条的方法是：枝条上端第 1 节保留 2 片树叶，每片树叶保留 1/2，将枝条上端距第 1 节的上方 0. 8～1 cm 处平剪，将枝条下端 30°～45° 斜剪。步骤②所述生根激素配制的方法是：应用激素 α-萘乙酸（NAA）、吲哚乙酸（IAA）和吲哚丁酸（IBA），配制成①和②生根激素溶液；其中所述①生根激素溶液的成分是以质量比计为：α-萘乙酸（NAA）：吲哚乙酸（IAA）= 1：2的混合，配制成浓度为 100～200 mg/L 的溶液；所述②生根激素溶液的成分为吲哚丁酸（IBA），配制成浓度为 800～1 000 mg/L 的溶液，备用。步骤③所述插穗处理的方法是：利用步骤②所配制的①溶液生根激素溶液浸泡插穗基部 2～3 cm，处理时间 0. 5～1 h；再用②生根激素溶液速蘸插穗基部 2～3 cm，处理时间 10～30 s；最后用高锰酸钾 0. 1%～0. 2%的水溶液处理插穗基部 2～3 cm，处理时间 5～10 min，备用。步骤④所述扦插设施及基质配制的方法是：扦插设施选择常规塑料大棚设施，在距离塑料大棚顶部 0. 5～1 m 处，需要搭设遮阴网进行遮阴；基质按质量百分比计，以珍珠岩 10%～15%，蛭石 20%～25%，椰子糠 60%～70%的配方配制混合基质；将配制好的混合基质装到育苗容器盘中，孔穴直径为 5 cm、高度为 8 cm，备用。步骤⑤所述扦插与插后管理的方法是：扦插前 1～2 天，用浓度为 300～400 倍稀释的高锰酸钾溶液将基质淋透进行消毒，扦插前将基质喷湿，保持基质含水量在 50%～60%，扦插深度为 2～3 cm，扦插完成后，通过间歇性自动化喷雾系统控制温湿度，温度为 35～38 ℃，湿度为 70%～80%；气温过高时，大棚及时进行适当通风且需搭设遮阴网进行遮阴，遮光率为 60%～70%；扦插 7 天内，喷雾和间歇时间因光照强度和气温高低的变化而设定，通常是晴天的上午和下午喷 15～20 s/次，间歇 8 min；中午喷 20 s/次，间歇 5 min；阴天喷 10～15 s/次，间歇 15～20 min；夜晚间歇时间 30～60 min；扦插 15～20 天后，喷雾 20 s/次，间歇时间比前期延长；扦插完成后同时喷洒 800～1 000 倍稀释的多菌灵溶液进行插穗灭菌，以后每周复喷 1 次，连续喷洒 3～4 次；在插后 50～60 天出现生根；待新梢长出后，每隔 10～15 天喷施 1 000 mg/L 尿素和 1 000 mg/L 磷酸二氢钾混合液，进行叶面追肥，连续喷施 1～1. 5 个月。步骤⑥所述生根苗炼苗移栽的方法是：将步骤⑤获得的生根苗移至遮光度 60%～70%炼苗塑料大棚内，定时通风，温度保持在 28～30

℃,湿度保持在60%~65%,炼苗15~20天后,进行移栽,将生根植株根部带基质移栽到装有育苗壤土的盆中,放置于遮光度60%~70%的遮阴网下,定期浇水保持盆中壤土湿润,移栽的生根苗成活率能达到95%以上,再继续培养20~25天后,移栽至大田;或在第二年的3月中旬,直接移栽至大田;其中所述育苗壤土的成分以体积比计为:沙壤土:草炭土:珍珠岩=(5~6):(2~3):(2~3)。

4. 一种基于毛梾籽的化妆品用油的生产方法

中国专利:CN107164074A,2017-04-18　公开日:2017-09-15

申请人:南昌大学　发明人:彭红;刘玉环、郑洪立等

摘要:一种基于毛梾籽的化妆品用油的生产方法,属于化妆品加工技术领域。本发明方法将毛梾籽通过干燥、粉碎至一定粒度;加入乙醇和乙酸乙酯微波辅助预处理后,以乙醇和乙酸乙酯为夹带剂进行超临界 CO_2 萃取,压力为20~30 MPa、温度45~50 ℃条件下萃取;接着在分离罐中在压力3~6 MPa、温度25~30 ℃下分离。经减压蒸馏回收乙醇和乙酸乙酯后,萃取油通过增溶后加入肌肽、茶多酚和番茄红素复合抗氧化剂,得到抗氧化毛梾籽油。本发明提取速度快、提取率高,无溶剂残留,获得的高品质油水分活度低,具有抗氧化及营养细胞功能,保水性能和储藏性俱佳,可用作高档化妆品基质原料。

主权项:一种基于毛梾籽的化妆品用油的生产方法,其步骤如下:①将毛梾籽通过干燥、粉碎至一定粒度。②乙醇和乙酸乙酯微波辅助预处理:在粉碎的毛梾籽中加入适量的乙醇和乙酸乙酯,微波预处理3~10 min,使细胞破壁。③超临界萃取毛梾籽油:将步骤②所得的混合物以乙醇和乙酸乙酯为夹带剂,用超临界 CO_2 在萃取罐中以压力20~30 MPa、温度45~50 ℃条件下萃取;接着在分离罐中以压力3~4 MPa、温度25~30 ℃下分离。④将步骤③得到油脂,在45~60 ℃,抽高真空进行减压蒸馏回收除去乙醇和乙酸乙酯,得到毛梾籽油。⑤提高抗氧化性:将肌肽和茶多酚溶于蒸馏水,加入HLB值5~6的单甘脂和HLB值12~15的非离子型聚氧乙烯单月桂酸酯的二元复合乳化剂,加入番茄红素加热30~40 ℃,使之完全溶解,将上述溶液缓慢滴加入步骤④萃取所得的毛梾籽油中并快速搅拌,分散成均匀的单相油状液体,用超声波震荡混匀;肌肽、茶多酚和番茄红素在油脂中总含量的质量比不低于0.01%,得到功能化的抗氧化生物活性毛梾籽油。

5. 一种毛梾分层型树冠整形及培育的方法

中国专利:CN106613632A,2016-11-10　公开日:2017-05-10

申请人:金陵科技学院　发明人:金雅琴、李冬林

摘要:本发明提供了一种毛梾分层型树冠整形及培育的方法,涉及林业生产技术领域,包括如下步骤:①摘顶定干;②分层留枝;③机械展枝;④错向疏枝;⑤回缩壮枝;⑥追肥促壮;⑦根基维护。本发明是为了满足毛梾果用林分栽培中提高种实产量和人工采摘方便的需要,将毛梾树型适当矮化,并实施恰当的人工抚育措施促使毛梾枝叶开张、分层平展、错向辐射、有限延伸,以最大限度地接受阳光,促进侧枝发育,增加单株结实量。在确保产量不减的前提下充分矮化树冠,有利于人工采摘果实,有效地节约劳动力成本,提高产业基地的生产效率。

主权项:一种毛梾分层型树冠整形及培育的方法,包括以下步骤:①摘顶定干:毛梾幼树移栽、定植,抚育至幼树主干长至2.4 m以上时,将2.0~2.2 m以上顶枝剪去;②分层留枝:将步骤①中所得到的毛梾幼树经过1年时间的培育后,对树干上的侧枝进行定量修剪,分层保留;③机械展枝:在步骤②中所得到的毛梾幼树的树基四周以60~70 cm为半径画圆,在圆周上均匀钉桩,将桩与步骤②中保留的侧枝以连接物连接,拉紧,以迫使侧枝平展生长;④错向疏枝:将步骤③中得到的毛梾幼树同一层次上生长的平行枝、弯曲枝、徒长枝、病虫枝剪除,并根据侧枝数量疏枝;⑤回缩壮枝:在毛梾幼树生长的休眠期,对主要的侧枝进行回缩,并剪除萌生的徒长枝和病枯枝;⑥追肥补养:在毛梾幼树生长的旺盛期,对土壤追肥1~2次,叶面施肥1次;⑦根基维护:在幼树生长季节对地表进行松土除草和根基有机物覆盖。

6. 一种毛梾低干辐射型树冠的培育方法

中国专利:CN106613632A,2016-11-10　公开日:2017-05-10

申请人:金陵科技学院　发明人:金雅琴、李冬林

摘要:本发明提供了一种毛梾分层型树冠整形及培育的方法,涉及林业生产技术领域,包括如下步骤:①摘顶定干;②分层留枝;③机械展枝;④错向疏枝;⑤回缩壮枝;⑥追肥促壮;⑦根基维护。本发明是为了满足毛梾果用林分栽培中提高种实产量和人工采摘方便的需要,将毛梾树型适当矮化,并实施恰当的人工抚育措施促使毛梾枝叶开张、分层平展、错向辐射、有限延伸,以最大限度地接受阳光,促进侧枝发育,增加单株结实量。在确保产量不减的前提下充分矮化树冠,有利于人工采摘果实,有效地节约劳动力成本,提高产业基地的生产效率。

7. 一种利用乳化进行毛梾籽油脱色的方法

中国专利:CN106190546A,2016-08-08　公开日:2016-12-07

申请人:齐鲁工业大学　发明人:王成忠;赵晓红

摘要:本发明公开了一种深色高酸价毛梾籽油的脱色方法,以一种毛梾籽为原材料,用正己烷进行索氏提取后得到毛梾籽油的毛油,在一定温度下加入10%的蒸馏水快速搅拌以进行脱胶预处理,得到的脱胶油中加入0.3~0.5 mol/L的NaOH溶液,以200~300 r/min的速度进行搅拌,可以得到脱胶油的乳状液,即发生油脂的乳化现象。再在此乳状液中加入NaCl饱和溶液,会发生破乳现象。破乳之后,皂角沉下的同时色素下沉,上部的油脂色泽明显降低。其吸光度在0.200~0.300。传统的活性炭脱色和白土脱色效果不显著,色泽过深难以测定吸光度。而乳化脱色工艺效果显著且工艺简单易行。

主权项:一种利用乳化进行毛梾籽油脱色的方法,包括以下步骤:①毛梾籽油的提取:取1 000 g干净饱满的毛梾籽,置于粉碎机中粉碎,取出后用滤纸包好置于索氏提取器中,在圆底烧瓶中加入3 000~3 500 mL正己烷,将索氏提取装置装好之后置于60~70 ℃的温度下进行提取,提取结束后将液体置于旋转蒸发器中蒸发,剩余油样液体即为毛梾籽油,作为之后实验的毛油使用;②毛油脱胶预处理:取200 g毛油置于烧杯中,加入10%的蒸馏水,放入磁子一颗,将烧杯置于磁力搅拌器上水浴加热,等温度升至70~80 ℃时将转速调至300~500 r/min,搅拌15~20 min之后发现絮状沉淀产生,将其置于50 mL的离心管中,在3 500~4 000 r/min下离心10~15 min,取上清液;③加稀碱水乳化:取100 g脱胶后的油样放入烧杯中,加入15~20 mL浓度为0.3~0.5 mol/L的NaOH溶液,在70~80 ℃下磁力搅拌2~3 min,发生乳化现象,油脂由原来的黑色变为黄色乳状液;④破乳:将乳化的油脂进行破乳,在其中加入饱和食盐水20~30 mL,搅拌片刻,再在水浴中静置1 h,之后在3 500~4 000 r/min的转速下离心10~15 min,取上清液,为脱色油。

8. 一种毛梾扦插快速繁殖方法

中国专利:CN106171366A,2016-06-28　公开日:2016-12-07

申请人:广西南宁十分园生态农业科技有限公司　发明人:梁胜仁

摘要:本发明公开了一种毛梾扦插快速繁殖方法,包括以下步骤:扦插插穗的采集;扦插苗床的准备,苗床的基质是由重量比10:(3~5):(1~3):(2~4)的泥炭、菇渣、桑枝粉和蛭石组成,基质先用浓度为0.4%百菌清药液喷洒消毒再装入育苗杯;插穗用浓度为0.4%百菌清药液浸泡消毒,然后放入浓度为500 mg/L的引哚丁酸药液中浸泡,得处理好的插穗;将处理好的插穗扦插到育苗杯中,插穗插入基质的深度为2~4 cm,扦插后用水淋透基质;扦插后进行扦插管理及炼苗移栽,即可得到毛梾种苗。本发明方法扦插培养20~25天生根率达到95%以上,扦插成活率可达到90%。本方法具有操作简单、成本低廉、繁殖速度快、成活率高等优点，能快速地获得大量毛梾种苗，具有很好的推广价值。

主权项：一种毛梾扦插快速繁殖方法，其特征在于，包括以下步骤：①插穗采集：从毛梾上剪取7~9 cm的枝条作为插穗，枝条保留2~3片叶子，再把叶片剪掉1/3的面积，最后将插穗下端剪成斜口状；②扦插苗床的准备：扦插苗床的基质是由泥炭、菇渣、桑枝粉和蛭石组成，其中泥炭、菇渣、桑枝粉和蛭石的重量比为10:(3~5):(1~3):(2~4)，将各组分基质混合均匀后，装入育苗杯中，基质的厚度为6~8 cm，再将育苗杯置于大棚内；③插穗处理：插穗用浓度为0.4%百菌清药液浸泡消毒，取出插穗用清水冲洗，然后放入浓度为500 mg/L的引哚丁酸药液中浸泡，得处理好的插穗；④扦插：将处理好的插穗扦插到育苗杯中，插穗插入基质的深度为2~4 cm，扦插后用水淋透基质；⑤扦插管理：扦插后在大棚上方罩塑料薄膜，控制基质的含水量在55%~65%，棚内空气相对湿度达到85%~75%，棚内透光度在30%~40%；⑥炼苗移栽：插穗扦插20~25天后生根率达到95%以上，再过5~7天将塑料薄膜掀开，进行全光照炼苗，并且正常浇水，炼苗25~30天，即得到毛梾种苗。

9.一种毛梾叶中黄酮提取方法

中国专利：CN106074665A，2016-08-08　公开日：2016-11-09

申请人：齐鲁工业大学　发明人：王成忠、赵晓红

摘要：本发明公开了一种毛梾叶中提取黄酮方法，以毛梾树叶为原材料，将前处理好的毛梾叶喷洒3%~5%的水置于真空冷却箱中冷却，冷却到0~2 ℃，冷却时间10~15 s，用45~50 ℃冷媒进行冻结，冻结时间10~15 min，然后干燥，先期加热板温度25~26 ℃，干燥程度达到85%~90%后，提升加热板温度到55 ℃左右，干燥时间15~20 min。将干燥粉碎的毛梾叶粉进行闪式提取，提取剂为70%乙醇、1%盐酸甲醇、1%的β-环糊精水溶液，提取时间为60~120 s，提取电压为110~200 V，料液比1 g:10~50 mL，然后离心分离，旋转蒸发浓缩得提取物。提取物再用乙醇洗涤除盐、浓缩得到黄酮。

主权项：一种毛梾叶中黄酮提取方法，包括以下步骤：①挑选新鲜、无虫害的毛梾叶，清洗去除表面灰尘和杂质，将前处理好的毛梾叶喷洒水后置于真空冷却箱中进行冷却一段时间，然后用冷媒进行冻结，冻结完成后移入干燥室，干燥时先期加热板低温，后期高温去除结合水，干燥后毛梾叶用粉碎机粉碎为毛梾叶粉；②干燥后的毛梾叶粉末10 g置于闪式提取器中，以70%乙醇、1%盐酸甲醇、1%β-环糊精的水溶液作为提取剂进行闪式提取，提取后将滤液在离心机中离心，用萃取剂对提取物进行多级萃取，合并萃取液于旋转蒸发仪中

浓缩后得到毛梾提取物;③烧杯中加入1 g毛梾粗提物、21 mL无水乙醇、30 mL蒸馏水、混合盐,磁力搅拌后静置分层,将得到的上相在旋转蒸发仪中减压浓缩除去乙醇和水,得到的浓缩液再用无水乙醇进行洗涤溶解,除去混合盐对黄酮纯度的影响,最后对萃取物减压浓缩得到高纯度的黄酮。

10. 一种毛梾组培苗的继代培养方法

中国专利:CN105981651A,2015-11-30　公开日:2016-10-05

申请人:北京林业大学　发明人:苏淑钗、暴甜

摘要:本发明公开了一种毛梾组培苗的继代培养方法,它包括以下步骤:将达到继代要求的毛梾无菌组培苗,在无菌条件下将<1 cm的芽丛接种于增殖培养基中,将组培苗中≥1 cm的壮芽接种于伸长培养基中,同时满足增殖扩繁和高枝壮苗的增殖要求。本发明利用不同培养基建立一套可操作性强、增殖伸长生长结合的毛梾组培苗的继代培养技术,平均增殖系数在10以上,平均株高3.5 cm以上,且组培苗长势良好,经过多代培养增殖系数稳定,可应用于毛梾组培苗大规模生产中,具有良好的经济效益和社会效益。

主权项:一种毛梾组培苗的继代培养方法,包括以下步骤:①增殖培养:将达到继代要求的毛梾无菌组培苗,在超净工作台上将<1 cm的芽丛切分成小丛接种于增殖培养基中,培养条件为22~28 ℃,光照强度1 800~2 500 lx,每日光照12~16 h,经过1~2个继代周期后形成丛生芽;②伸长培养:将达到继代要求的毛梾无菌组培苗,在超净工作台上将组培苗中≥1 cm的壮芽枝条切分成≥0.5 cm且至少含一对芽的茎段,接种于伸长培养基中,培养条件为22~28 ℃,光照强度1 800~2 500 lx,每日光照12~16 h,2~3个继代周期后可得到高枝壮苗。

11. 一种毛梾组培苗的初代培养方法

中国专利:CN105724248A, 2016-01-19　公开日:2016-07-06

申请人:北京林业大学　发明人:苏淑钗、暴甜

摘要:本发明公开了一种毛梾组培苗的初代培养方法,它包括以下步骤:选取健壮毛梾植株当年生带腋芽的茎段或茎尖为外植体,通过次氯酸钠或次氯酸钙溶液的消毒处理后,将外植体接种到初代培养基中,在适宜培养条件下培养。本发明的优点是:①有效提高毛梾外植体存活率,所得无菌毛梾组培苗保存率在60%以上;②适宜的培养基和培养条件可以减少褐化和玻璃化现象,获取更多高质量萌芽,促进毛梾组织培养体系的建立。

主权项:一种毛梾组培苗的初代培养方法,包括以下步骤:①外植体消毒:选取健壮毛梾植株当年生带腋芽的茎段或茎尖为外植体,剪去叶片切割成

5~8 cm的小段，洗衣粉液浸泡15~30 min后，用纱布包裹流水冲洗1~2 h，并在超净工作台中进行消毒处理，外植体污染率7%~40%；②初代培养：将经过步骤①消毒处理后的外植体接种到初代培养基中，在适宜培养条件下培养，外植体存活率60%~93%，萌发率90%~100%，幼苗生长正常。

12. 一种毛株果实处理装置

中国专利：CN205133544U，2015-11-13　公开日：2016-04-06

申请人：山东万路达园林科技有限公司、山东瀚景园林植物新品种研发有限公司

发明人：张帆、张培培、成玉良、于一民、孟艳艳、公维明、梅林森

摘要：本实用新型涉及一种毛株果实处理装置，该装置包括研磨容器，所述研磨容器底部设置有传动轴，所述传动轴设置有研磨扇叶；所述研磨扇叶与研磨容器底面呈15°~20°夹角，所述传动轴可360°旋转。将毛株果实放入研磨容器中，转动传动轴，毛株果实在研磨扇叶与研磨容器底面之间进行摩擦，进而将毛株果肉、果皮与毛株种子剥离，并实现毛株果肉和果皮的粉碎。本实用新型不仅能快速、彻底去除果肉，以便于后期提取果肉中的油脂，提高出油率，而且能有效地将种皮磨去一层，以利于种子发芽或者后期种仁油脂提取。

主权项：一种毛株果实处理装置，包括研磨容器，其特征在于，所述研磨容器底部设置有传动轴，所述传动轴设置有研磨扇叶；所述研磨扇叶与研磨容器底面呈15°~20°夹角，所述传动轴可360°旋转。

13. 一种毛株种子规模化催芽和育苗方法

中国专利：CN105409678A，2015-11-20　公开日：2016-03-23

申请人：山东万路达园林科技有限公司

发明人：王华田、张帆、张培培、朱德顺、孟艳艳、公维明

摘要：本发明涉及一种毛株种子规模化催芽和育苗方法，包括步骤如下：①将毛株果实用水浸泡后，去除果皮、果肉，得毛株种子；②将毛株种子用水浸泡，然后反复进行冷冻、解冻操作；③将冷冻、解冻操作处理后的毛株种子与湿润河沙混合后进行沙藏，过冬，整个冬天反复向沙藏处灌水；④于春天将毛株种子取出，用水浸泡后再将毛株种子与湿润河沙混合，覆土催芽，即完成催芽过程。本发明方法毛株种子发芽率高，可达到85%以上；简单易操作，节省人工，且方便进行规模化操作。

主权项：一种毛株种子规模化催芽方法，步骤如下：①将毛株果实用水浸泡后，去除果皮、果肉，得毛株种子；②将毛株种子用水浸泡，然后反复进行冷冻、解冻操作；③将冷冻、解冻操作处理后的毛株种子与湿润河沙混合后进行

沙藏，过冬，整个冬天反复向沙藏处灌水；④于春天将毛梾种子取出，用水浸泡后再将毛梾种子与湿润河沙混合，覆土催芽，即完成催芽过程。

14. 一种毛梾种子的简易催芽技术

中国专利：CN105284406A，2015-11-30　公开日：2016-02-03

申请人：金陵科技学院　发明人：金雅琴、黄雪方、李冬林

摘要：本发明公开了一种毛梾种子的简易催芽技术，包括以下技术环节：种实采集、机械脱肉、碱水去油、裂口处理、激素浸种、冷藏越冬和沙床播种。与现有技术相比，本发明可以促使毛梾硬质种实在短时间内基本完成休眠的解除，而且操作简便、安全快捷。处理后的种子萌发快、发芽早、出苗率高，显著提高种子当年的发芽率和成苗率，缩短培育周期，尽快满足生产用苗需求。

主权项：一种毛梾种子的简易催芽技术，包括如下步骤：①种实采集：采集成熟的种实。②脱皮去肉：将步骤①中收集的成熟的种实于水中浸泡 2~3 天后，与粗砂砾混合后装袋，人工践踏处理 15~30 min；将处理后的种实过筛，水洗后，取种壳外露的种实分拣后得到毛梾种子。③种壳去油：将步骤②中得到的毛梾种子于碱水溶液中浸泡 2~3 天，浸泡期间每天揉搓 30 min，浸泡完成后用水冲洗，得到种壳去油后的种子。④裂口处理：将步骤③中得到的种壳去油后的种子于阳光下暴晒 3~4 h，然后浸没于水中，并在 4 ℃下冷浸 8~10 h，完成一次干湿缩胀处理；步骤③中得到的种壳去油后的种子经 15~20 次干湿缩胀处理后，即视为完成裂口处理。⑤激素浸种：将步骤④中完成裂口处理后的种子于普洛马林水溶液浸泡 20~24 h。⑥冷藏越冬：将步骤⑤中完成激素浸种处理后的种子用水冲洗后与湿锯末混合并装箱后于 0~5 ℃下低温处理 160~180 天；低温处理期间，每 20 天搅动箱内混合物一次，检查并补充湿锯末含水量。⑦沙床播种：将步骤⑥中完成冷藏处理后的种子过筛滤出后，进行沙床播种，培养芽苗。

15. 一种毛梾果实处理装置及处理方法

中国专利：CN105238549A，2015-11-13　公开日：2016-01-13

申请人：山东瀚景园林植物新品种研发有限公司

发明人：张帆、张培培、成玉良、于一民、孟艳艳、公维明、梅林森

摘要：本发明涉及一种毛梾果实处理装置及处理方法，该装置包括研磨容器，所述研磨容器底部设置有传动轴，所述传动轴设置有研磨扇叶；所述研磨扇叶与研磨容器底面呈 15°~20°夹角，所述传动轴可 360°旋转。将毛梾果实放入研磨容器中，转动传动轴，毛梾果实在研磨扇叶与研磨容器底面之间进行摩擦，进而将毛梾果肉、果皮与毛梾种子剥离，并实现毛梾果肉和果皮的粉碎。

本发明不仅能快速、彻底去除果肉,以便于后期提取果肉中的油脂,提高出油率,而且能有效地将种皮磨去一层,以利于种子发芽或者后期种仁油脂提取。

主权项:一种毛梾果实处理装置,包括研磨容器,其特征在于,所述研磨容器底部设置有传动轴,所述传动轴设置有研磨扇叶;所述研磨扇叶与研磨容器底面呈15°~20°夹角,所述传动轴可360°旋转。

16. 一种车梁木籽蛋白酵素饲料添加剂及其制备方法

中国专利:CN105053566A,2015-08-18　公开日:2015-11-18

申请人:山东中瀚生物科技有限公司　发明人:郑建国、张峰

摘要:本发明公开了一种车梁木籽蛋白酵素饲料添加剂及其制备方法,包括以下成分:车梁木籽粕15~25份,辣木叶粉5~15份,辣木籽粕3~8份,玉米粉5~15份,麸皮50~60份,复合微生物制剂0.1~0.5份和ε-聚赖氨酸0.01~0.03份,其制备方法是将粉碎后的车梁木籽粕、辣木叶粉和辣木籽粕粉经嗜酸乳杆菌液、两歧双歧杆菌液、动物双歧杆菌液、产朊假丝酵母菌液和嗜热链球菌液组成的复合微生物制剂发酵、冷风干燥得到;本发明的车梁木籽蛋白酵素饲料添加剂含有多种益生菌成分和对动物体有益的维生素、抗氧素和矿物质成分,可降低料肉比,提高肉蛋奶蛋白质的含量,降低生产成本。

主权项:一种车梁木籽蛋白酵素饲料添加剂,其特征在于:以重量份计,由以下成分组成:车梁木籽粕15~25份,辣木叶粉5~15份,辣木籽粕3~8份,玉米粉5~15份,麸皮50~60份,复合微生物制剂0.1~0.5份和ε-聚赖氨酸0.01~0.03份,所述的复合微生物制剂是由嗜酸乳杆菌液、两歧双歧杆菌液、动物双歧杆菌液、产朊假丝酵母菌液和嗜热链球菌液按照重量比(1~2):(1~2):(1~2):(1~2):(1~2)的比例复配得到,所述的嗜酸乳杆菌液、两歧双歧杆菌液、动物双歧杆菌液、产朊假丝酵母菌液和嗜热链球菌液中每种菌液的活菌数为9亿~11亿/g;所述的车梁木籽粕是车梁木籽经压榨、去油后的剩余物;所述的辣木籽粕是辣木籽经压榨、去油后的剩余物。

17. 一种毛梾种子催芽方法

中国专利:CN104904369A,2015-05-26　公开日:2015-09-16

申请人:江苏农林职业技术学院

发明人:周余华、周琴、蒋涛、王磊、潘静霞、王红梅、于健

摘要:本发明提供了一种毛梾种子催芽方法,包括以下步骤:①种子采集;②种子前处理;③酸蚀;④赤霉素处理;⑤发芽。相对于现有技术,本发明毛梾种子催芽方法,不仅能够有效克服毛梾种子深休眠、不能当年发芽的问题,而且通过延长浸种时间结合昼夜变温的方法,在现有技术基础上大幅提高了毛

梾种子发芽率。

主权项:一种毛梾种子催芽方法,包括以下步骤:①种子采集:当毛梾种子的外果皮由绿变黑甚至全黑时进行采集;②种子前处理:将步骤①采集的种子晾干,然后用水浸泡,待外果皮软化后进行人工揉搓以去除外果皮,然后将种子洗净漂出瘪粒,晾干,放在培养皿中,备用;③酸蚀:将步骤②中得到的种子与浓硫酸反应1~15 min,清水冲洗6~8 h,再人工揉搓去除酸蚀的杂物,净水冲洗30~50 min,晾干;④赤霉素处理:将步骤③所得种子加入到赤霉素溶液中浸种80~100天;⑤发芽:将步骤④所得种子取出,常温下在湿沙中发芽,即得。

18. 一种从毛梾果实生产生物柴油的工艺

中国专利: CN102827651A,2012-09-14　公开日:2012-12-19

申请人:西北农林科技大学　发明人:康永祥、郑冀鲁

摘要:本发明涉及一种从毛梾果实生产生物柴油的工艺,属可再生能源领域范畴。该工艺共分为两大步,第一大步系从毛梾果实中提取毛梾油,第二大步则是通过酯交换反应将毛梾油转化为生物柴油。从毛梾果实种提取毛梾油的具体步骤包括粉碎、浸出、过滤、蒸发和干燥操作;将毛梾油转化为生物柴油的具体步骤包括转酯化、沉降分层、蒸发、水洗和蒸发操作。采用本发明专利生产的生物柴油产率(以毛梾果实原料为基准)可达45%左右,其质量符合GB/T 20828—2007质量标准(柴油机燃料调合用生物柴油BD100),既可直接用于柴油机动车、涡轮机和透平设备,又可与适当比例的汽油或柴油混合使用,还可进一步提升用作航空燃料(如通过高压催化加氢)。

主权项:本发明专利生产的生物柴油的原料是毛梾果实。

19. 毛梾种子催芽与快速育苗方法

中国专利: CN102630470A, 2012-05-03　公开日:2012-08-15

申请人:江苏省林业科学研究院　发明人:李冬林、金雅琴

摘要:本发明提供了一种毛梾种子催芽与快速育苗方法,包括以下步骤:种实采集、种实脱肉去油、酸蚀处理、激素处理、混沙冷藏、播种、芽苗移栽、苗期管理。本发明提供的毛梾种子催芽与快速育苗方法可显著提高种子当年的发芽率和成苗率,缩短种子育苗周期,降低生产成本。

主权项:毛梾种子催芽与快速育苗方法,包括以下步骤:①种实采集:采集成熟的种实。②种实脱肉去油。将步骤①中采集的种实经碱水浸泡48 h,去除漂浮的空粒秕粒,过滤后人工踏踩30 min,清水冲洗后再用碱水浸泡24 h,过滤后人工揉搓20~30 min,清水冲洗后,过筛,晾干,即得种子。③酸蚀处理。将步骤②中得到的种子与浓硫酸反应2 h,清水冲洗4~6 h,再人工揉搓

去除酸蚀的杂物,净水冲洗 10~20 min,晾干。④激素处理。将步骤③中酸蚀处理后的种子在赤霉素溶液中浸种 2 h。⑤混沙冷藏:将步骤④中激素处理后的种子和湿沙按照体积比 1∶3的比例混合,于 0~10 ℃低温条件下储藏 3~4 个月,所述湿沙含水量为 35%~40%。⑥播种:将步骤⑤中储藏的种子筛出后,均匀撒在沙床上,使播种密度为 4 000~5 000 粒/m^2,避免种子重叠,播后覆沙,覆沙厚度为 1.5~2.0 cm;覆沙后淋水,使沙床含水量保持在 30%~35%,随后盖膜保湿。⑦芽苗移栽:步骤⑥中种子的幼苗出土后,挑取具有 2 真叶的幼苗,放入盛有清水的无菌容器中,随后移栽到苗床上,浇水定苗。⑧苗期管理。(a)定期浇水。幼苗移植后要及时浇足定根水,以利苗木根系与土壤密接,确保成活率;生长季节晴天 2~3 天浇水一次,阴天 3~4 天浇水 1 次。(b)定期除草。每 10~15 天松土除草 1 次,保持地面无杂草,土壤不板结。(c)适当施肥。结合整地每亩施用有机肥 100~200 kg,或无机肥 8~10 kg;旺盛生长期,结合灌溉每隔 25~30 天追施无机肥 1 次,共追肥 1~2 次,每亩用量 5~8 kg。(d)病虫害防治。苗木生长过程中,要定期检查苗木生长情况,发现病虫害及时防治。(e)看管维护。专人看管,防止人为破坏及牲畜践踏。

(五)毛梾技术标准制定

(1)2018 年国家林业和草原局发布了《毛梾育苗技术规程》(LY/T 3068—2018)林业行业标准,于 2019 年 5 月 1 日正式实施。

(2)2017 年河南省国有济源市邵源林场、安阳市园林绿化研究所编撰《毛梾育苗与栽培技术规程》(DB/T 1437—2017)河南省地方标准,于 2017 年 11 月 28 日正式实施,在河南省毛梾良种繁育与推广中得到普遍应用。

(3)2016 年由宁夏农林科学院固原分院负责和参与起草编制的《毛梾育苗技术规程》(DB 64/T 1191—2016)宁夏林业地方标准通过了宁夏质量技术监督局组织的相关专家的审定,并于 2017 年 3 月 28 日正式实施。

参 考 文 献

[1] 康永祥,陈绵,康晋,等. 负玉洁毛梾的生物学特性研究[J]. 西北林学院学报,2012(5):57-62.
[2] 赵治国,乔明奎,崔贵峰. 木本油料作物毛梾的特征特性及繁育技术[J]. 现代农业科技,2017(2):127,130.
[3] 李善文,吴德军,梁栋,等. 毛梾优树选择研究[J]. 北京林业大学学报,2014(2):81-86.
[4] 吕志鹏. 甘肃陇东南地区毛梾栽培技术研究[J]. 青海农林科技,2015(4):90-92.
[5] 梁栋. 能源树种毛梾种质资源调查与优树选择研究[D]. 山东农业大学,2013.
[6] 鲁昊昊,杨雷,李永平,等. 毛梾资源与毛梾籽油研究进展[J]. 绿色科技,2019(13):167-169.
[7] 王永周,田世锋,胡雪丽. 毛梾沙藏催芽技术研究[J]. 现代农业科技,2016(8):156,167.
[8] 朱彦君,杨倩,李冬林. 毛梾实生苗培育技术与应用[J]. 特种经济动植物,2017(11):33-34.
[9] 王永周,卢秋霜,崔苗壮,等. 毛梾穴盘育苗与栽培技术[J]. 现代园艺,2017(18):35-36.
[10] 李红运,翟立海. 毛梾种子育苗技术研究[J]. 现代农业科技,2017(15):131,134.
[11] 张娜. 毛梾腋芽诱导关键因子研究与培养体系优化[J]. 山西农业大学学报(自然科学版),2017(9):635-639.
[12] 张英姿,虞涛,秦霞,等. 毛梾油料灌木林繁育与营造技术[J]. 中国园艺文摘,2014(9):221-222.
[13] 暴甜,苏淑钗,高赫,等. 毛梾优良无性系组培体系建立[J]. 中南林业科技大学学报,2017(6):70-74,95.
[14] 栗赟. 毛梾的栽培管理技术[J]. 林业与生态,2017(2):34-35.
[15] 吴秋,王成忠,刘家惠. 超临界 CO_2 萃取毛梾籽油及 GC-MS 分析[J]. 中国粮油学报,2017(1):135-140.
[16] 王学勇,刘泽勇,高云昌,等. 木本油料树种毛梾研究进展[J]. 安徽农业科学,2016(28):142-145,165.
[17] 张娜. 毛梾扦插及嫁接技术初探[J]. 山西农业科学,2016(10):1500-1502.
[18] 邓运川. 毛梾木栽培技术[J]. 中国花卉园艺,2016(18):54-55.
[19] 吴帅,王成忠,吴秋,等. 大孔树脂纯化毛梾色素的研究[J]. 中国调味品,2016(9):135-140,151.

[20] 王振章,韩小丽. 毛梾形态特征及育苗技术[J]. 河南农业,2016(21):40-41.
[21] 化黎玲,李路文,陈雪,等. 功能性能源植物毛梾的开发应用与繁育技术研究[J]. 中国园艺文摘,2016(6):155-157,186.
[22] 谭运德,朱延林,沈植国,等. 河南省毛梾种质资源的自然分布与变异类型[J]. 河南林业科技,2010(2):1-2,25.
[23] 王永周,崔苗壮,卢秋霜,等. 毛梾行道树培育技术[J]. 林业科技通讯,2019(12):50-52.
[24] 程建明,韩健,沈希辉,等. 毛梾育苗技术[J]. 黑龙江农业科学,2019(9):158-160.
[25] 梁栋,吴德军,李善文,等. 毛梾种质资源分布及其良种选育繁育研究进展[J]. 山东林业科技,2013(2):101-103,97.
[26] 薛利艳,康永祥,张丹,等. 毛梾全光照喷雾嫩枝扦插繁殖试验[J]. 东北林业大学学报,2012(11):10-13,18.
[27] 薛利艳,康永祥,张丹,等. 毛梾硬枝扦插正交实验[J]. 北方园艺,2012(15):91-94.
[28] 康永祥,贠玉洁,赵宝鑫,等. 毛梾种子萌发特性及幼苗生长规律研究[J]. 西北林学院学报,2012(3):62-67,112.
[29] 赵宝鑫,康晋,康永祥,等. 毛梾优树选择的研究[J]. 西北林学院学报,2012(3):76-79,86.
[30] 贠玉洁,康永祥,赵宝鑫,等. 毛梾硬枝扦插和嫁接繁殖技术研究[J]. 北方园艺,2011(21):60-64.
[31] 陈绵,康永祥,赵宝鑫,等. 油料树种毛梾的保花保果措施研究[J]. 北方园艺,2011(18):80-83.
[32] 康永祥,贠玉洁,赵宝鑫,等. 毛梾种子萌发特性及其解除休眠技术研究[J]. 种子,2011(9):22-28,33.
[33] 康永祥,赵宝鑫,贠玉洁,等. 毛梾天然群体种实表型多样性研究[J]. 西北农林科技大学学报(自然科学版),2011(9):107-117.
[34] 陈绵. 毛梾开花结实规律及促进成花成果措施[D]. 咸阳:西北农林科技大学,2011.
[35] 张丹. 毛梾组织培养影响因素的研究[D]. 咸阳:西北农林科技大学,2012.
[36] 张丹,康永祥,薛利艳,等. 毛梾初代培养影响因素研究[J]. 北方园艺,2012(7):123-125.
[37] 赵宝鑫. 油料能源树种毛梾形态变异和优树选择研究[D]. 咸阳:西北农林科技大学,2011.
[38] 贠玉洁. 油料树种毛梾种子萌发特性及解除休眠技术研究[D]. 咸阳:西北农林科技大学,2011.
[39] 王华玺. 毛梾育苗技术[J]. 陕西农业科学,2009(4):223-224.
[40] 曲现婷,陈会利,张黎. 优良乡土树种——车梁木[J]. 河南林业,2002(6):60.
[41] 高道花,王玉欣. 毛梾及其栽培[J]. 特种经济动植物,2002(9):31-32.

[42] 张源润,韩彩萍,任友邦,等. 毛梾育苗技术[J]. 陕西林业科技,2000(1):76-77.

[43] 王传贵,柯曙华,刘秀梅,等. 毛梾的木材材性及用途[J]. 安徽农业大学学报,1994,21(3):366-369.

[44] 吴秋,王成忠,徐琳. 毛梾籽油的溶剂提取工艺研究[J]. 齐鲁工业大学学报(自然科学版),2015(3):58-60.

[45] 丁鑫,沈植国,谭运德,等. 河南不同分布区毛梾果实形态及脂肪油差异性分析[J]. 山西农业科学,2012(2):101-104.

[46] 杨亚萍. 毛梾木不同配方比基质容器育苗的试验[J]. 农业科技与信息,2010(20):19-20.

[47] 李丽,翟立海,谢会芳,等. 毛梾实生苗培育技术与应用探究[J]. 南方农业,2019(21):55-56.

[48] 朱东方,张建涛,周卫超. 硫酸处理毛梾种子播种育苗技术[J]. 山东林业科技,2013(2):77-76.